纺织服装类"十四五"部委级规划教材
新形态教材—纺织品技术丛书

牛仔成衣洗染技术与生产管理

林丽霞　杨　琳　崔向海　主　编
刘干民　陈茜微　刘宏喜　副主编

东华大学出版社
·上海·

内 容 提 要

在广东省纺织工程领域的发展历程中,广州市增城区牛仔纺织服装洗染企业的提质改造项目吹响了相关行业转型升级的号角,在政府引导、行业变革以及企业进取实践精神的共同推动下,开启了一场行业标准化车间建设的深刻变革。本书顺应时势,深度聚焦广东省牛仔成衣洗染行业的标准化管理实践,系统梳理了该行业安全生产规范和行业标准,整合了新技术和新设备的应用及其质量控制标准,同时融入了清洁生产与可持续发展理念。本书不仅可作为相关专业院校教学用教材,也可为行业培养复合型技术人才提供系统性指导。

图书在版编目(CIP)数据

牛仔成衣洗染技术与生产管理/林丽霞主编.
上海:东华大学出版社,2025.3. -- ISBN 978-7-5669-2273-1

Ⅰ. TS941.714

中国国家版本馆 CIP 数据核字第 20253W36T2 号

责任编辑:杜燕峰
封面设计:101STUDIO

牛仔成衣洗染技术与生产管理
NIUZAI CHENGYI XIRAN JISHU YU SHENGCHAN GUANLI

出　　　版:东华大学出版社(上海市延安西路 1882 号,200051)
出版社网址:http://dhupress.dhu.edu.cn
天猫旗舰店:http://dhdx.tmall.com
营 销 中 心:021-62193056　62373056　62379558
印　　　刷:上海龙腾印务有限公司
开　　　本:787mm×1092mm　　1/16
印　　　张:15.5
字　　　数:367 千字
版　　　次:2025 年 6 月第 1 版
印　　　次:2025 年 6 月第 1 次印刷
书　　　号:ISBN 978-7-5669-2273-1
定　　　价:59.00 元

序　言

　　20 世纪 80 年代,按照党中央改革开放"先走一步"的部署,广东省率先引进纺织产业在珠三角落地生根,为广东省经济发展、积累资金做出了巨大贡献。同时,牛仔纺织服装产业上下游环节陆续在全省各地设厂生产与经营,形成纺纱、浆染、织造、辅料、制衣加工、服装洗水、后整理、专业市场等完整的全产业链,并涌现一批牛仔产业集群。随着牛仔纺织服装产业链的不断发展完善,逐步向供应链延伸,广东省成为全国牛仔纺织服装生产、贸易、出口、专业市场的重要基地和牛仔纺织服装流行趋势传播首发基地。

　　大纺织行业在发展转型中不断提升,在生产工艺、加工技术、质量保障、环境保护、职业健康、消防应急、员工培训等方面都建立了相应的管理规程与制度体系。由于特殊的发展背景,牛仔纺织服装洗水行业从进入广东发展开始,多是依靠师傅口传手教徒弟的传授方式,迎合客户要求,低价竞争,重产品,轻管理和培训体系。将近四十年的发展中,多数企业只顾低头生产,缺少与时俱进的学习和转型升级,牛仔服装洗水行业固化的生产模式成为行业野蛮生产的代名词,成为制约行业发展的瓶颈。此外,企业生产缺乏相应配套环保设施,导致污染物不达标排放,影响人民群众日常生活和健康;企业生产现场缺乏有效管理,"脏、乱、散"成为牛仔服装洗水企业的代名词,广受诟病;行业难以吸引年轻人加入,高学历人才更是凤毛麟角。2018 年,中央环保督察将广州市增城区新塘环保工业园整治工作列为全区"1 号工程",将园区内及周边的牛仔浆染洗水企业或其他污染企业纳入整治范围,这是纺织行业发展粗放之痛。

　　为了推动广州市增城区牛仔纺织服装洗染企业提质改造,改变其"脏、乱、散"的形象,增城区政府联合行业和高校,出台相关扶持政策,邀请广东省纺织工程学会和广州市纺织工程学会(简称两会)组织行业专家,共同探讨企业淘汰落后产能、现场环境提升改造的思路与步骤。两会组织企业和高校专家技术团队,按广州市增城区政府相关规定,对牛仔服装洗染企业旧厂房、道路、车间、生产设备、环保设施等硬件进行了改造,历经三年时间,经过硬件的验收和软件梳理,联合编制相关规范和团体标准,打造出增城牛仔服装洗染企业标准生产车间模式,填补了广东省乃至全国相关生产车间规范和模式的空白。

技术团队专家指出,在国内牛仔服装洗染行业管理、技术、环保、人员培训等方面模式空白的情况下,广州市增城区牛仔服装洗染企业的提质改造工程取得了初步成效。为进一步推动和深化习近平主席的重要讲话,"实现'双碳'目标,不是别人让我们做,而是我们自己必须要做""中国力争于2030年前二氧化碳排放达到峰值、2060年前实现碳中和。实现这个目标,中国需要付出极其艰巨的努力。我们认为,只要是对全人类有益的事情,中国就应该义不容辞地做,并且做好",行业学会和技术团队专家一致建议,将提质改造成果转化为教材,让新一代的大学生了解新的牛仔纺织服装业态状况,鼓励学子学习新知识,掌握新技能,推动行业未来发展,同时借助教材为媒体,更广泛地推动全国牛仔服装洗染行业规范模式的交流和学习。在此背景下,由江门职业技术学院牵头,联合广东省纺织工程学会、广州市增城区多家参与产业升级改造的企业,校行企相关专家共同编写了《牛仔成衣洗染技术与生产管理》一书。

  《牛仔成衣洗染技术与生产管理》既是纺织服装高等教育"十四五"部委级规划教材,也是行业升级员工培训指导书,为学习者、管理者和生产者建立了沟通的桥梁。教材将牛仔服装洗水加工中常用的纺织材料、面料、常用化学品、危险化学品管理、生产工艺及产品质量控制、生产设备、清洁生产(包括环保)、安全生产、生产管理等进行多角度呈现,利用融媒体技术将素材多维度展示,可视化的资源有利于学习者了解生产与管理;素材资源共享,更有利于知识传播,方便从业者学习和企业进行员工培训。

广东省纺织工程学会

2024 年 10 月

前　言

在国家扎实推进中国式现代化、深入实施制造强国战略的新时代背景下,纺织服装产业作为国民经济的支柱产业和重要民生产业,正经历向高端化、智能化、绿色化方向转型升级的关键时期。党的二十大报告明确指出,"推动制造业高端化、智能化、绿色化发展","加快建设现代化产业体系",为纺织服装行业的高质量发展指明了前进方向。作为产品附加值重要来源,体现独特风格与环保要求的牛仔成衣洗染技术与生产管理,其技术水平和创新能力直接关系到产业竞争力与国际话语权。

本教材作为高职高专纺织服装类专业课程的教学用书,肩负着培养高素质技术技能人才、服务产业升级的重要使命。我们深刻认识到,教材建设必须紧密对接国家战略需求和产业发展前沿。因此,在编写过程中,我们着力将"课程思政"元素有机融入技术知识体系:

1. 传承工匠精神:通过阐述精湛洗染工艺背后的原理和实操技巧,引导学生理解精益求精、追求卓越的专业态度。

2. 强化环保意识:重点介绍节水、节能、化学品减量及废水处理等绿色洗染技术与环保标准,牢固树立"绿水青山就是金山银山"的理念,呼应国家"双碳"目标,培养学生可持续发展的责任感。

3. 激发创新思维:解读激光处理、臭氧漂洗、新型环保助剂等前沿技术,鼓励学生敢于探索、勇于革新,培养解决复杂工程问题的能力,响应党的二十大"加快实施创新驱动发展战略"的号召。

4. 弘扬产业自信与文化自信:展示中国牛仔成衣加工体系的先进性及其在全球供应链中的重要地位,增强学生的职业认同感和民族自豪感,树立产业报国的志向。

本教材牢牢把握"能力本位"和"学生中心"原则:

1. 聚焦岗位能力:全书内容编排紧密对接牛仔成衣洗染工、生产技术员、质检员、生产现场管理工程师等核心岗位群所需的知识、技能与素养要求,涵盖从传统工艺到新兴技术,再到工厂环境下的安全操作规范、生产流程优化、质量控制、清洁生产管理及精益管理等全方位知识与技能。

2. 立足学生发展：全书理论阐述力求深入浅出、图文并茂；通过生产一线生产流程与具体工艺操作视频，结合课堂讲解与实操，网络配套课程的图库和习题库，提供详实操作方案、典型案例分析和常见问题解决方案。设置丰富的实践项目、模拟任务和仿真实验室等数字化资源链接，推动学生从"被动听讲"转向"主动实操"和"反思提升"，培养其分析问题、动手实践、组织协作和持续学习能力。

我们期望本教材能成为赋能纺织服装产业发展的一块基石。通过系统学习，学生不仅能掌握扎实的牛仔成衣洗染技术和管理方法，更能深刻理解新时代赋予该行业的绿色使命与创新内涵，成长为兼具精湛技艺、环保理念、管理素养和家国情怀的复合型人才，为推动中国纺织服装产业的高质量发展贡献力量！

在此，我们要特别感谢广东省纺织工程学会、广州三智服装科技有限公司、广东力丰洗水服装股份有限公司、中山市鸿盛生物科技有限公司、广州增城市广英服装有限公司、无锡赛腾机电科技有限公司、佛山市科顺达纺织科技有限公司、广州德广隆制衣有限公司、加门蓝色热工作室、广州市海诺生物工程有限公司、增城市万盛得服装有限公司、广州宝合笠纺织有限公司、伟格仕纺织助剂（江门）有限公司等单位，在书籍收集素材和整理资料过程中给予的大力支持与帮助。正是有了牛仔服装洗染产业链企业的鼎力相助，这本教材才得以更加全面地展现我国牛仔服装行业发展的风采。这也充分体现了广东省职业教育紧密贴合行业需求、积极服务企业发展的办学理念，以及行企校三方携手共育人才、共同推动产业发展的坚定决心和实际行动。

本教材编写成员：

第一部分：陈茜微、林丽霞

第二部分：崔向海、杨琳

第三部分：林丽霞、崔向海

第四部分：刘宏喜、林丽霞、刘干民

第五部分：杨琳、林丽霞、刘干民、欧世军

参与编写的还有广州德广隆制衣有限公司雷小彬厂长、江门职业技术学院钟桂云和吕爱霞老师等。

全书由林丽霞统稿。生产视频拍摄由林丽霞负责，教学视频由杨琳、林丽霞负责。全书由魏保平、黄明华主审。

编者

2024 年 10 月

目　录

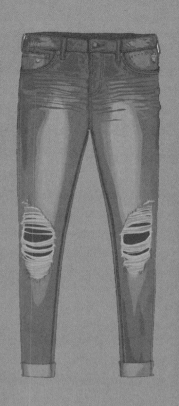

模块一

01

模块一

牛仔服装发展的
历史与现状

任务一　认识牛仔服装国际发展状况

课程思政 M1

授课 1 牛仔
服装国际发
展状况

一、牛仔服装发展历史

牛仔布的起源可追溯至一种原本由羊毛编织而成的坚韧面料。1700 年前后,这一材料经历了革新,开始与棉花混纺,并逐渐演变为纯粹的 100% 棉质材料。其名称"牛仔布"源自"serge de Nimes",直译为"尼姆哗叽",意指源自法国尼姆地区的特色面料。起初,这种布料被广泛用于制造船只的帆布,展现出其卓越的耐用性。随后,一些富有创意的意大利水手将这种布料改造成连体工装,极大地提升了服装的耐用性和穿着体验。

自 18 世纪末开始,牛仔布便深深植根于美国文化,成为其标志性符号之一,尤其是源自印度的靛蓝植物天然蓝色染料被引介至美国,并被巧妙地融入牛仔服饰的织造之中,这标志着经典蓝色棉布牛仔裤时代辉煌启幕。靛蓝是拥有超过 2500 年使用历史的天然蓝色色素,最初广泛提取自印度的靛蓝植物,长期占据染料界的重要地位。然而,随着 20 世纪科技的飞跃发展,合成染料因成本低廉、色谱齐全,逐步取代天然染料成为主流,传统靛蓝染料的使用则日渐式微。

19 世纪中叶美国淘金热期间,牛仔裤因其耐磨性被矿工广泛采用,随后逐渐渗透至铁路工人、农民等群体。

牛仔服装发展历史可简述为五个阶段:

1. 19 世纪中后期

1853 年,德国移民李维·施特劳斯抵达美国加州,与裁缝雅各布·戴维斯一起向淘金者出售面料结实的牛仔裤。1873 年,他们一起获得了一个创新专利,该专利通过在裤子口袋的角落加装铜铆钉来提高其耐久性。尽管牛仔布的使用可以追溯到更早,但是李维·施特劳斯和雅各布·戴维斯被广泛认为是牛仔裤之父,因为他们的这项创新大大提升了裤子的实用性和流行度。

2. 20 世纪初

20 世纪初牛仔服装开始广泛流行。起初,牛仔裤被当作是专为劳动者设计的工作服,特别受到农场工人、牛仔和矿工的欢迎。20 世纪 30 年代,好莱坞开始拍摄牛仔题材的电影,演员们穿着牛仔裤,自此,牛仔裤开始走进大众的视野。第二次世界大战以后,牛仔裤的产量减少,但美军休假时会穿牛仔裤,所以牛仔裤仍有市场。战争结束后,李维斯(Levi's)、李(Lee)和威格(Wrangler)等品牌逐渐崭露头角,成为了牛仔裤市场的领军品牌。

3. 1950—1969 年

20 世纪 50 年代至 20 世纪 60 年代,牛仔裤逐渐获得了美国年轻人的青睐,成为了反叛与自由的标志,好莱坞也在宣传这种穿衣风格,摇滚乐和好莱坞电影的流行加速了牛仔裤作为一种时尚宣言的接受和普及。因为牛仔裤的某些象征意义,学校和剧院等一些公共场所禁止身穿牛仔裤的人进入。20 世纪 70 年代,制造商开始设计生产各种风格的牛仔裤,推动牛仔裤从非主流文化一跃进入设计领域。

4. 1970—2000 年

在这一时期,牛仔服饰与时尚界的结合日益紧密,开启了创新的新篇章。20 世纪 70 年代起,牛仔布不再仅仅用于制作裤子,其应用范围扩展到了夹克、裙子、帽子等多种服装上。牛仔服饰逐渐被高端时尚界接纳,设计师们开始将其融入时装展示中。随着时间的流逝,牛仔服饰在款式和设计上经历了深刻的演变,呈现出了多样化的颜色、洗水效果以及剪裁方式。

5. 2000 年至今

牛仔服装已经深深植根于全球时尚界,成为不可或缺的时尚元素,其影响力横跨从街头潮流到高端时装周的各个领域。这类服饰不仅是现代衣橱的核心组成部分,而且因其独特的适应性和多样性,既可以轻松驾驭休闲时刻,也能通过巧妙搭配满足正式场合的着装需求。牛仔布料的演变不仅体现了人们对服装功能性和时尚性的双重追求,还反映了材质与设计领域的持续创新。

此外,随着社会对环境保护意识的增强,牛仔服装的生产和设计也逐渐向可持续发展倾斜。面对牛仔生产过程中水资源消耗大和染色过程可能对环境造成的负担,品牌和制造商开始探索更环保的材料和生产技术。这包括使用再生棉、有机棉以及采用节水染色技术和天然染料,以减少对环境的影响。同时,市场上也出现了更多回收和再利用牛仔布料的创新做法,如将旧牛仔裤转化为新的时尚单品,不仅延长了服装的生命周期,还减少了废弃物的产生。

牛仔服装的这些进步和变革,展现了时尚界对持续创新的追求,也反映了消费者对环境可持续性的日益关注。随着更多的人开始寻求负责任的消费方式,预计未来牛仔服装将继续在环保和可持续性方面进行探索和改进,引领时尚界向更绿色、更环保的未来迈进(图 1-1)。

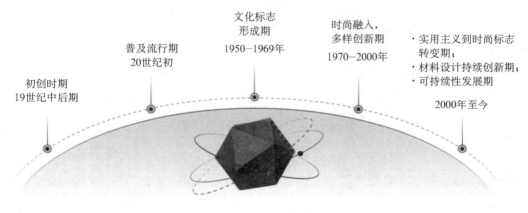

图 1-1　牛仔服装发展历史

 小知识

Jeans 和 Denim 的历史渊源

在 19 世纪的美国,jeans 和 denim 是两种截然不同的面料,各自拥有独特的用途。据美国新闻媒体的多篇报道,当时工人阶层的服饰主要由这两种面料构成,呈现出明显的差异化。具体而言,机械师和油漆工通常穿着蓝色牛仔工装裤,这种工装裤由耐磨且舒适的denim制成,非常适合在工作场合穿着。相对而言,上班族——包括那些不从事体力劳动的个体,更倾向于穿着定制的 jeans 裤子。尽管 jeans 也是工作服的一种面料,但它并不具备 denim 那样的双重优势。

值得注意的是,1942 年 John Hoye 在其出版的《长绒布》一书中,对 jeans 进行了详尽的描述。他指出,jeans 是由两种相同颜色的棉线交织而成的面料,广泛应用于制作工作服,涉及工人、游戏玩家、专业人士和医务人员等各行各业。而 denim 作为工作服群组中最为重要的织物,其结实耐用的特性使得它在体力劳动者中十分风靡。denim 由染色的经纱和白色的纬纱织成,因此其在经向方向上比纬向更能承受磨损。

二、国际牛仔服装发展状况

1. 市场概况

牛仔服装经历了百年的历程,不仅长盛不衰,而且市场份额不断扩大。其成功之处在于其穿着通用性强,能够跨越各个年龄段人群,因此受到全球消费者的喜爱。根据国际牛仔服装市场的习惯分类,可以将牛仔服装市场划分为大众牛仔服装市场、中高端牛仔服装市场和奢侈品牛仔服装市场三大类。国际牛仔服装市场的主要三大市场分别是美国、欧洲和中国市场。

据统计,2021 年全球牛仔服装市场规模约 595 亿美元,预计 2025 年将达到 650 亿美元。根据工业和信息化部、Euromonitor International 的数据,2017—2021 年,我国牛仔成衣市场规模由 2641 亿元增至 2965 亿元,年均增速 2.9%,预计 2025 年市场规模将超过 3400 亿元。根据 WGSN2022 年一份研究报告中指出,绝大部分消费者认为棉质牛仔面料最值得信赖,使用天然纤维和"更可持续的生产"将影响他们购买牛仔裤。对于牛仔面料,消费者最关心的三个要素是:值得信赖、舒适和柔软,另外牛仔裤的合身性和功能性也越来越重要。详细情况见表 1-1。

表 1-1　国际牛仔服装分类市场零售价值规模预测信息　　　　　单位:亿美元

市场分类	预测市场零售价值	增长率(%)	占市场比重(%)	大众市场			中高档市场			奢侈品市场		
				市场零售价值	年增长率(%)	占比(%)	市场零售价值	年增长率(%)	占比(%)	市场零售价值	年增长率(%)	占比(%)
国际市场	6257	7.9		1967	7.4		2505	8.1		1785	8.3	
美国市场	1654	7.2	26.43	505	5.7	25.67	709	7.7	28.3	440	8.1	24.65
欧洲市场	1827	7.2	29.20	742	6.2	37.72	745	7.9	29.74	340	8.8	19.05
中国市场(亿元)	3710	8.6		1764	7.6		1700	9.4		306	9.5	

2. 主要品牌与特点

国际上牛仔著名品牌主要为美国、欧洲、日本三大流派。主要分美国牛仔文化发源地品牌、欧洲时装化奢侈品牌、日本品质卓越的"养牛人"精细加工品牌。详见表 1-2。

表 1-2　美、欧、日三大流派与中国的主要牛仔服装品牌

国家	主要品牌	特点
美国	主要代表时尚品牌有： 1. Levi's 2. Wrangler 3. Lee Jeans 4. Calvin Klein Jeans 5. American Eagle Outfitters	在美国牛仔服装中,通常有几种颜色标志代表不同的品牌、系列或特定的设计风格。尽管各品牌可能存在一些差异,但以下是一般情况下常见的含义： 1. 蓝色标志：蓝色是经典的牛仔服装颜色,代表了传统和经典的风格。大多数牛仔品牌都会在其标志中使用蓝色,以突出其传统和历史的重要性。 2. 红色标志：红色标志通常代表了时尚和活力。一些牛仔品牌会选择红色作为其标志颜色,以突出其年轻、前卫的形象。 3. 黑色标志：黑色标志通常代表着高端和正式。一些高档的牛仔服装品牌会选择黑色作为其标志颜色,以展现其品质和奢华。 4. 橙色标志：橙色标志通常代表着活力和创新。一些时尚型的牛仔品牌可能会采用橙色作为其标志颜色,以彰显其时尚、前卫的形象。 5. 银色标志：银色标志可能代表着精致和高贵。一些高端的牛仔品牌会选择银色作为其标志颜色,以突出其品质和独特的设计风格。 红色标志和银色标志的牛仔服装品牌往往注重制造工艺和原材料的质量,他们可能更倾向于在美国本土进行生产,以确保产品的质量和可控性。此外,这些品牌通常也会强调"Made in USA"的标签,以突出其本土生产的优势,吸引消费者对本土制造的偏好。而白色标志和橙色标志的牛仔服装品牌则更有可能选择在其他国家进行生产,主要出于成本考虑。这些品牌可能会将生产外包到亚洲等地区,以降低生产成本并提高利润率。
欧洲	主要代表时尚品牌有： 1. G-Star RAW(荷兰) 2. Pepe Jeans(英国) 3. Diesel(意大利) 4. Replay(意大利) 5. Acne Studios(瑞典) 欧洲拥有牛仔服装系列的奢侈品牌主要有： 1. Chanel(法国) 2. Gucci(意大利) 3. Dior(法国) 4. Saint Laurent(法国) 5. Balmain(法国)	欧洲牛仔服装与美国牛仔服装之间存在一些差异,主要体现在以下几个方面： 1. 风格和设计：欧洲牛仔服装通常注重精致的设计和时尚的风格,偏向于更加欧洲化的剪裁和细节处理,强调个性和时尚感。美国牛仔服装则偏向于更加传统的设计和风格,注重舒适性和实用性,有着更加经典和保守的风格。 2. 面料和工艺：欧洲牛仔服装常常采用优质的面料和精湛的工艺,注重服装的质感和品质。美国牛仔服装也注重品质,但在面料和工艺上可能相对简约,更注重舒适度和耐用性。 3. 定位和价格：欧洲牛仔服装通常定位在中高档或高端市场,价格相对较高,追求品质和时尚。美国牛仔服装在定位上更加多样化,既有高端品牌,也有中低档的休闲品牌,价格区间更全面。 4. 文化和传统：欧洲牛仔服装可能更多地受到欧洲的时尚文化和设计理念的影响,注重个性和品位。美国牛仔服装则深受美国西部文化和传统的影响,更加注重实用性和舒适度。 欧洲牛仔服装更加强调时尚和品质,设计更加精致,而美国牛仔服装则更注重舒适性和传统的设计风格。

（续表）

国家	主要品牌	特点
日本	主要牛仔服装代表品牌： 1. Edwin 2. Evisu 3. Uniqlo 4. Beams 5. Oni Denim	日系牛仔品牌多以美国三大牛仔品牌为蓝本进行复制，但是日本牛仔服装经过本土化后也产生了独特的风格，牛仔服装风格两者之间存在一些显著的异同点： 1. 风格和设计：美国的牛仔服装通常注重实用性和舒适性，更偏向于经典和传统的设计风格；而日本的牛仔服装则更加注重细节和个性化，常常融合了一些前卫和独特的元素。 2. 工艺和技术：日本在牛仔服装的生产工艺和技术方面往往更为精湛和细致，一些日本品牌注重手工制作和传统工艺，使其产品在质量和工艺上有一定优势。 3. 定位和市场：美国的牛仔服装市场较为广泛，适合各种年龄和消费群体；而日本的牛仔服装通常更注重于时尚潮流和特定的消费群体，更多地关注年轻一代的需求。 日本牛仔服装制作以严谨和精细著名，被许多"养牛人"喜欢。
中国	主要牛仔服装代表品牌： 1. 真维斯 2. 李宁 3. 森马 4. 太平鸟 5. 韩都衣舍 6. 以纯	中国牛仔服装品牌特点： 1. 文化背景与风格：中国牛仔服装品牌更加注重符合中国消费者的审美趋势和文化特点，如中国传统刺绣的融入。 2. 设计理念与趋势：中国牛仔服装品牌会更加灵活地吸收国际时尚趋势，但也会融入中国本土文化和审美，使设计更具中国特色（如中国服装的色彩应用和花纹图案大小与美国有显著差异）。 3. 品牌定位与价格：中国牛仔服装品牌的定位可能更多地面向大众市场，追求性价比。 4. 市场定位和影响力：美国是牛仔服装的发源地，拥有众多具有历史和影响力的牛仔服装品牌，这些品牌在国际市场上具有较高的知名度和影响力。相比之下，中国的牛仔服装品牌在国际市场上的知名度和影响力可能相对较低，但在中国市场上有着强大的竞争力。

任务二　认识牛仔服装在我国的发展状况

授课 2 牛仔
服装我国发
展状况

一、整体情况

　　牛仔服装自 20 世纪 60 年代引进中国后，经历了一个快速发展的过程。特别是到了 20 世纪 80 年代至 20 世纪 90 年代，随着改革开放的深入，大量的牛仔服装生产设备和技术从中华人民共和国香港特别行政区（以下简称"香港地区"）引进，为中国牛仔服装行业注入了强大的动力。历经数十年的发展，中国牛仔服装行业已经取得显著进步。如今，中国已经成为全球牛仔服装的重要生产国之一，其生产的行业先进牛仔面料和牛仔服装在产品质量和品种数量上都已与国际接轨，甚至超越国际标准。

据海关统计数据显示,2022 年中国牛仔布产能规模达到了 50 亿米,占据全球中高端市场份额 50％以上。这一成就不仅彰显了中国牛仔服装行业的实力,也体现了中国在全球纺织服装产业中的重要地位。中国牛仔服装行业的快速发展,得益于技术创新、品牌升级和市场拓展的持续推动。随着环保和可持续发展的理念日益深入人心,未来中国牛仔服装行业还将继续致力于绿色生产、节能减排和循环利用等方面的探索和实践,推动行业的可持续发展。

牛仔服装生产集中在广东、浙江、江苏、山东和河北等省份,其中广东企业占 60％。随着社会变化,牛仔服装逐步向河北、湖南、江西和广西等地转移产能。

据统计,我国的牛仔面料消耗主要在下游服装行业(90％用于生产牛仔服装),主要为牛仔裤和牛仔夹克衫,占比达到七成(图 1-2)。

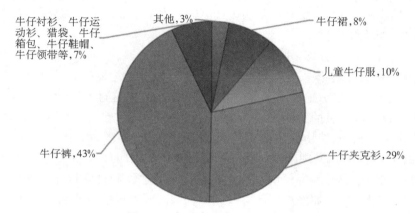

图 1-2　各种类型牛仔服装比例

目前,国内的牛仔服装市场呈现出一定的层次结构,市场的品牌分类通常可以分为以下几个层次,如图 1-3 所示。

- 01 通常专注于追求时尚潮流和个性化设计,定位于年轻、时尚的消费群体。它们的产品设计风格独特,与传统的牛仔服装有所区别,更注重时尚元素和潮流趋势。
- 02 近年来崭露头角的牛仔服装品牌,它们可能拥有独特的设计理念、新颖的营销策略或者特定的目标消费群体。这些品牌通常具有创新性和前瞻性,但在市场上的表现和影响力需要时间的积累。
- 03 常定社大众市场,价格相对较低,主要面向一般消费群体。主要以代理批发为主要销售模式,其目标市场主要包括个性店、店中店以及低端零售市场。这些品牌基本上还处于模仿阶段,产品质量和设计风格也相对一般,其利润较低,但单品销量较大。主要竞争优势在于价格的竞争。
- 04 涵盖了一些国产品牌以及国内和国际市场上的一些衍生品牌。这些品牌可能在某些地区或特定消费群体中享有一定的市场份额和影响力,但总体而言,它们处于一线品牌之下。国际和国内的行生品牌通常是由行业内知名品牌推出的系列牛仔服装产品。此外,一些国内外休闲品牌,利用其渠道优势,将牛仔服装作为独立的销售品类,并迅速推向终端市场。
- 05 主要由国际知名品牌所主导,其在市场上享有较高的知名度和影响力。这些品牌通常有较长的历史和雄厚的实力。在产品设计、品质控制和营销方面拥有一定的优势。

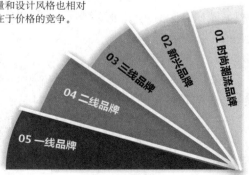

图 1-3　牛仔服装市场品牌

二、国内产业状况

自 20 世纪 70 年代末期开始,我国的牛仔服装行业已走过了近半个世纪的发展历程,在这期间牛仔布料经历了数次重大发展,这使得中国成为全球重要的牛仔布生产国之一。自 1990 年起,国内涌现出了一批技术先进的牛仔布和牛仔服装生产企业,这些企业在产品质量和种类上逐渐达到了国际标准,开始改变中国牛仔产品在国际市场上代表"低端产品"的形象,展现了产业向技术密集型发展的趋势。在产业链各环节的加工技术方面,也出现了新的变化。

1. 上游产业变革

近年来,中国牛仔纺织上游行业经历了显著的技术革新和产业升级,展现出蓬勃的发展活力和强劲的市场竞争力。

(1)技术升级与创新方面:中国牛仔纺织上游行业表现出强烈的进取心和创新能力。众多生产企业纷纷引进国际先进的生产设备和技术,如自动化生产线、智能控制系统等,这些先进技术的引入不仅极大地提高了生产效率,降低了成本,还使得产品质量得到了显著的提升。例如,通过采用先进的纺纱技术,棉纺产品的细度、均匀度、强力等指标得到了明显改善,面料生产也更为精细,织物的手感、色泽和耐磨性都得到了极大的提升。

(2)绿色环保生产方面:中国牛仔纺织上游行业积极响应全球环保倡议,致力于推动绿色可持续发展,如广东省开展牛仔洗水行业标准化车间建设和订立行业标准。企业纷纷采用环保型生产工艺和材料,如使用环保染料、节能设备、循环再利用的水资源等,以减少对环境的污染。同时,行业还积极推动循环经济的发展,将废旧纺织品进行回收再利用,既减少了资源浪费,又降低了环境污染。这些举措不仅符合现代社会的环保要求,也为企业赢得了良好的社会声誉。

(3)产能扩张与产量增长方面:随着中国市场的持续繁荣和国际市场对牛仔纺织品需求的不断攀升,中国牛仔纺织上游行业普遍出现产能扩张和产量增长的趋势。众多企业纷纷扩建厂房、增加生产线,提高产能水平,以满足日益增长的市场需求。据统计数据显示,近五年内,中国牛仔纺织上游行业的产能和产量均保持了稳定的增长态势,显示出强劲的市场发展潜力。

(4)产业集聚效应方面:中国牛仔纺织上游行业在一些地区形成了明显的产业集聚现象。根据调研结果,中国牛仔面料的产量位居世界之首,其生产厂家遍布全国 27 个省、市,但主要集中在东部及东南部沿海地区。广东、浙江、江苏、山东等地凭借优越的地理位置、丰富的资源和良好的产业基础,吸引了大量牛仔纺织上游企业聚集于此。除以上四个省份外,辽宁省、湖南省、湖北省、河南省、河北省和上海市等地也有牛仔面料生产。这些地区形成了完善的产业链和配套服务体系,从原材料采购、生产加工到产品销售等环节都实现了高度的专业化分工和协作,从而提升了整体产业的竞争力和影响力。

(5)外贸出口市场拓展方面:中国牛仔纺织上游行业积极拥抱全球化机遇,不断拓展国际市场。企业加大对外贸易合作和出口力度,通过参加国际展览、建立海外销售网络等方式,积极推广自己的产品和品牌。近年来,中国牛仔纺织上游产品的出口量和出口市场均实现了快速增长,产品质量和品牌形象也得到了国际市场的广泛认可。这不仅为中国牛仔纺织上游行业带来了丰厚的经济回报,也为中国制造赢得了良好的国际声誉。

2. 从出口导向到内需驱动的转变

我国牛仔纺织服装产业最初是从广东地区起步的,通过来料加工的方式逐渐发展成为"外向型"经济,随后扩展至全国各地。长期以来,该产业主要依赖出口,对外依存度较高,主要出口至欧盟、美国、日本、韩国以及台湾地区等国家和地区。近年来,为了进一步扩大出口市场,我国提出了"一带一路"倡议,增加了对东南亚、中东、非洲等地的出口。

中高档牛仔服装产品以国际高端品牌客户为主。然而,2019—2022 年间,受全球经济波动、供应链调整等因素影响约有 32% 的企业订单降幅超过 30%,10% 企业订单降幅在 20%~30%,29% 的企业订单降幅在 10%~20%。同时,还有 10% 企业的订单与去年持平,但产销不足,导致运营效率和效益下滑。

为了应对这一挑战,我国提出了"加快构建以国内大循环为主体、国内国际双循环相互促进的新发展格局"的重大战略部署。随着这一战略的实施,国内经济逐渐回暖,为牛仔纺织服装产业的发展带来了新的机遇。

3. 推动功能性与艺术性兼具的品种,助力内销市场增长

我国牛仔面料行业积极响应党中央的号召,并根据市场需求和环境变化进行相应调整。部分牛仔面料企业开始转向内销市场,并加速创新步伐,以适应当前的市场环境。为了应对消费者需求的多元化和多层次化趋势,这些企业增加了创新投入,推出了新材料和新工艺。

一些企业成功研发了高弹松软纺缩筋牛仔面料,采用如涤纶氨纶网络纱等新型纱线,形成独特的双芯纱线,以满足棉弹性类面料的需求。低缩水超柔软感的牛仔面料,通过特殊的纺纱工艺显著提升了面料的手感。此外,还有冰薄荷抗菌牛仔面料,具有天然的抗菌功能,能有效抑制细菌生长,并兼具凉感、吸湿透气等多种功能。

部分企业专注于绿色低碳产品的开发。他们在纺制牛仔纱时采用再生 PET 纤维,有效实现节水、节能,并减少了温室气体排放。同时,经过特殊处理的面料还具备吸湿排汗、保暖舒适等特点,进一步满足了消费者的需求。

还有一些企业加大了时尚化、艺术化设计的投入。例如,利用刺绣或转移印花技术生产的宫廷系列牛仔面料,既展现了个性化风格,又弘扬了中国传统文化。这不仅促进了牛仔服装产能的增长,还引导了消费市场的增长。

三、国内技术发展历程

1. 纺纱原料与工艺革新

(1)纺纱下脚料＋粗加工:牛仔布在我国原本叫"劳动布"。用棉纺精梳纺纱的下脚料纺成 5^S~10^S 纱线,织成中厚型的面料,加工成工作服,作为提供给企业工人劳动保护的服装。

(2)低品级棉花＋普通加工:在改革开放引进牛仔纺织系列生产环节后,织造牛仔布所用的纱线改用低品级棉花纺成的 6^S~12^S 纱线,纺纱设备淘汰旧环锭纺纱机,引进瑞士立达(Rieter)、德国赐来福(Schlafhorst)高速转杯纺纱机,用于织造中档以上牛仔面料及中厚织物的休闲服装面料。

(3)多种纤维原料混合＋精加工:20 世纪 90 年代末期,随着制造技术的进步,牛仔服饰和牛仔面料产品开始从单一的纯棉织物向多元化的混纺织物转变,融合了其他天然纤维如蚕丝、羊毛、苎麻、亚麻等,采用混纺或交织工艺。伴随着我国化纤工业的发展,牛仔面料的风格日益多样化,市场上涌现出了棉与黏胶纤维、天丝、涤纶、锦纶、氨纶等多种纤维的混纺和交织品种。随着公众健康意识的增强,牛仔面料中也开始融入功能性纤维,例如艾草纤维和玉石纤维等。此外,牛仔纱的纺纱技术亦不断革新,推出了如竹节纱(经/纬向)、弹力纱(经/纬向)等新型纱线。这些材料和工艺上的创新,不仅提升了牛仔面料的触感和质量,丰富了牛仔面料的风格,而且为服装和制品的后续加工提供了更多功能性和艺术性的可能性。

为适应不同市场、不同人群层次的需求,牛仔用纱也在不断变化,从低支纱逐步向高支纱变化(图 1-4)。

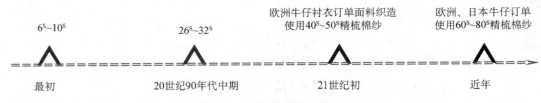

图 1-4　牛仔面料纱线需求变化

为了满足不断变化的纺纱需求,牛仔纱的纺纱设备和工艺也在不断革新。最初,使用低速环锭纺纱机,随后逐渐转向自动化程度更高的气流纺纱机。随着市场对中高支牛仔纱的需求增加,转而采用高速环锭纺纱机,并应用先进的紧密纺、赛络纺等新工艺。纺纱原料、生产工艺和技术的提升为牛仔面料从低端向中高档的转变提供了坚实的基础。

2. 面料加工技术的演进

(1)织机变化:我国牛仔面料织造最初采用铁木有梭织机,随后改进为低速铁结构有梭织机,直至 20 世纪 70 年代末,改革开放后,生产企业从国外引进了中高速剑杆织机、喷气织机等无梭织机。近年来,对牛仔纱的需求变化催生了织布设备和工艺的改进。一些面料生产企业直接采用坯纱织造坯布(采用免浆纱工艺),然后通过染色坯料的加工制作出仿牛仔面料。此外,有些企业采用棉与化纤混纺或交织的方法生产牛仔面料。牛仔用纱需求的改变,使得传统上以织造化纤面料为主的喷水织机近年来也能在牛仔坯布生产中得到应用。

(2)织物结构变化:传统的牛仔面料常采用斜纹结构,然而如今市场上涌现了大量平纹、条格、小提花、大提花以及混色色织等各种组织方式。随着材料与结构的巧妙组合,牛仔服装面料的质地和风格日益丰富多彩。

A. 传统斜纹布:传统的牛仔布通常采用斜纹布结构,这种结构具有经典的牛仔风格,有良好的耐磨性和耐用性。斜纹布的结构是由交错的斜线组成,呈现出典型的斜纹花纹,常用于制作传统的牛仔裤和工装服装。

B. 平纹布:平纹布是一种简单的交织结构,其中经纬纱线交错相等,形成平整的纹理。在牛仔布料中,平纹组织通常使面料更加柔软舒适,适合制作轻便的牛仔服装和休闲装。

C. 提花组织:提花组织是在织物表面形成图案或纹理的一种工艺技术,常见的分为小提花和大提花牛仔面料。在牛仔布料中,提花组织可以呈现出各种不同的图案和纹理,如花纹、格子、条纹、图案等,为牛仔服装增添了更多的时尚元素和个性化选择。

D. 弹性布料:随着时代的变化和消费者需求的增加,弹性布料在牛仔服装中的应用也越来越普遍。弹性布料通常包含弹性纤维(如氨纶、涤纶等),使得牛仔服装更具舒适性和活动性。

E. 混纺布料:在牛仔面料中,常见的混纺材料包括棉与涤纶、棉与氨纶,高端的包括天丝与棉、羊毛与棉等,以提高面料的柔软度、耐久性和舒适性。

F. 环保布料:近年来,随着环保意识的增强,牛仔面料中出现了越来越多的环保布料,如有机棉、再生纤维等,以减少对环境的影响并推动可持续发展。

G. 针织牛仔面料:针织牛仔面料应用在服装上具有较好的舒适度、弹性和透气性,适合各种休闲和运动场合穿着,丰富了牛仔服装面料产品。常见的组织结构包括平纹组织、罗纹组织、珠地网眼组织、单面平针加集圈式组织、衬垫组织、提花组织(小提花组织、人字斜纹)等。

总体而言,牛仔布结构的变化主要体现在纤维材料的选择、织造技术的创新以及面料的功能性和时尚性等方面,不断满足着消费者对于牛仔服装的不同需求。

3. 印染及后整理工艺发展

(1)经纱浆染工艺

传统的牛仔面料生产流程通常包括对经纱(棉纱)进行染色,然后经过烘干和上浆处理,最后送至织机按照特定的花纹结构进行织造。然而,近年来市场上出现了湿法上浆工艺。与传统工艺相比,湿法上浆工艺在纱线染色后无需烘干,直接进行上浆,以实现节能增效的目的。为了增强面料的色泽深度和质感,丝光工艺在牛仔面料加工中被广泛采用。此外针对牛仔经纱的免退浆环保工艺已经取得成功。这项新技术的发展大大降低了经济成本,同时也为减少废水排放与能源浪费做出了贡献,推动了牛仔面料生产向更加环保和可持续的方向发展。

(2)面料风格和艺术加工工艺

A. 直接染色印染技术:直接染色印染技术使得牛仔面料可以在织造过程中直接进行染色和印染,而不需要经过后续的染色工艺。它不仅提高了生产效率,还能够实现更多样化的颜色和图案设计。

B. 拔染技术:拔染是一种通过特殊的处理方法在牛仔面料上创造出独特的色彩效果和纹理。它可以产生出仿佛经过多年穿着和洗涤后的自然磨损效果,使得牛仔面料更加富有质感和个性化。

C. 印花技术:近年来,印花技术在牛仔面料的应用也日益普遍。通过印花技术,可以在牛仔面料上印制各种图案,从简单的几何图案到复杂的艺术印花,为牛仔面料增添了更多的时尚元素。

D. 特殊涂层和处理技术:牛仔面料的特殊涂层和处理技术可以增加面料的功能性和实用性,例如防水、防污、防撕裂等特性。这些技术使得牛仔面料更加耐用和适用于各种环境和场合。

E. 数字化设计和生产:随着数字化技术的发展,越来越多的牛仔面料设计和生产过程开始采用数字化工艺。这种方法不仅提高了设计和生产的精确度和效率,还可以实现个性化定制和小批量生产,满足消费者不断变化的需求。

这些技术的应用使得牛仔面料在风格和艺术方面呈现出更加丰富多样的面貌,同时也推动了牛仔服装行业的创新和发展。

（3）后整理工艺

近十年来，牛仔后整理工艺方面取得了许多进步，其中一些关键的创新和技术包括：

A. 环保后整理工艺：随着环保意识的提高，牛仔后整理工艺正逐渐转向环保方向。该工艺注重采用水处理技术、化学品替代、能源节约技术、绿色纤维利用、工艺优化、垃圾处理和回收利用以及环保认证和标准遵循等方法。借助新兴的工艺技术和环保型化学品，牛仔后整理过程中的化学物质和水资源的使用大幅减少，有效减少了对环境的不良影响。

B. 高效节能工艺：在牛仔后整理工艺中，广泛采用了一系列节能技术和设备，包括热回收系统、高效加热设备、节能型传动装置、智能控制系统、热泵技术、优化工艺流程以及设备节能改造等。这些创新的工艺和设备有效地降低了能源消耗，并提高了生产效率和能源利用率。

C. 创新的整理效果：近年来，牛仔后整理工艺越来越注重创新的效果和风格。通过不同的工艺处理，可以产生多种不同的整理效果，如新型浮石褪色、激光破洞、激光雕刻洗水等，使得牛仔面料更具个性化和时尚性。

D. 智能化生产：随着信息技术的发展，智能化生产在牛仔后整理工艺中得到了广泛应用。通过智能控制系统和数据分析技术，可以实现对整理过程的精确监控和调节，提高生产效率和产品质量。

E. 多样化的定制服务：随着消费者对个性化定制的需求不断增加，牛仔后整理工艺也越来越注重定制化服务。生产企业可以根据客户的需求和要求，定制不同风格和效果的牛仔面料，满足不同消费群体的需求。

随着消费者对高品质和功能性牛仔服装的需求不断增加，牛仔服装的制作采用了一系列先进的工艺技术。这些技术包括免烫、液氨处理、特殊涂层技术、纳米技术、UV防护技术、抗皱技术、快干技术、防异味技术、环保染色技术以及智能感应技术（包括温度感应和湿度感应）。这些工艺技术的应用，不仅提升了牛仔面料的品质和功能性，同时也增强了其舒适性，满足了消费者对于高品质服装的追求。

随着国家环保政策、"十三五"提出产业经济绿色转型升级，中国多数纺织印染企业逐步从东部向中西部转移，并搬进工业园，使用清洁能源，提高能源利用效率和降低能源消耗，并实现废水集中处理，增加回用水比例，降低对原水的消耗。

任务三 认识牛仔纺织服装在广东省的发展状况

授课3牛仔
服装广东省
发展状况

广东省牛仔纺织服装行业在中国乃至全球牛仔服装产业中占据着举足轻重的地位。作为中国改革开放的前沿阵地，广东依托其地理优势和先进的工业基础，已形成了众多牛仔纺织服装产业集群，其中不乏享誉国内外的知名品牌。

广东省牛仔纺织服装行业不仅在产量上居全国领先地位，其产品品质、设计创新以及市场影响力也均处于行业前列。众多优秀的牛仔纺织服装企业汇聚于此,形成了完整的产业链和强大的产业集群效应。这些企业通过技术创新和品牌建设,推动了广东省牛仔纺织服装行业的持续发展。

一、发展经历阶段

在全球市场上,广东省牛仔纺织服装行业展现出了强大的竞争力和影响力。其出口产品远销海外,赢得了广大消费者的青睐。广东省牛仔纺织服装行业的繁荣发展,不仅提升了中国在全球服装产业中的地位,也为全球消费者带来了更多优质的牛仔服装产品。广东省牛仔服装发展经历四个阶段(图 1-5):

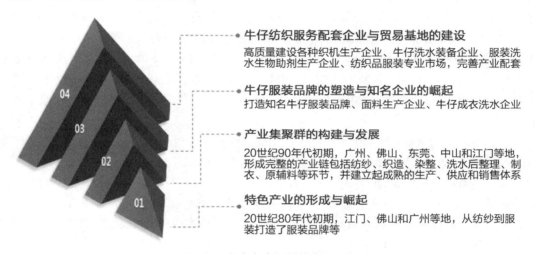

图 1-5　广东省牛仔服装发展阶段

● 牛仔纺织服务配套企业与贸易基地的建设
高质量建设各种织机生产企业、牛仔洗水装备企业、服装洗水生物助剂生产企业、纺织品服装专业市场,完善产业配套

● 牛仔服装品牌的塑造与知名企业的崛起
打造知名牛仔服装品牌、面料生产企业、牛仔成衣洗水企业

● 产业集聚群的构建与发展
20世纪90年代初期,广州、佛山、东莞、中山和江门等地,形成完整的产业链包括纺纱、织造、染整、洗水后整理、制衣、原辅料等环节,并建立起成熟的生产、供应和销售体系

● 特色产业的形成与崛起
20世纪80年代初期,江门、佛山和广州等地,从纺纱到服装打造了服装品牌等

1. 特色产业的形成与崛起

广东省的牛仔纺织产业是在改革开放政策的推动下蓬勃发展起来的。早在 20 世纪80 年代初期,江门市新会区引进了苹果牌牛仔服装企业,同时恩平广联泰纺织企业有限公司、台山纺织厂有限公司等引进了气流纺和剑杆织机等先进的牛仔布生产线。在这一时期,佛山棉织一厂(佛山华丰纺织有限公司前身)采用"来料加工"方式引进了剑杆织机,而广州第一棉纺织厂引进了香港汇德丰国际品牌运营有限公司,从纺纱到服装打造了"牛头牌"服装品牌等。

2. 产业集聚群的构建与发展

在 20 世纪 90 年代初期,港英政府为了实现香港地区产业的"空心化"目标,开始将潜在污染行业迁出香港地区。化工和印染等行业被迫迁移到广东地区,这导致了香港地区的纺织产业链向内地和东南亚地区转移。部分企业率先迁往了广东的东莞、中山、佛山和江门等地,形成了完整的产业链,包括纺纱、织造、染整、洗水后整理、制衣、原辅料等环节,并建立起成熟的生产、供应和销售体系。这些地区成为了著名的"中国牛仔服装名镇",例如广州市增城区新塘镇、佛山市顺德区均安镇、江门市开平三埠镇、中山市大涌镇等。此外,还形成了一批为产业下游提供服务的牛仔纺织专业集聚区,如"中国面料名镇"佛山市南海区西樵镇,以及广州市花都区、佛山市顺德区、佛山市三水区、东莞市、中山市、江门市等地集聚了许多牛仔纺织服装行业相关企业。

3. 牛仔服装品牌的塑造与知名企业的崛起

广东省作为中国经济的重要区域之一,一直是众多产业的发展热土,其中牛仔服装产业尤为突出。随着消费市场的日益繁荣和消费者品味的多元化,牛仔服装的需求也在稳步增长。广东省凭借其地理、经济、文化和政策等多方面的优势,成功地吸引了大量国内外投资者和创业者进入牛仔服装领域,催生出了一批知名的牛仔服装企业。

随着牛仔服装产业的迅速发展,广东省涌现出一批备受瞩目的牛仔服装品牌。其中包括增致牛仔、第五街、威鹏、标奇牛仔、米高等知名品牌。除此之外,广东省还孕育了一系列著名的面料生产企业,如广东前进牛仔布有限公司、佛山市致兴纺织服装有限公司、佛山市顺德区前进实业有限公司、佛山市黄氏投资集团有限公司、广州新昌景集团有限公司、开平奔达纺织集团、韶关市北江纺织有限公司等。同样值得关注的是,广东省培育了一批优秀的牛仔成衣洗水企业,其中包括中山益达服装有限公司、广东力丰洗水服装股份有限公司、增城万盛得服装有限公司、增城奥诗诚纺织服装有限公司等。这些企业的崛起和发展为广东省牛仔服装产业注入了强劲的活力,并在国内外市场上占据了重要的地位。

企业与品牌的崛起并非偶然,它们通常都拥有独特的品牌定位、先进的生产工艺和严格的质量管理体系。它们注重设计创新,紧跟时尚潮流,不断推出符合消费者需求的新款式和新产品。随着市场竞争的加剧和消费者需求的不断变化,广东省的牛仔服装企业也面临着诸多挑战。总之,广东省的牛仔服装企业在牛仔服装产业的发展中扮演着重要的角色。品牌和优质企业的崛起和发展,不仅推动了广东省牛仔服装产业的繁荣,也为消费者提供了更多优质、时尚的牛仔服装选择。

4. 牛仔纺织服务配套企业与贸易基地的建设

随着全球时尚产业的快速发展,牛仔纺织品作为经典且受欢迎的服饰面料,市场需求持续增长。为满足这一需求,构建高效的牛仔纺织服务配套企业和贸易基地显得尤为重要。提高生产效率、优化供应链、扩大市场份额,并实现可持续发展成为牛仔纺织服装行业的发展的新追求。

在不断升级和发展中,广东省牛仔服装涌现出一批优秀企业,如牛仔面料高速剑杆织机生产企业(广东康柏斯机械公司)、牛仔洗水装备企业(广州市同心机器制造有限公司)、牛仔服装洗水生物助剂生产企业(中山市鸿盛生物科技有限公司、广州市海诺生物工程有限公司、佛山市晨辉化工发展有限公司)等。

除了生产装备和染化料助剂,广东省也在牛仔服装产品销售方面进行了资源配套。主要纺织品服装专业市场成为牛仔面料和服装企业重要的贸易交流场所。牛仔面料与服装的销售在广州中大面料商业圈、十三行服装批发市场、深圳车站及南油服装专业市场等市场占据相当大的份额。广东省各"中国牛仔服装名镇"也各领风骚。例如,广州市增城区拥有多个专业市场,如牛仔服装商城、牛仔城商场、新塘国际牛仔城、新塘国际牛仔服装纺织城、淘宝城牛仔、广州新塘牛仔城、新塘牛仔谷、牛仔布汇等,共计22个市场,主要聚焦于牛仔企业的面料和服装批发。另外,中山市大涌镇的牛仔专业市场面积达55亩,拥有文田面料市场,并设有超过140家牛仔批发店铺。

二、产业链完善历程

广东省的牛仔纺织服装产业在改革开放初期通过"三来一补"政策迅速发展起来,经历了从代工(OEM)阶段到承接设计制造业务(ODM)的转变,以及从来样加工到研发、设计与创新的演变过程。作为全国第四大棉纺织基地和最大的牛仔面料及牛仔服装生产基地,广东省在牛仔服装及制品出口、贸易以及牛仔文化与技术方面扮演着重要角色。它也是全国牛仔时尚流行趋势的前沿传播基地。广东省牛仔服装产业链经历以下五个阶段,逐步向绿色环保发展。

1. 第一阶段:中低端引进期(1978—1979 年)

在 20 世纪 70 年代,鉴于香港地区制造业面临成本攀升及环境压力等多重挑战,其制造业领域,特别是牛仔纺纱、织造、洗水及后整理等完整产业链,开始逐步向邻近的广东省转移。这一迁移过程中,所携带的设备与技术相对滞后,体现了时代的局限性。

以广州第一棉纺织厂有限公司为例,该公司与汇德丰(香港)有限公司携手,引入了对方企业的生产设备,其中纺纱与织造设备多为 20 世纪 40 年代至 20 世纪 50 年代的产品,显示了技术更新的滞后性。更有部分企业因资金限制,不得不直接迁移香港地区长期使用的铁木织机等旧设备至内地,如恩平广联泰纺织企业有限公司、广东台山纺织实业有限公司、广东省佛山市棉织一厂等。

尽管部分企业选择了引进全新设备,但受限于当时的技术能力,这些新设备如气流纺与剑杆织机,其运转速度多处于中等水平,其中气流纺转速大致维持在 70 000~80 000 r/min 之间,而剑杆织机则约为 300 r/min。尤为值得注意的是,由于中国内地技术人员对先进无梭织机的操作与维护经验不足,广东省内部分企业在引进日本生产的高端设备时,遇到了设备质量与运行稳定性方面的问题,导致这些设备在实际应用中只能适配中低支数的纱线,并主要生产以中厚型、三上两下斜纹为主的织物,限制了产品的多样性和技术含量的提升。

2. 第二阶段:高速发展期(1980—1995 年)

广东省牛仔产业的蓬勃发展始于 20 世纪 80 年代初,这一进程紧密伴随着香港地区牛仔产业因成本激增及环境考量而实施的大规模转移。香港地区制造业的高昂成本与环境压力促使牛仔纺纱、织造、洗水、后整理等完整产业链逐步向广东省迁移,以寻求成本效益更高的生产环境。这一战略调整不仅缓解了企业的成本压力,还显著提升了其市场竞争力,从而催生了广东省牛仔纺织产业的繁荣景象。

在这一转型浪潮中,广东省涌现出众多知名的牛仔服装生产基地,如广州增城、顺德均安、中山大涌、开平三埠等地,被誉为"中国牛仔服装名镇",同时形成了多个牛仔纺织产业集聚区。随着浆染、服装洗水等核心环节的入驻,牛仔纺织辅料供应商、制衣设备制造商及设计机构等上下游企业也纷至沓来,共同推动了广东省牛仔纺织产业链的全方位完善与升级。

历经十年的深耕细作,广东省牛仔纺织产业在技术、设备、工艺及产品种类上均实现了质的飞跃。纺纱领域,瑞士与德国制造的高速气流纺机被引入,其转速高达 150 000 r/min,引领了行业技术革新。剑杆织机方面,企业在原有中速机型基础上,成功推出 500 r/min 的高速织机,并拓展了从基础斜纹到复杂提花等多种织造工艺。

顺应国内外市场需求的升级,牛仔产品亦从传统的中低支纱、中厚型织物,向高支精梳纱、轻薄型面料转型。20 世纪 90 年代中期,佛山金利达牛仔布厂率先突破,生产出 $50^s/1$ 的精梳牛仔面料;近年来,佛山华丰纺织有限公司更是走在前沿,推出 $60^s/1$、$80^s/1$ 的高端牛仔衬衣面料,凭借其卓越品质赢得了包括法国 PV 面料上海展中欧盟客户在内的广泛赞誉,彰显了广东省牛仔纺织产业向中高端市场迈进的坚定步伐。

牛仔服装在设计与制作的精妙融合中,汇聚了多元元素,旨在精准捕捉并满足每一位消费者的独特需求与审美偏好。除了历久弥新的洗水工艺系列,设计师们还巧妙地融入了刺绣与缝纫艺术,这些传统技艺的复兴不仅增强了牛仔服装的视觉冲击力,更赋予了每一件作品鲜明的个性标签。在广东,牛仔服装与广绣、镂空绣花等地方特色工艺的结合,更是展现了文化的深度交融与创新的无限可能。

印花工艺作为时尚界的常青树,在牛仔服装上同样大放异彩,它以艺术化的笔触为服装披上了一袭华丽的外衣,让穿着者瞬间成为街头巷尾的焦点。亮片、珠饰等璀璨元素的加入,则为牛仔服装增添了一抹奢华与时尚的气息,让简约的牛仔面料焕发出前所未有的光彩。此外,特殊的涂饰或涂层处理技术为牛仔服装带来了前所未有的质感体验,独特的光泽效果在光线的照射下更显迷人,让每一件作品都仿佛被赋予了生命。而拼接设计的运用则打破了传统牛仔服装的单一形态,通过不同材质、色彩与图案的巧妙拼接,创造出层次分明、立体感十足的视觉效果,使服装更具动态美与线条感。

在追求个性化的同时,牛仔服装行业也不忘响应环保与品质的时代号召。新型面料、环保材料以及具有特殊功能的面料被广泛应用于牛仔服装的制作中,这些材料不仅提升了穿着的舒适度与实用性,更体现了品牌对可持续发展的承诺与担当。

3. 第三阶段:产业上游转型期(1996—2005 年)

20 世纪 90 年代末期,基于纺织工业亟待实施战略性转型的紧迫局势,国家将"压锭"行动确立为核心策略,旨在挽救并重塑全国纺织工业格局,特别是彻底清除 1979 年前遗存的低效纱锭产能。广东省,作为纺织业重镇,积极响应国家策略导向,毅然决然地废除了 31 万锭落后纺纱设备,彰显了其坚定的改革意志与高效的执行力。韶关原第一棉纺织厂在此转型大潮中勇立潮头,主动淘汰了 3 万锭落后产能,并主动作为,派遣专业团队深入香港地区纺织业界,对包括大兴纱厂、中央纱厂等业界标杆进行详尽的考察与学习。通过此番交流,企业敏锐地洞察到国际纺织市场的最新趋势——中支中密及中支低密的休闲类织物面料正引领风尚,且该类面料对气流纺纱技术需求激增。基于此洞察,韶关第一棉纺织厂果断决策,淘汰落后的环锭纺设备,转而引进瑞士立达、德国赐来福等国际顶尖品牌的高速气流纺设备,以技术革新为驱动,引领产业升级新篇章。此举不仅显著提升了企业生产效率与产品品质,更为后续开发新型纱线品种、精准对接市场需求奠定了坚实的技术基础。

广东省政府对韶关第一棉纺织厂的这一创新实践给予了高度评价与鼎力支持,并助力其向国家纺织工业局申报进一步引进先进设备的计划。此举得到了国家层面的高度认可与积极推动,广东纺织行业的转型经验迅速在全国范围内得以复制与推广。国家纺织工业局及国家经贸委运行司联合组织多省市纺织企业赴粤交流学习,同时,广东纺织协会携手中国棉纺织协会,成功举办全国性研讨会,深入研讨纺纱新技术、新设备、新工艺的应用与发展方向。

在国家政策的强力引导与支持下,包括比利时"必佳乐"在内的众多国际知名品牌高速气流纺纱机、高速剑杆织机等先进设备被成功引入国内,极大地加速了纺织行业的技术革新与产业升级步伐。此外,广东省与香港地区牛仔纺织企业深化合作,依托国内棉花主产区的资源优势,在浙江、山东、河南、湖北等省份布局牛仔纺织服装产业链,构建起了辐射全国的牛仔纺织产业集群,进一步巩固了广东在牛仔纺织领域的领先地位,并强有力地推动了整个纺织行业的繁荣与发展。

4. 第四阶段:产业中游转型期(2006—2018 年)

广东省牛仔纺织产业在其早期发展阶段,确曾面临管理粗放、环保缺失的困境,这些问题伴随产业规模的迅速扩张而日益凸显,导致"脏、乱、散"及"三高"(高能耗、高排放、高污染)企业的负面形象根深蒂固。面对此严峻形势,环保整顿与产业升级成为产业可持续发展的关键议题。2018 年中央环保督察对新塘镇环保工业园内企业的严厉整治行动,不仅是对违法排污企业的有力震慑,更是对整个行业发出的强烈信号,促使企业深刻反思并加大环保投入,优化生产环境,以符合日益严格的环保标准。与此同时,牛仔纺织服装企业还普遍面临着成本攀升、人力资源短缺、技术更新滞后等挑战。原材料与人力成本的持续上升,以及招聘难度加大,对企业运营构成了沉重压力。技术创新的紧迫性虽已被广泛认知,但中小企业因资金短缺与技术壁垒,往往难以独立承担转型升级的重任。此外,市场竞争加剧、产品同质化现象严重、产业结构调整需求迫切,以及国际贸易环境的不确定性(包括技术性贸易壁垒、国际政治局势波动等),均对企业发展构成了前所未有的挑战。

为有效应对上述挑战,广东省牛仔纺织产业采取了以下综合策略:

(1)强化企业管理与环保基础设施建设,构建完善的管理体系与环保责任制度,确保生产活动符合环保法规要求,实现绿色生产。

(2)聚焦技术创新与人才队伍建设,通过引进国际先进技术、增加研发投入、建立人才培养机制等措施,提升企业的自主创新能力与核心竞争力。

(3)优化产业结构布局,推动产业向高端化、智能化、绿色化方向发展,开发高附加值、环保型产品,以满足市场对高品质、差异化产品的需求。

(4)深化国际合作与交流,积极应对国际贸易壁垒,拓展国际市场渠道,实现市场多元化,降低对单一市场的过度依赖。

(5)密切关注市场动态与政策走向,灵活调整经营策略,增强企业应对市场变化的能力,确保在复杂多变的国内外环境中稳健前行。

5. 第五阶段:产业绿色发展期(2019 年至今)

在"十四五"规划的战略蓝图下,广东省政府将纺织服装产业,尤其是牛仔纺织服装行业,正式确立为战略性支柱产业集群,此决策不仅彰显了政府对行业未来发展的深切关注与高度重视,更为行业转型升级绘制了清晰的路线图。通过颁布《广东省人民政府关于培育发展战略性支柱产业集群和战略性新兴产业集群的意见》这一纲领性文件,广东省政府明确阐述了其支持纺织服装产业蓬勃发展的坚定立场及一系列具体扶持政策与措施。

针对牛仔纺织服装行业在环境保护领域面临的挑战,广州市增城区政府及其职能部门展现出高度的责任担当与高效执行力。通过细致入微的调研分析,政府精准把脉行业存在的装备老化、管理漏洞等方面的环保短板,并据此制定了一套科学严谨、针对性强的治理策略。此举不仅反映了政府对行业环保现状的深刻洞察,更体现了政府引领行业向绿色可持续发展路径迈进的坚定决心。为加速牛仔纺织服装行业的绿色转型进程,企业、政府及行业协会三者紧密携手,共同制定并执行行业环保标准,全方位推动企业实施环境友好型改造。在此进程中,广东省纺织工程学会与广州市纺织工程学会的技术专家团队发挥了不可替代的作用,他们凭借深厚的专业底蕴与丰富的实战经验,为企业提供了精准的技术咨询与指导。通过淘汰落后产能、引入高效节能的现代化设备、强化环保设施升级等措施,企业不仅实现了生产效率的飞跃,还显著优化了环保绩效,确保各项污染物排放指标均达到国家标准。

尤为重要的是,此番绿色转型不仅有效应对了环保压力,还激发了牛仔纺织服装行业的时尚创新活力。企业在确保产品质量与生产效能的同时,深度融合时尚设计理念,使产品更加贴合市场潮流与消费者需求。此外,增城区新塘镇牛仔纺织服装企业积极践行社会责任,构建先进的管理体系与治理机制,持续优化环保措施,致力于将每一家企业打造成为"绿色生态标杆",展现了其对环境保护的庄严承诺与在时尚与可持续发展领域的卓越追求。

当前,广东牛仔产业面临环保压力与数字化转型双重挑战。政府着力推动"散乱污"企业整治,建设标准化洗水园区;企业加速应用数码印花、激光雕花等绿色工艺,行业智能化水平全国领先。通过政府、行业和企业共同努力,增城区新塘镇牛仔纺织服装企业成功转型,成为广州市环保"三线一单"的典范,也推动了广东省牛仔纺织服装行业在提质改造的道路上不断前进,助力整个行业向现代绿色产业迈进。

✐ 练习题

一、单项选择

1. ( )被认为是现代牛仔裤的创始人。
   A. Ralph Lauren 拉尔夫·劳伦　　　　B. Levi Strauss 李维·施特劳斯
   C. Calvin Klein 卡尔文·克莱恩　　　　D. Tommy Hilfiger 汤米·希尔费格

2. 牛仔服装在( )开始在全球广泛流行。
   A. 20世纪20年代　　　　　　　　　B. 20世纪50年代
   C. 二十世纪六七十年代　　　　　　　D. 21世纪初

3. 常定位大众市场,价格相对较低,主要面向一般消费群体;主要以代理批发为主要销售模式,其目标市场主要包括个性店、店中店以及低端零售市场,此类型牛仔服装品牌属于以下的( )。
   A. 一线品牌　　　　　　　　　　　　B. 二线品牌
   C. 三线品牌　　　　　　　　　　　　D. 新兴品牌
   E. 时尚潮流品牌

二、多项选择

1. 牛仔服装在国际上的牛仔著名品牌主要为( )三大流派。
   A. 美国　　　　　B. 欧洲　　　　　C. 日本　　　　　D. 中国

2. 牛仔服装市场划分为( )三大类。
   A. 大众牛仔服装市场　　　　　　　　B. 中高端牛仔服装市场
   C. 奢侈品牛仔服装市场　　　　　　　D. 工作服牛仔服装市场

3. 中国牛仔服装生产集中在(　　)。
　　A. 广东　　　　　　　B. 浙江　　　　　C. 江苏　　　　　　D. 山东
　　E. 河北
4. 广东省的"中国牛仔服装名镇"包括(　　)。
　　A. 广州市增城区新塘镇　　　　　　B. 佛山市顺德区均安镇
　　C. 江门市开平三阜镇　　　　　　　D. 中山市大涌镇

三、判断题

1. (　)经典的蓝色棉布牛仔裤创作、设计都是在美国实现的。
2. (　)中国牛仔面料的产量位居世界之首。
3. (　)Jeans 和 Denim 是都是指纯棉斜纹牛仔面料。
4. (　)为适应不同市场、不同人群层次的需求,牛仔用纱也在不断变化,从低支纱逐步向高支纱变化。
5. (　)虽然牛仔服装历经百年变迁,斜纹布仍然是市场唯一选择。

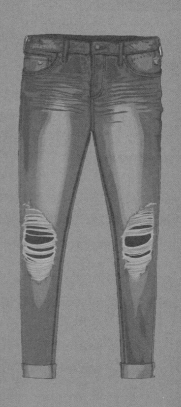

模块二

生产安全与管理篇

任务一　生产车间基本安全

课程思政 M2

在牛仔服装洗水行业中,生产车间不仅是创意与工艺的交汇点,更是安全生产的基石。然而,在追求产品卓越品质与独特风格的同时,生产车间基本安全不能忽视。安全,是企业发展的生命线,是员工幸福生活的保障,更是企业履行社会责任的基石。

(1)生产车间基本安全:在牛仔服装洗水车间内,各类化学洗剂、染料、助剂等原材料琳琅满目,它们为牛仔布赋予了丰富的色彩与独特的质感,但与此同时,也带来了不容忽视的安全挑战。从易燃易爆的溶剂到具有腐蚀性的酸碱溶液,再到可能对人体健康造成影响的粉尘与有害气体,每一种材料都要求工作人员在操作过程中保持高度的警惕与严谨的态度。

(2)安全意识的觉醒:生产车间基本安全,首先是一场意识革命。每一位员工都是安全生产的直接参与者和受益者,因此,提升个人安全意识,将"安全第一"的理念深植于心,是构建安全生产环境的首要任务。企业应通过定期的安全教育培训,让员工了解生产过程中的潜在风险,掌握基本的自救互救技能,形成"人人讲安全、事事为安全、时时想安全、处处要安全"的良好氛围。

(3)制度与管理的双重保障:建立健全的安全管理制度,是生产车间基本安全的坚实后盾。企业应依据国家安全生产法律法规,结合行业特点与自身实际,制定完善的安全生产责任制、操作规程、应急预案等管理制度,并确保其得到有效执行。通过严格的日常巡查、隐患排查与整改、事故报告与处理等机制,将安全管理贯穿于生产全过程,形成闭环管理,不断提升安全生产管理水平。

(4)设施与设备的可靠支撑:安全的生产环境离不开先进的设施与设备。牛仔服装洗水企业应加大对安全生产设施的投资力度,完善防火、防爆、防泄漏等安全设施,确保生产车间的通风、照明、排水等系统符合安全标准。同时,定期对生产设备进行维护保养,确保其处于良好的运行状态,减少因设备故障引发的安全事故。此外,引进先进的自动化、智能化生产设备,不仅可以提升生产效率,还能有效降低人为操作失误带来的安全风险。

(5)应急响应与持续改进:面对突发事件,高效的应急响应机制是减少损失、控制事态发展的关键。企业应建立健全应急预案体系,明确应急指挥体系、救援队伍、救援物资等要素,定期组织应急演练,提高员工应对突发事件的能力。同时,企业应建立安全生产的持续改进机制,通过总结经验教训、引入先进管理理念与技术手段等方式,不断优化安全生产管理制度与流程,推动安全生产工作向更高水平迈进。

生产车间基本安全是牛仔服装洗水企业持续健康发展的基石。只有每一位参与者将安全意识内化于心、外化于行,构建起完善的安全管理体系与应急响应机制,才能确保生产车间的安全稳定运行。

子任务一　学习安全生产基本常识

一、安全生产基本概念

1. 安全生产

安全生产是指在社会生产活动中,通过人、机器、物料、环境、方法的和谐运作,使生产过程中潜在的各种事故风险和伤害因素始终处于有效控制状态,切实保护劳动者的生命安全和身体健康。

授课4 安全生产——人机物法环

2. 安全生产规范

一般意义上讲,为了使劳动过程在符合安全要求的物质条件和工作秩序下进行,防止人身伤亡、财产损失等生产事故,消除或控制危险有害因素,保障劳动者的安全健康,以及设备设施免受损坏,环境免受破坏,必须进行安全生产(图2-1)。

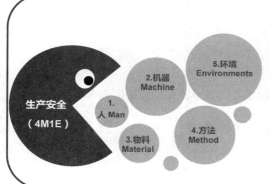

1. 人:指的是构成组织结构的各类角色,包括但不限于领导层、中间管理层、基层管理者以及一线员工,共同推动企业的运营与发展。
2. 机:代表在生产过程中使用的各类机械设备与辅助工具。它们作为生产力的重要组成部分,如生产设备、加工工具等,对于提高生产效率、保证产品质量起着至关重要的作用。
3. 物:涵盖了生产所需的一切原材料、半成品、配件及成品等。物料是构成产品实体的基础,其质量、供应的及时性和管理的有效性直接影响到生产效率和产品质量。
4. 法:指的是一系列被明确规定的作业标准、操作流程、生产计划表及工艺指导书等。方法是无形的准则和制度,要求所有相关人员严格遵守,以确保生产活动的有序进行和产品质量的稳定可靠。
5. 环:通过5S管理(整理、整顿、清扫、清洁、素养)优化现场环境,提升员工素养,推动全面质量管理。

图2-1　安全生产概念

安全生产对国家、行业和企业十分重要,主要体现在以下几方面:

(1)国家战略层面:安全生产是"十四五"规划中"统筹发展和安全"的核心要求。《中华人民共和国安全生产法》2021年修订后明确指出:"管行业必须管安全,管业务必须管安全,管生产经营必须管安全。"

(2)行业发展需求:行业的快速发展使牛仔服装生产涉及多重风险,如危险化学品(如次氯酸钠)、高温设备(定型机180℃以上)、特种作业(锅炉操作)等。2022年纺织行业安全生产事故统计显示,机械伤害事故占比37%,化学灼伤事故占比22%。

(3)企业责任体现:通过ISO 45001职业健康安全管理体系认证的企业,其事故率降低43%(2023年统计数据)。

3. 安全生产管理

安全生产管理是管理的重要组成部分,是安全科学的一个分支。所谓安全生产管理,就是针对人们生产过程的安全问题,运用有效的资源,发挥人们的智慧,通过人们的努力,进行有关决策、计划、组织和控制等活动,实现生产过程中人与机器设备、物料、环境的和谐,达到安全生产的目标。

授课5 安全生产管理

安全生产管理包括生产安全事故控制指标、安全生产隐患治理目标、安全生产、文明施工管理目标。目的在于减少和控制事故,避免生产过程中由于事故造成的人身伤害、财产损失、环境污染以及其他损失。安全生产管理的具体内容包括安全生产法制管理、行政管理、监督检查、工艺技术管理、设备设施管理、作业环境和条件管理等。

安全生产管理的基本对象是企业的员工,涉及到企业中的所有人员、设备设施、物料、环境、财务、信息等各个方面,主要包括安全生产法律法规、安全生产管理组织机构和人员、安全生产责任制、安全生产操作规程、安全生产教育与培训、安全生产监督检查、安全生产资金投入、奖励与处罚、安全生产档案等。

授课6安全技术

4. 安全技术的含义

安全技术是指为防止人身事故和职业病的危害,控制或消除生产过程中的危险因素而采取的专门的技术措施。在工程项目施工中,针对作业条件、作业环境、作业对象、作业方法、作业工具等的不安全因素制定的确保安全施工的预防措施,称为施工安全技术措施。

安全技术主要包括:分析造成各种事故的原因,研究防止各种事故发生的办法,提高设备的安全性和研讨新技术、新工艺、新设备的安全措施等。

5. 安全生产责任制的含义

安全生产责任制是根据我国的安全生产方针"安全第一、预防为主、综合治理"和安全生产法规建立的各级领导、职能部门、工程技术人员、岗位操作人员在劳动生产过程中对安全生产层层负责的制度。安全生产责任制是企业岗位责任制的一个组成部分,是企业中最基本的一项安全制度,也是企业安全生产、劳动保护管理制度的核心。安全生产责任制应包含的内容为:

(1) 明确、具体的安全生产要求;

(2) 明确、具体的安全生产管理程序;

(3) 明确、具体的安全生产管理人员;

(4) 明确、具体的安全生产培训要求;

(5) 明确、具体的安全生产责任。

6. 安全生产检查

安全生产检查是指针对生产过程及安全管理中可能存在的隐患、有害与危险因素、缺陷等进行查证,以确定隐患或有害与危险因素缺陷的存在状态,以及它们转化为事故的条件,以便制定整改措施,消除隐患和危险因素,确保生产的安全(图2-2)。

内容 软件系统:查思想、查意识、查制度、查管理、查事故处理、查隐患、查整改
　　　硬件系统:查生产设备、查辅助设施、查安全设施、查作业环境

授课7安全生产检查

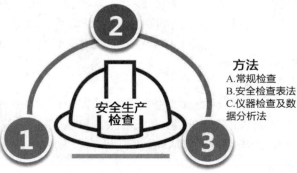

图 2-2　安全生产检查

安全检查作为保障生产环境安全无虞、识别潜在风险因子的核心措施，其重要性不言而喻。随后的安全整改行动，则是针对识别出的风险因素实施精准清除，构筑起预防事故与职业健康危害的坚固防线。安全检查人员应秉持预防性管理策略，旨在稳固并促进生产活动的安全高效运行。

在执行安全检查流程中，坚决摒弃形式主义倾向，对于频繁出现的问题，须持零容忍态度，务必及时应对，彻底整改。为确保检查工作的严谨与实效，安全检查人员需以高度的责任心与使命感，严谨细致地对待每一次检查任务，并践行"检查与整改并行"的原则，即查即改，形成闭环管理。

安全检查结束后，企业管理层应动员全体员工投身整改实践，确保对检查反馈的每一个问题均给予高度重视。针对每一个问题点，需制定清晰明确的解决策略，对每一项待办事项，必须给予及时且确切的回应。通过这种严谨细致、稳健务实的管理态度，企业可以确保安全检查工作不仅停留在表面，而是真正深入实际，为企业构建起安全生产的长效机制奠定坚实的基础。

7. 员工安全生产的主要职责

（1）自觉遵守安全生产规章制度，不违章作业，并随时制止他人的违章作业。

（2）不断提高安全意识，丰富安全生产知识，增加自我防范能力。

（3）积极参加安全学习及安全培训，掌握本职工作所需的安全生产知识，提高安全生产技能，增加事故预防和应急处理能力。

（4）爱护和正确使用机械设备、工具及个人防护用品。

（5）主动提出改进安全生产工作意见。

（6）从业人员有权对单位安全工作中存在的问题提出批评、检举、控告，有权拒绝违章指挥和强令冒险作业。

（7）从业人员发现直接危及人身安全的紧急情况时，有权停止作业或者在采取可能的应急措施后，撤离作业现场。

（8）从业人员在作业过程中，应当严格遵守本单位的安全生产规章制度和操作规程，服从管理，正确佩戴和使用劳动防护用品。

授课 8 员工安全生产的主要职责

二、国家和行业对生产安全的相关标准

2020 年，国务院新闻办公室举行《全国安全生产专项整治三年行动计划》新闻发布会。2021 年，中华人民共和国第十三届全国人民代表大会常务委员会修订了《中华人民共和国安全生产法》。安全生产是保护劳动者的安全、健康和国家财产，促进社会生产力发展的基本保证，也是保证社会主义经济发展，进一步实行改革开放的基本条件，生产加工前进行必要的法律法规学习，掌握必要的生产操作原则，对于做好安全生产工作具有重要的意义。生产过程中企业必须严格按照《中华人民共和国安全生产法》进行生产经营，做到"安全第一、预防为主、综合治理"的安全生产管理基本方针，在此方针的规约下形成一定的管理体制和基本原则。2024 年，国务院国资委对外发布《中央企业安全生产监督管理办法》，明确国务院国资委对中央企业安全生产实行分类监督管理（办法自 2024 年 3 月 1 日起施行）（表 2-1）。

表 2-1　安全生产法律法规、规范标准清单

序号	法律法规名称	颁布部门	法规/标准编号	实施时间
一、安全生产法律				
1	中华人民共和国安全生产法（2021 年修订）	中华人民共和国第十三届全国人民代表大会常务委员会	中华人民共和国主席令第八十八号	2021-06-15
2	中华人民共和国环境保护法	中华人民共和国第十二届全国人民代表大会常务委员会	中华人民共和国主席令第九号	2015-01-01
二、安全生产行政法规				
3	安全生产许可证条例	中华人民共和国国务院	国务院令第 397 号	2004-01-13
4	特种设备安全监察条例	中华人民共和国国务院	国务院令第 549 号	2009-05-01
5	生产安全事故报告和调查处理条例	中华人民共和国国务院	国务院令第 493 号	2007-06-01
6	生产安全事故应急条例	中华人民共和国国务院	国务院令第 708 号	2019-04-01
7	危险化学品安全管理条例	中华人民共和国国务院	国务院令第 591 号	2011-12-01
8	中央企业安全生产监督管理办法	中华人民共和国国务院国有资产监督管理委员会	国务院国有资产监督管理委员会令第 44 号	2024-01-09
三、安全生产部门规章				
9	劳动防护用品监督管理规定	国家安全生产监督管理总局	国家安全生产监督管理总局令第 1 号	2005-09-01
10	生产经营单位安全培训规定	国家安全生产监督管理总局	国家安全生产监督管理总局令第 3 号	2006-03-01
11	安全生产违法行为行政处罚办法	国家安全生产监督管理总局	国家安全生产监督管理总局令第 15 号	2008-01-01
12	安全生产事故隐患排查治理暂行规定	国家安全生产监督管理总局	国家安全生产监督管理总局令第 16 号	2008-02-01
13	生产安全事故应急预案管理办法	国家安全生产监督管理总局	国家安全生产监督管理总局令第 17 号	2009-05-01
14	特种作业人员安全技术培训考核管理规定	国家安全生产监督管理总局	国家安全生产监督管理总局令第 30 号	2010-07-01
15	危险化学品重大危险源监督管理暂行规定	国家安全生产监督管理总局	国家安全生产监督管理总局令第 40 号	2011-12-1
16	危险化学品生产企业安全生产许可证实施办法	国家安全生产监督管理总局	国家安全生产监督管理总局令第 41 号	2011-12-1

（续表）

序号	法律法规名称	颁布部门	法规/标准编号	实施时间
17	安全生产培训管理办法	国家安全生产监督管理总局	国家安全生产监督管理总局令第44号	2012-03-01
18	危险化学品建设项目安全监督管理办法	国家安全生产监督管理总局	国家安全生产监督管理总局令第45号	2012-04-01
19	危险化学品登记管理办法	国家安全生产监督管理总局	国家安全生产监督管理总局令第53号	2012-08-01
20	危险化学品安全使用许可证实施办法	国家安全生产监督管理总局	国家安全生产监督管理总局令第57号	2013-05-01
21	关于修改《特种设备作业人员监督管理办法》的决定	国家质量监督检验检疫总局	国家质量监督检验检疫总局2011年第140号总局令	2011-07-01
四、标准、规范				
22	建筑灭火器配置设计规范	中华人民共和国公安部	GB 50140—2005	2005-10-01
23	工作场所职业病危害警示标识	国家质量监督检验检疫总局中国国家标准化管理委员会	GBZ 158—2003	2003-12-01
24	化学品分类和危险性公示	国家质量监督检验检疫总局安全生产标准化技术委员会	GB 13690—2009	2010-05-01
25	安全标志及其使用导则	国家质量监督检验检疫总局中国国家标准化管理委员会	GB 2894—2008	2009-10-01
26	危险化学品重大危险源辨识	国家质量监督检验检疫总局中国国家标准化管理委员会	GB 18218—2018	2019-03-01
27	爆炸和火灾危险环境电力装置设计规范	国家质量监督检验检疫总局中国国家标准化管理委员会	GB 50058—2014	2014-10-01
28	生产经营单位安全生产事故应急救援预案编制导则	国家安全生产监督管理总局	AQ/T 9002—2006	2006-11-01
29	个体防护装备选用规范	国家质量监督检验检疫总局	GB/T 11651—2008	2009-10-01
30	特种劳动防护用品安全标志实施细则	国家安全生产监督管理总局	安监总规划字〔2005〕149号	2005-10-13
31	危险化学品从业单位安全标准化通用规范	国家安全生产监督管理总局	AQ 3013—2008	2009-01-01
五、其他				
32	《化工园区安全风险智能化管控平台建设指南（试行）》和《危险化学品企业安全风险智能化管控平台建设指南（试行）》的通知	应急管理部	应急厅〔2022〕5号	2022-02-09

（续表）

序号	法律法规名称	颁布部门	法规/标准编号	实施时间
33	应急管理部关于实施危险化学品企业工伤预防能力提升培训工程的通知	人力资源社会保障部	人社部函〔2021〕168号	2021-12-22
34	关于印发《企业安全生产标准化建设定级办法》的通知	应急管理部	应急〔2021〕83号	2021-11-01
35	危险废物转移管理办法	生态环境部 公安部、交通运输部	部令 第23号	2021-12-03
36	关于废止固体废物进口相关规章和规范性文件的决定	生态环境部	部令 第21号	2021-01-21
37	突发环境事件应急管理办法	环境保护部	部令 第34号	2015-04-16

表2-2 企业主要负责人法定七项安全生产职责

序号	七项安全生产职责	对应《中华人民共和国安全生产法》条款
1	建立健全并落实本单位全员安全生产责任制，加强安全生产标准化建设	第二十条、第二十一条、第二十二条、第二十四条、第二十五条、第二十六条、第四十六条、第四十八条、第四十九条
2	组织制定并实施本单位安全生产规章制度和操作规程	第二十条、第二十一条、第二十二条、第二十五条、第四十六条、第四十八条、第四十九条
3	组织制定并实施本单位安全生产教育和培训计划	第二十条、第二十一条、第二十七条、第二十八条、第二十九条、第三十条、第三十一条、第四十四条、第四十五条、第五十二条、第五十三条、第五十四条、第五十五条、第五十六条、第五十七条、第五十八条、第五十九条、第六十一条
4	保证本单位安全生产投入的有效实施	第二十条、第二十一条、第二十三条、第四十七条、第五十一条
5	组织建立并落实安全风险分级管控和隐患排查治理双重预防工作机制，督促、检查本单位的安全生产工作，及时消除生产安全事故隐患	第二十条、第二十一条、第三十二条、第三十三条、第三十四条、第三十五条、第三十六条、第三十七条、第三十八条、第三十九条、第四十条、第四十一条、第四十二条、第四十三条、第四十六条、第四十八条、第四十九条、第六十六条、第七十条、第七十二条
6	组织制定并实施本单位的生产安全事故应急救援预案	第二十条、第二十一条、第五十条、第八十一条、第八十二条、第八十五条、第八十六条、第八十八条
7	及时、如实报告生产安全事故	第二十条、第二十一条、第八十三条

课程思政

课程思政 M3

《天工开物》利用竹管引排煤中瓦斯的方法（生产安全）

明朝科学家宋应星在其所著的《天工开物》中对于采矿挖煤即有明确记载："凡取煤经历久者，从土面能辨有无之色，然后掘挖，深至五丈许方始得煤。初见煤端时，毒气灼人。有将巨竹凿去中节，尖锐其末，插入炭中，其毒烟从竹中透上，人从其下施镢拾取者。或一井而下，炭纵横广有，则随其左右阔取。其上支板，以防压崩耳。"

宋应星所著的《天工开物》一书，早已记载了一种独特的技艺——"利用竹管导出煤中瓦斯"，这一技艺在现代工业生产中焕发出新的生机，被赋予了"工业通风"的现代化名称。虽然宋星所记录的技术是采矿，在现代工业中，通风技术在多个行业都是必不可少的生产安全和职业健康安全的保障。通风不仅是一种技术手段，更是对作业场所安全生产、员工健康与舒适需求的细致关怀。通过巧妙地将外界新鲜空气引入作业场所，同时将内部的有害气体和粉尘排出到外部环境，工业通风为现代工业生产保驾护航。

这一技术的演进不仅展现了中国古人在生产实践中对通风重要性的深刻理解，更突显了安全技术在推动工业生产和社会进步中的不可或缺的作用。它提醒我们，在现代工业生产中，企业和员工必须时刻保持警惕，高度重视生产安全，不断掌握相关技能，并配备专业的生产装备，以确保作业场所的安全无虞。

此外，通风与除尘还是防治雾霾、保护环境的重要手段，这一实践不仅体现了对"绿水青山就是金山银山"理念的深刻把握和积极践行，更是对环境保护和人类健康负责的具体行动。工业场所中的粉尘不仅危害员工的健康，还会对大气环境造成污染，甚至可能引发安全事故。

因此，每一位从业者都应该将职业安全健康意识内化于心、外化于行，将安全与环保理念融入到日常工作的方方面面。通过不断学习和实践，提高自己在工业生产中的安全意识和技能水平，为构建安全、健康、环保的工作环境贡献自己的力量。同时，企业和政府也应该加强对工业通风等安全技术的研究和推广，为工业生产的可持续发展提供有力保障，共同创造更加美好的未来。

子任务二　掌握牛仔服装洗水车间生产区域设计原则

一、车间整体设计

化工企业生产区域的设计，必须严格遵循国家工程建设方针政策（AQ/T 3033—2022 化工建设项目安全设计管理导则），确保各项设计元素符合技术先进性、资源节约性、环境友好性、布局合理性、生产安全性以及管理便捷性的要求。这些设计原则不仅有助于提升企业的经济效益，还能有效促进社会效益和环境效益的同步提升。

在总平面布置方面，应以总体布局为基础，全面考虑工厂的性质、规模、生产流程、交通运输、环境保护、防火安全、卫生条件、施工检修、生产管理、经营策略以及未来发展等多方面因素。同时,应紧密结合当地自然条件,进行科学合理的布置规划。经过精心比较和筛选,选择最优的布置方案,确保满足国家相关政策法规和行业标准要求。

(1)应根据规划用地的使用性质和功能,进行合理布置。

(2)生产关联密切的工序应靠近布置,并应满足相互间对安全生产、环境保护、工业卫生及发展等的要求。应根据生产大流程,并结合各生产厂内部的工艺流程和上下游厂之间的物流流向及衔接状况进行布置,应做到联合企业的生产流程顺畅、减少折返与迂回。公用工程设施应集中或分区集中布置,宜靠近负荷中心,并应方便公用工程各类主干管和线路的布置,宜短捷地与用户相连通。

(3)应有利于各部门的三废治理及综合利用,同类型的部门尽量集中区域,有利于收集和处理,并应合理布置固体废物和危废收集场地的位置。

(4)车间内主要物流运输路线及设施的布置,原料进仓和成品出货路线合理衔接,应有利于各工序之间货物运输,方便各部门(车间)生产联系,物流宜顺畅,路线宜短捷,并应满足实际生产操作需要。在车间内规划物流运输设备和原辅料、半成品与成品等的摆放位置,所有物料都应按指定位置定位停放,结合各部门的总平面布置,并以满足消防安全与物流存储的需要。

二、牛仔服装洗水生产车间设计

牛仔服装洗水生产车间部门布局可参考上述要求,结合企业实际场地情况进行规划(图2-3),一般原则为:

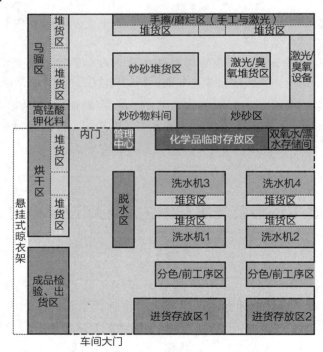

图2-3 牛仔服装洗水车间布局参考图

（1）车间布局必须符合消防和生产安全监督相关国家标准。

（2）根据生产流程进行设计布局，确保各单元既是独立运作单元，又有机联系，以生产流程先后作为准绳，尽量减少物流成本。设计要根据各单元的产效和货物流动速度，合理配置临时存放区域，画格定位摆放成衣运输推车，避免车间在生产过程中出现通道不通或存放区域设计不合理导致货物乱堆放等问题，提高货物流转管控。

（3）在设计过程要考虑能源供给管道（水、电、气等）、废气和废水收集、废水回用管道等，有效避免管道重复、迂回，确保能按照设计功效，满足生产排放要求。

（4）车间设计也要满足生产人员工作安全性、便利性和舒适性。

三、仓储设施设计

对于企业的仓储设施设计，应满足以下条件：

（1）仓库、堆场、储罐区的布置，应满足国家现行有关防火、防爆、卫生及环境保护等标准的要求，宜靠近服务对象，并应有较好的运输和装卸条件。

（2）临江、河、湖、海岸边布置的可燃液体、液化烃的储罐区，应位于临江、河、湖、海的城镇、居住区、工厂、船厂以及码头、重要桥梁、大型锚地等的下游，并应采取防止液体泄漏而流入水体的措施。液化烃储罐外壁距通航江、河、湖、海岸边的距离不应小于 25 m。可燃液体储罐距水体的距离，应满足防洪、安全卫生防护以及城镇水域岸线规划控制蓝线管理等要求。

（3）区内的甲、乙类液体和液化烃等的储罐区，宜布置在化工区全年最小频率风向的上风侧，且地势较低、扩散条件较好的地段。

💡 **小知识**

我国《建筑设计防火规范》中将能够燃烧的液体分成甲类液体、乙类液体、丙类液体三类。比照危险货物的分类方法，可将上述甲类和乙类液体划入易燃液体类，把丙类液体划入可燃液体类。甲、乙、丙类液体按闭杯闪点划分。

✓ 甲类液体（闪点＜28℃）有：二硫化碳、氰化氢、正戊烷、正己烷、正庚烷、正辛烷、1-己烯、2-戊烯、1-己炔、环己烷、苯、甲苯、二甲苯、乙苯、氯丁烷、甲醇、乙醇、50度以上的白酒、正丙醇、乙醚、乙醛、丙酮、甲酸甲酯、乙酸乙酯、丁酸乙酯、乙腈、丙烯腈、呋喃、吡啶、汽油、石油醚等；

✓ 乙类液体（闪点≥28℃，＜60℃）有：正壬烷、正癸烷、二乙苯、正丙苯、苯乙烯、正丁醇、福尔马林、乙酸、乙二胺、硝基甲烷、吡咯、煤油、松节油、芥籽油、松香水等；

✓ 丙类液体（闪点≥60℃）有：正十二烷、正十四烷、二联苯、溴苯、环己醇、乙二醇、丙三醇（甘油）、苯酚、苯甲醛、正丁酸、氯乙酸、苯甲酸乙酯、硫酸二甲酯、苯胺、硝基苯、糠醇、机械油、航空润滑油、锭子油、猪油、牛油、鲸油、豆油、菜籽油、花生油、桐油、蓖麻油、棉籽油、葵花籽油、亚麻仁油等。

四、固体废物堆场

（1）区内固体废物堆场的布置应符合当地城镇总体规划和化工区总体布置，并应符合国家现行标准 GB 18599《一般工业固体废物贮存和填埋污染控制标准》和 HG/T 20504《化工危险废物填埋场设计规定》的有关规定。

（2）凡可进行综合利用的固体废物，堆存方式应按综合利用的条件选择。储存周期不宜超过 2 年，并应减少堆存用地。

（3）固体废物堆场的布置，应符合下列规定：

①废物应分类堆存。堆存方式宜根据其形态、性质、数量及对环境的影响程度选择。②不可综合利用的废物堆场的有效容积，宜满足 10～20 年的堆存量。③废物堆场应充分利用荒地、劣地和沟谷地。④当利用江、湖、河、塘及海岸边滩地堆存废物时，不得妨碍泄洪、航行，不得污染水体。⑤用地范围较大的废物堆场，宜一次规划、分期实施。⑥有害固体填埋场应选在地下水位较低的地段，其构筑物基础应高出地下水位 1.5 m 以上，并不得布置在地下水源的蓄水层和补给区内。⑦固体废物堆场应远离居住区，并应位于厂区和居住区全年最小频率风向的上风侧。

五、厂区通道宽度

厂区通道宽度应根据下列因素经计算确定：

（1）应符合防火、安全、卫生间距的要求。

（2）应符合各种管线、管廊、运输线路及设施、竖向设计、绿化等的布置要求。

（3）应符合施工、安装及检修的要求。

（4）厂区通道的预留宽度应为该通道计算宽度的 10%～20%。

（5）当厂区通道宽度不具备按本条第 1～4 款因素计算时，通道的宽度可按表 2-3 采用。

表 2-3　厂区通道宽度

厂区用地面积（hm²）	厂区通道宽度（m）	
	主要通道	次要通道
<15	20～30	16～20
16～40	30～40	20～30
41～100	40～45	30～35
101～200	45～50	35～40
>200	50～55	40～45

注：1. 表中数值，当厂区用地面积接近上限时，宜采用上限值，接近下限时，宜采用下限值；管线较多的工厂宜采用上限值，管线较少的工厂宜采用下限值。当厂区用地面积小于 5 hm² 时，通道宽度可适当减小。

2. 工厂周边通道的宽度按实际需要确定。

子任务三　认识生产区域相关安全标识

根据《中华人民共和国安全生产法》《工作场所职业病危害警示标识》《安全标志及其使

用导则》和《安全生产培训管理办法》等规定,企业在工作场所必须设置可以使劳动者对职业病危害产生警觉,并采取相应防护措施的图形标识、警示线、警示语句和文字,标识张贴在可产生职业病危害的工作场所内以及设备和产品上。根据工作场所实际情况,组合使用各类警示标识,并对工作人员进行必要的岗前培训。

一、图形标识

根据国家标准 GB 2894 规定,安全标志由图形符号、安全色、几何形状(边框)或文字构成。其中图形标识分为禁止标识、警告标识、指令标识和提示标识。

(1)禁止标识:禁止不安全行为的图形,如"禁止入内"标识。

(2)警告标识:提醒对周围环境需要注意,以避免可能发生危险的图形,如"当心中毒"标识。

(3)指令标识:强制做出某种动作或采用防范措施的图形,如"戴防毒面具"标识。

(4)提示标识:提供相关安全信息的图形,如"救援电话"标识。

(5)图形标识可与相应的警示语句配合使用。图形、警示语句和文字设置在作业场所入口处或作业场所的显著位置。

二、警示线

警示线是界定和分隔危险区域的标识线,分为红色、黄色和绿色三种。按照需要,警示线可喷涂在地面或制成色带设置。

三、警示语句

警示语句是一组表示禁止、警告、指令、提示或描述工作场所职业病危害的词语。警示语句可单独使用,也可与图形标识组合使用,如图 2-4 所示。

图 2-4　警示语句示例

四、职业病危害警示标识和告知卡

根据实际需要,职业病危害警示标识和告知卡(以下简称告知卡)由各类图形标识和文字组合成。"告知卡"是针对某一职业病危害因素,告知劳动者危害后果及其防护措施的提示卡。《有毒有害物品作业岗位职业病危害告知卡》设置在使用有毒物品作业岗位的醒目位置(图 2-5)。

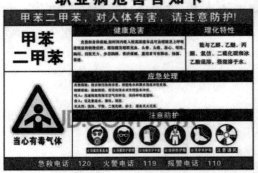

图2-5 职业病危害告知卡

💡 小知识

- ICSC(International Chemical Safety Cards)《国际化学品安全卡》,是联合国环境规划署(UNEP)、国际劳工组织(ILO)和世界卫生组织(WHO)的合作机构国际化学品安全规划署(IPCS)与欧洲联盟委员会(EU)合作编辑的一套具有国际权威性和指导性的化学品安全信息卡片。ICSC共设有化学品标识、危害/接触类型、急性危害/症状、预防、急救/消防、溢漏处置、包装与标志、应急响应、储存、重要数据、物理性质、环境数据、注解和附加资料14个项目。

- CAS(Chemical Abstract Service)美国化学文摘社。登记号由几部分数字组成,各部分之间用短线联结。该号是用来判定检索有多个名称的化学物质信息的重要工具。

- RTECS(Registry of Toxic Effects of Chemical Substances)美国职业安全与卫生研究所规定的化学物质毒性作用登记号,是化学物质毒性作用登记的英文缩写。该号可用来查找一种化学物质的毒理学数据。

- UN(United Nations)编号是联合国危险货物运输专家委员会对危险物质制定的编号。该编号登录在联合国《关于危险货物运输的建议书》(Recommendations on the Transport of Dangerous Goods)中。

- EC(European Community)欧洲共同体对EINECS(European Inventory of Existing commercial Chemical Substances)《欧洲现有商业化学物质名录》的物质的登录号。

五、使用有毒物品作业场所警示标识的设置

在使用有毒物品作业场所入口或作业场所的显著位置,根据需要,设置"当心中毒"或者"当心有毒气体"警告标识,"戴防毒面具""穿防护服""注意通风"等指令标识和"紧急出口""救援电话"等提示标识。

依据《高毒物品目录》,在使用高毒物品作业岗位醒目位置设置"告知卡"。

在高毒物品作业场所,设置红色警示线。在一般有毒物品作业场所,设置黄色警示线。警示线设在使用有毒作业场所外缘不少于30 cm处。

在高毒物品作业场所应急撤离通道设置紧急出口提示标识。在泄险区启用时,设置"禁

止入内""禁止停留"禁止标识,并加注必要的警示语句。

可能产生职业病危害的设备发生故障时,或者维修、检修存在有毒物品的生产装置时,根据现场实际情况设置"禁止启动"或"禁止入内"禁止标识,可加注必要的警示语句。

六、其他职业病危害工作场所警示标识的设置

在产生粉尘的作业场所设置"注意防尘"警告标识和"戴防尘口罩"指令标识,如牛仔服装加工手擦车间。

在可能产生职业性灼伤和腐蚀的作业场所,设置"当心腐蚀"警告标识和"穿防护服""戴防护手套""穿防护鞋"等指令标识,如牛仔服装加工喷马骝车间应设置"戴手套"和"戴防护口罩"标识。

在高温作业场所,设置"注意高温"警告标识,如服装烘干区。

在产生噪声的作业场所,设置"噪声有害"警告标识和"戴护耳器"指令标识。

在可能引起电光性眼炎的作业场所,设置"当心弧光"警告标识和"戴防护镜"指令标识,如牛仔服装激光加工区。

七、设备警示标识的设置

在可能产生职业病危害的设备上或其前方醒目位置设置相应的警示标识。如烘干区可增加"注意高温"标识,离心式脱水机设置"设备运行期间,禁止打开设备顶盖"等标示。

八、产品包装警示标识的设置

可能产生职业病危害的化学品、放射性同位素和含放射性物质的材料的,产品包装要设置醒目的相应的警示标识和简明中文警示说明。警示说明载明产品特性、存在的有害因素、可能产生的危害后果、安全使用注意事项以及应急救治措施内容(图 2-6)。

图 2-6　产品包装警示标识

九、贮存场所警示标识的设置

贮存可能产生职业病危害的化学品、放射性同位素和含有放射性物质材料的场所,在入口处和存放处设置相应的警示标识以及简明中文警示说明(图 2-7)。

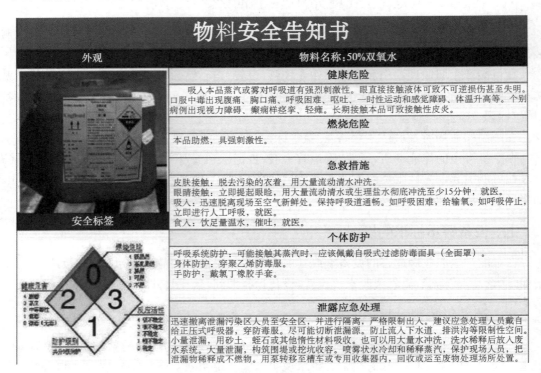

图 2-7　储存警示标识

十、职业病危害事故现场警示线的设置

在职业病危害事故现场,根据实际情况,设置临时警示线,划分出不同功能区。

红色警示线设在紧邻事故危害源周边。将危害源与其他的区域分隔开来,限佩戴相应防护用具的专业人员可以进入此区域。

黄色警示线设在危害区域的周边,其内外分别是危害区和洁净区,此区域内的人员要佩戴适当的防护用具,出入此区域的人员必须进行洗消处理。

绿色警示线设在救援区域的周边,将救援人员与公众隔离开来。患者的抢救治疗区域、事故处理指挥机构设在此区内。

十一、安全色

安全色是用来表达禁止、警告、指令、提示等安全信息含义的颜色。它的作用是使人们能够迅速发现和分辨安全标志,提醒人们注意安全,预防发生事故。我国安全色标准规定红、黄、蓝、绿四种颜色为安全色。同时规定安全色必须保持在一定的颜色范围内,不能褪色、变色或被污染,以免同别的颜色混淆,产生误认(图 2-8)。

授课 9 安全
标识知识
分类

图 2-8　安全色

（1）红色：表示危险、禁止、停止。用于禁止标志。禁止标志是禁止人们不安全行为的图形标志。禁止标志的几何图形是带斜杠的圆环，其中圆环与斜杠相连，用红色；图形符号用黑色，背景用白色。

《安全标志及其使用导则》(GB 2894—2008)规定的禁止标志共有 40 个：禁止吸烟、禁止烟火、禁止带火种、禁止用水灭火、禁止放置易燃物、禁止堆放、禁止启动、禁止合闸、禁止转动、禁止叉车和厂内机动车辆通行、禁止乘人、禁止靠近、禁止入内、禁止推动、禁止停留、禁止通行、禁止跨越、禁止攀登、禁止跳下、禁止伸出窗外、禁止倚靠、禁止坐卧、禁止蹬踏、禁止触摸、禁止伸入、禁止饮用、禁止抛物、禁止戴手套、禁止穿化纤服、禁止穿带钉鞋、禁止开启无线移动通讯设备、禁止携带金属物或手表、禁止佩戴心脏起搏器者靠近、禁止植入金属材料者靠近、禁止游泳、禁止滑冰、禁止携带武器及仿真武器、禁止携带托运易燃及易爆物品、禁止携带托运有毒物品及有害液体、禁止携带托运放射性及磁性物品。

（2）黄色：警告和注意。警告标志是提醒人们对周围环境引起注意，以避免可能发生危险的图形标志。警告标志的几何图形是黑色的正三角形、黑色符号和黄色背景。

《安全标志及其使用导则》(GB 2894—2008)规定的警告标志共有 39 个：注意安全、当心火灾、当心爆炸、当心腐蚀、当心中毒、当心感染、当心触电、当心电缆、当心自动启动、当心机械伤人、当心塌方、当心冒顶、当心坑洞、当心落物、当心吊物、当心碰头、当心挤压、当心烫伤、当心伤手、当心夹手、当心扎脚、当心有犬、当心弧光、当心高温表面、当心低温、当心磁场、当心电离辐射、当心裂变物质、当心激光、当心微波、当心叉车、当心车辆、当心火车、当心坠落、当心障碍、当心跌落、当心滑倒、当心落水、当心缝隙。

（3）蓝色：为含指令标志的颜色，即必须遵守。指令标志是强制人们必须做出某种动作或采用防范措施的图形标志。指令标志的几何图形是圆形，蓝色背景，白色图形符号。

《安全标志及其使用导则》(GB 2894—2008)规定的指令标志共有 16 个：必须戴防护眼镜、必须佩戴遮光护目镜、必须戴防尘口罩、必须戴防毒面具、必须戴护耳器、必须戴安全帽、必须戴防护帽、必须系安全带、必须穿救生衣、必须穿防护服、必须戴防护手套、必须穿防护鞋、必须洗手、必须加锁、必须接地、必须拔出插头。

（4）绿色：提示安全信息，含义是提示，表示安全状态或可以通行。提示标志是向人们提供某种信息（如标明安全设施或场所等）的图形标志。提示标志的几何图形是方形，绿色背景，白色图形符号及文字。

《安全标志及其使用导则》（GB 2894—2008）规定的提示标志共有 8 个：紧急出口、避险处、应急避难场所、可动火区、击碎板面、急救点、应急电话、紧急医疗站。

十二、安全标志

安全标志：用以表达特定安全信息的标志，由图形符号、安全色、几何形状（边框）或文字构成。

安全标志是向工作人员警示工作场所或周围环境的危险状况，指导人们采取合理行为的标志。安全标志能够提醒工作人员预防危险，从而避免事故发生；当危险发生时，能够指示人们尽快逃离，或者指示人们采取正确、有效、得力的措施，对危害加以遏制。安全标志不仅类型要与所警示的内容相吻合，而且设置位置要正确合理，否则就难以真正充分发挥其警示作用。

安全标志是分为禁止标志、警告标志、指令标志、提示标志四类。我国规定的警告标志共有 39 个，禁止标志共有 40 个，指令标志共有 16 个，提示标志共有 8 个（图 2-9）。除了以上四类，还有补充标志。

图 2-9　常见安全标志

补充标志是对前述四种标志的补充说明，以防误解。补充标志分为横写和竖写两种。横写的为长方形，写在标志的下方，可以和标志连在一起，也可以分开；竖写的写在标志杆上部。补充标志的颜色：竖写的，均为白底黑字；横写的，用于禁止标志的用红底白字，用于警告标志的用白底黑字，用于指令标志的用蓝底白字（图 2-10）。

(a) 横写

①文字辅助标志写在标志的下方，可以和标志连在一起，也可以分开。②禁止标志、指令标志为白色字，警告标志为黑色字。③禁止标志、指令标志衬底色为标志的颜色，警告标志衬底色为白色。④文字字体均为黑体字。⑤安全标志牌要有衬边。除警告标志边框用黄色勾边外，其余全部用白色将边框勾一窄边，即为安全标志的衬边，衬边宽度为标志边长或直径的 0.025 倍。

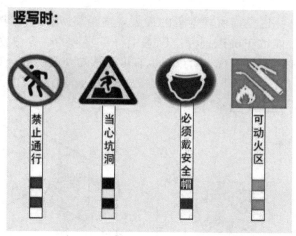

(b) 竖写

①文字辅助标志写在标志杆的上部。②禁止标志、警告标志、指令标志、提示标志均为白色衬底，黑色字。③标志杆下部色带的颜色应和标志的颜色相一致，文字字体均为黑体字。④安全标志牌要有衬边。除警告标志边框用黄色勾边外，其余全部用白色将边框勾一窄边，即为安全标志的衬边，衬边宽度为标志边长或直径的 0.025 倍。

图 2-10 安全标志

1. 安全标志的设置规范及安装位置

（1）安全标志的设置规范

①安全标志应设置在与安全有关的明显地方，并保证人们有足够的时间注意其所表示的内容。②设立于某一特定位置的安全标志应被牢固地安装，保证其自身不会产生危险，所有的标志均应具有坚实的结构。③当安全标志被置于墙壁或其他现存的结构上时，背景色

授课 10 安全标识知识应用

应与标志上的主色形成对比色。④对于那些所显示的信息已经无用的安全标志,应立即由设置处卸下,这对于警示特殊的临时性危险的标志尤其重要,否则会导致观察者对其他有用标志的忽视与干扰。⑤多个标志牌在一起设置时,应按警告、禁止、指令、提示类型的顺序,先左后右、先上后下地排列。

（2）安全标志的安装位置

①防止危害性事故的发生:要考虑所有标志的安装位置都不可存在对人的危害。②可视性:标志安装位置的选择很重要,标志上显示的信息不仅要正确,而且对所有的观察者要清晰易读。③安装高度:通常标志应安装于观察者水平视线稍高一点的位置,如图2-11所示,但有些情况置于其他水平位置则是适当的。④危险和警告标志。危险和警告标志应设置在危险源前方足够远处,以保证观察者在首次看到标志及注意到此危险时有充足的时间,这一距离随不同情况而变化。例如,警告不要接触开关或其他电气设备的标志,应设置在它们近旁,而大厂区或运输道路上的标志,应设置于危险区域前方足够远的位置,以保证在到达危险区之前就可观察到此种警告,从而有所准备。⑤安全标志不应设置于移动物体上,例如门,因为物体位置的任何变化都会对标志观察造成影响。⑥已安装好的标志不应被任意移动,除非位置的变化有益于标志的警示作用。

（3）安全标志的有效作用区

安全标志的有效作用区是指由观察者的最大观察距离所形成的球形视觉空间,球空间的表面代表观察者应该能够正确识别安全标志中符号要素的临界位置,示例如图2-12所示。安全标志有效作用区之外的观察者虽然也有可能感知到或者部分观察者也可以正确识别出安全标志中的符号要素,但只有处于球形视觉空间表面上或其内部才能确保观察者对图形符号元素的正确识别率达到或超过85％。

图2-11　警示标识悬挂张贴

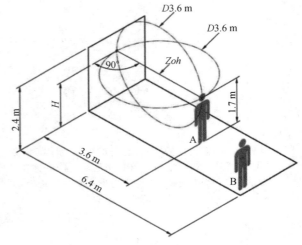

图2-12　安全标志的有效作用区示例

注1:z_0值为60,标志表面垂直照度为100 lx,标志高度尺寸h为60 mm,标志安装高度H为1.7 m。观察者A表示位于有效作用区内,观察者B表示位于有效作用区外。

注2:水平圆环(D3.6 m)位于安全标志设置高度的水平面内,垂直圆环位于通过安全标志中心的垂直平面内。眼睛距地面1.7 m高的观察者A位于安全标志法线上的最大观察距离处。图中的观察者B位于安全标志的有效作用区外。

（4）多个安全标志设置时的顺序

在日常的安全工作中会遇到一种情况,安全标志的排序问题很多时候都会产生歧义。主要集中于禁止和警告两种标志应该哪一种在前。有时候专家检查也是来回变换。安全标志牌排序问题的歧义主要源于两个规范性文件:一是新标准 GB/T 2893.5—2020《图形符号安全色和安全标志 第5部分:安全标志使用原则与要求》里面并未对多个安全标志设置顺序作明确规定,但其图示中如多个一起设置及其他设置的图样示意中均以黄红顺序从上到下、从左到右排列;二是安放顺序原则和国标《安全标志及其使用导则》(GB 2894—2008)的规定相吻合(图2-13和图2-14)。

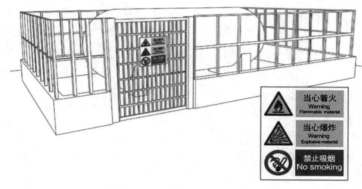

图 2-13　多个安全标志设置

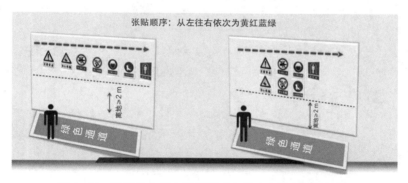

图 2-14　使用集合标志识别风险和禁止行为的应用示意

安全标志牌至少每半年检查一次,如发现有破损、变形、褪色等不符合要求时应及时修整或更换,在修整或更换安全标志时应有临时的标志替换,以避免发生意外的伤害(图2-15)。

图 2-15　不规范的安全标志

课程思政

化学品安全生产

古代安全生产是一个广泛而深入的话题,涉及各个领域。以下是古代炼丹术制药加工的化学品的制备和使用安全。

据《抱朴子内篇》等古籍记载,炼丹术士们在进行炼丹活动时,会采取一系列的安全措施来保护自己和环境。

1. 选址与通风:炼丹术士会选择远离居民区和易燃物品的僻静之地作为炼丹场所,以确保在炼丹过程中产生的有毒气体或蒸汽不会对周围环境和居民造成危害。同时,他们会注重炼丹场所的通风条件,以确保空气流通,减少有害物质的积聚。

2. 防护装备:虽然古代没有现代意义上的专业防护装备,但炼丹术士们会尽量采取一些简单的防护措施来保护自己。例如,他们可能会佩戴面罩或穿长袍来减少化学品与皮肤的直接接触,或者使用扇子等工具来驱散有害气体。

3. 操作规范:炼丹术士在炼丹过程中会遵循一定的操作规范,如控制火候,掌握化学反应的时机和条件等。这些规范不仅有助于炼制出高质量的丹药,还能在一定程度上降低安全事故的风险。

4. 知识传承:炼丹术士们通过师徒相传的方式,将炼丹技术和安全知识代代相传。在传授过程中,师傅会向徒弟强调化学品的安全性和危险性,并传授应对突发情况的方法和技巧。

例子展示了古人在进行化学品生产时所具备的安全意识和所采取的安全措施。这些措施不仅体现了古人对化学品性质的初步认识和应用能力,还为我们今天进行化学品生产和使用提供了有益的借鉴和启示。

需要注意的是,由于古代科技水平和知识水平的限制,古人的安全措施可能相对简单和原始。然而,这并不影响我们从中汲取智慧和经验,以指导我们今天的化学品安全生产工作。

子任务四　掌握劳动防护用品种类与使用

劳动防护用品分为一般劳动防护用品和特种劳动防护用品。

使用劳动防护用品,通过采取阻隔、封闭、吸收、分散、悬浮等措施,能起到保护机体的局部或全部免受外来侵害的作用,在一定条件下,使用个人防护用品是主要的防护措施。劳动防护用品能有效保护劳动者在生产过程中的人身安全与健康所需的一种防御性装备,对于减少职业危害起着相当重要的作用。

劳动防护用品分为特种劳动防护用品和一般劳动防护用品。一般劳动防护用品是指未列入目录的劳动防护用品。特种劳动防护用品目录由国家确定并公布。劳动防护用品具有较强的防御伤害的作用。其正确穿戴与否,或穿与不穿,其结果有着明显的不同。不正确穿戴就起不到应有的保护作用;不按规范穿戴,作业中的人身安全就无法得到保障。

劳动防护用品一般分为八种类型(图 2-16)。

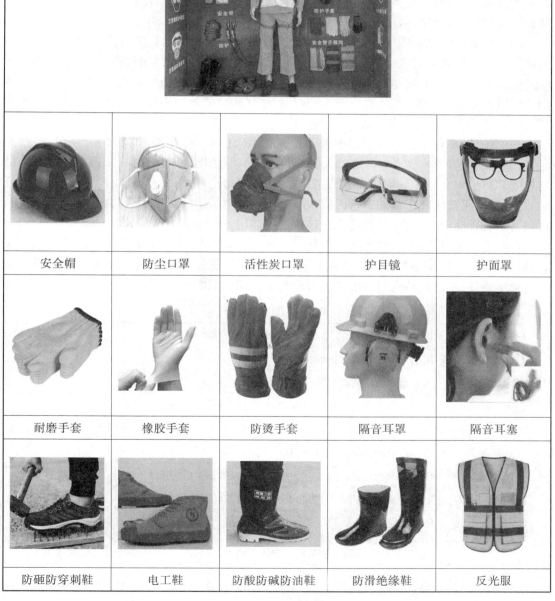

安全帽	防尘口罩	活性炭口罩	护目镜	护面罩
耐磨手套	橡胶手套	防烫手套	隔音耳罩	隔音耳塞
防砸防穿刺鞋	电工鞋	防酸防碱防油鞋	防滑绝缘鞋	反光服

图 2-16 常用劳动防护用品

（1）头部防护：佩带安全帽/头盔等，适用于环境存在物体坠落的危险或环境存在物体击打的危险。

（2）坠落防护：系好安全带，适用于需要登高时（2米以下）或有跌落的危险时。

（3）眼面防护：存在粉尘、气体、蒸汽、雾、烟或飞屑刺激眼睛或面部时，佩戴安全眼镜、防化学物眼罩或面罩（需整体考虑眼睛和面部同时防护的需求）；焊接作业时，佩戴焊接防护镜和面罩。

眼部防护具可分为焊接用眼防护、眼部护具、炉窑用眼护具、防冲击眼护具、微波防护镜、激光防护镜以及防X射线、防化学、防尘等眼部防护具。眼睑部防护系列产品有：经济性轻质护目镜、聚碳酸酯防雾护目镜、防护眼镜、防护眼镜（强涂层）、蓝色镜架、防护眼镜（UV防护）、防护眼镜（强涂层，UV防护）、工业标准防护眼镜等。

（4）手部防护：佩戴防切割、防腐蚀、防渗透、隔热、绝缘、保温、防滑等手套。可能接触尖锐物体或粗糙表面时，选用防切割防护用品；可能接触化学品时，选用防化学腐蚀、防化学渗透的防护用品；可能接触高温或低温表面时，做好隔热或隔冷防护；可能接触带电体时，选用绝缘防护用品；可能接触油滑或湿滑表面时，选用防滑的防护用品等。其他防护手套还包括电焊手套、防X射线手套、石棉手套等。

根据统计，手部于工作时受到伤害的种类和原因很多，其中大部份手部受伤可以分为：①割伤和刺伤；②磨损；③烫伤/冻伤；④接触化学品；⑤触电；⑥皮肤感染。因此选择合适的防护手套可以避免在工作时手部遭受伤害。各个岗位必须要对所从事的工作进行风险评估，尽量消除可能伤害手部的有害因素，控制危害，采用合适的防护手套，并评估该手套是否可以有效地预防有关危害，是否适合于该工序中使用。

（5）足部防护：用于保护足部免受伤害。佩戴防砸、防腐蚀、防渗透、防滑、防火花的保护鞋。适用于可能发生物体砸落的地方，要穿防砸保护的鞋；可能接触化学液体的作业环境要防化学液体；注意在特定的环境穿防滑或绝缘或防火花的鞋（表2-4）。

表 2-4　常用防护鞋

防护鞋类型	使用场所
防油防护鞋	用于地面积油或溅油的场所。
防水防护鞋	用于地面积水或溅水的作业场所。
防寒防护鞋	用于低温作业人员的足部保护，以免受冻伤。
防刺穿防护鞋	用于足底保护，防止被各种尖硬物件刺伤。
防砸防护鞋	防坠落物砸伤脚部，前包头有抗冲击材料。
防滑绝缘鞋	用于地面积水或溅水的作业场所并有电器设备的场所。
防静电安全鞋	适用于易燃作业场所，防静电鞋应同时与防静电服配套使用。
耐酸碱安全鞋	适用于电镀工、酸洗工、电解工、配液工、化工操作工等。注意事项：耐酸碱皮鞋只能适用于一般浓度较低的酸碱作业场所；应避免接触高温，锐器损伤鞋面或鞋底渗漏；穿用后应用清水冲洗鞋上的酸碱液体，然后晾干，避免日光直接照射或烘干。

（6）防护服：保温、防水、防化学腐蚀、阻燃、防静电、防射线等。适用于高温或低温作业的防护服要能保温；潮湿或浸水环境要能防水；可能接触化学液体的防护服要具有化学防护

作用;在特殊环境注意阻燃、防静电、防射线等。

(7)听力防护:根据《工业企业职工听力保护规范》选用护耳器;提供合适的通讯设备。

(8)呼吸防护:根据 GB/T 18664—2002《呼吸防护用品的选择、使用与维护》选用。要考虑是否缺氧,是否有易燃易爆气体,是否存在空气污染及其种类、特点和浓度等因素之后,选择适用的呼吸防护用品。

呼吸护具是预防尘肺和职业病的重要防护品,防御缺氧空气和尘毒等有害物质吸入呼吸道的防护品。按用途分为防尘、防毒、供氧三类,按作用原理分为过滤式、隔绝式两类。呼吸护具的类别有:净气式呼吸护具、自吸过滤式防尘口罩、简易防尘口罩、复式防尘口罩、过滤式防毒面具、导管式防毒面具、直接式防毒面具、电动送风呼吸护具、过滤式自救器、隔绝式呼吸护具、供气式呼吸护具、携气式呼吸护具、氧气呼吸器、空气呼吸器、生氧面具、隔绝式自救器、密合型半面罩、密合型全面罩、滤尘器件、生氧罐、滤毒罐、滤毒盒等。

根据《中华人民共和国安全生产法》,企业应建立劳动防护用品发放、使用和管理制度,以及安全工器具的使用管理制度等。

劳动防护用品发放、使用和管理制度应明确生产经营单位劳动防护用品的种类、适用范围、领取程序、使用前检查标准和用品寿命周期等内容。

安全工器具的使用管理制度应明确生产经营单位安全工器具的种类、使用前检查标准、定期检验和器具寿命周期等内容。

子任务五 学习生产安全教育与车间管理制度

《中华人民共和国安全生产法》第三条规定:"安全生产工作坚持中国共产党的领导。""安全生产工作应当以人为本,坚持人民至上、生命至上,把保护人民生命安全摆在首位,树牢安全发展理念,坚持安全第一、预防为主、综合治理的方针,从源头上防范化解重大安全风险。"

"安全生产工作实行管行业必须管安全、管业务必须管安全、管生产经营必须管安全,强化和落实生产经营单位主体责任与政府监管责任,建立生产经营单位负责、职工参与、政府监管、行业自律和社会监督的机制。"

生产经营单位各级管理人员应规范安全管理知识培训、新员工三级教育培训、转岗培训;新材料、新工艺、新设备的使用培训;特种作业人员培训;岗位安全操作规程培训;应急培训等。还应明确各项培训的对象、内容、时间及考核标准等。

一、新员工"三级"安全教育的概念

三级安全教育是指新入职员工的公司级安全教育、部门级安全教育和班组级安全教育。

二、人员培训与安全生产情况评估

对于企业生产安全培训进行评估是为了保证培训需求确认的科学性;确保培训计划与实际需求的合理衔接;帮助实现培训资源的合理配置;保证培训效果测定的科学性,做到降低生产安全事故,并提高培训质量。培训评估的主要内容包括反应评估、学习评估、行为评估和结果评估(表 2-5、表 2-6、表 2-7、表 2-8)。

1. 反应评估

反应评估是第一级评估,即在课程刚结束的时候,了解学员对培训项目的主观感觉和满意程度。

2. 学习评估

主要是评价参加者通过培训对所学知识深度与广度的掌握程度,方式有书面测评、口头测试及实际操作测试等。

3. 行为评估

评估学员在工作中的行为方式有多大程度的改变,有观察、主管的评价、客户的评价、同事的评价等方式。

4. 结果评估

第四级评估的目标着眼于由培训项目引起的业务结果的变化情况。

表 2-5 员工培训效果评估表

培训主题	安全标准化管理制度	培训日期		培训地点	会议室
培训人		参加成员	车间 1 新入职员工	培训完成评价方式	

培训内容:
新员工学习车间安全标准化管理制度、车间管理要求及安全标准化相关要求,学习国家相关安全法律法规,掌握安全生产各种要素。

评价结果:
车间 1 新入职员工通过对安全管理制度的学习,进一步加深了对安全标准化的理解,知晓各部门在各项安全管理中的职责及各种安全管理方法和规定。
存在部分员工文化程度低,接受新知识的能力差;大部分员工初次学习时对内容的记忆不够深,需要多次组织学习。
加强车间安全生产标识学习。

评价人:

表 2-6 安全生产培训记录及效果评估表

培训主题			
培训类型	□生产安全教育 □消防安全教育 □法律、规章、规程培训类型 □应急安全教育 □转岗安全教育 □新员工安全教育 □其他____		
培训地点		培训日期	
培训人		参加人数	

培训主要内容:

培训人员签到:

(续表)

培训主题	
培训实施 (学习效果评价法)	1. 采取哪种评价方法? ☐考试 ☐考问 ☐实际操作 ☐其他 2. 对不具备知识技能要求的人采取了哪些措施? ☐不允许上岗工作 ☐再培训 ☐其他
反馈	学员反馈: ☐好 ☐较好 ☐差 绩效改善: ☐好 ☐较好 ☐差 测试结果的分析: ☐好 ☐较好 ☐差 现场应用能力: ☐好 ☐较好 ☐差
取得的成绩、存在的问题及改进的措施建议	

表 2-7 化验室员工安全生产培训测试

题 目	选 项
使用高毒物品的作业场所应当设置什么颜色的区域警示线?	A. 橙色 B. 黑色 C. 红色
从事使用高毒物品作业的人员在下班后,其工作服应如何处置?	A. 必须存放在高毒作业区域内 B. 必须用密封的包装袋包好带回家清洗 C. 必须经消毒处理后再带回家
若工友的皮肤长期接触工业溶剂,会引致患上下列哪一种疾病?	A. 皮肤炎 B. 白蚀 C. 黑斑
吸入下列哪一种金属的尘或烟,可严重影响人体的骨髓和神经系统的功能?	A. 钠 B. 铅 C. 铁
若皮肤不幸被腐蚀性液体溅及,应立即怎样处理?	A. 用大量清水冲洗 B. 用绷带包扎患处,让医生治理 C. 用干布抹去
处理化学品后洗手,可预防患上下列哪一种疾病?	A. 前臂腱鞘炎 B. 甲类肝炎 C. 皮肤炎
…	
共____题,答对____题	正确率:_____% 是否通过:是/否

表 2-8 员工培训效果评估表

为了使培训工作更加完善,请您如实完成以下问卷问题,谢谢您对培训工作的支持!
1. 您的姓名:_____
2. 培训内容与主题相符,符合岗位需要 *

授课人	评 分				
授课老师	☐非常认可5分	☐很认可4分	☐认可3分	☐基本认可2分	☐不认可1分
安全教育资料	☐非常认可5分	☐很认可4分	☐认可3分	☐基本认可2分	☐不认可1分
…	☐非常认可5分	☐很认可4分	☐认可3分	☐基本认可2分	☐不认可1分

（续表）

3. 内容结构合理、内容充实、时间分配合理 *

授课人	评 分				
授课老师	□非常认可 5 分	□很认可 4 分	□认可 3 分	□基本认可 2 分	□不认可 1 分
安全教育资料	□非常认可 5 分	□很认可 4 分	□认可 3 分	□基本认可 2 分	□不认可 1 分
...	□非常认可 5 分	□很认可 4 分	□认可 3 分	□基本认可 2 分	□不认可 1 分

4. 内容重点突出、便于学习、易于掌握 *

授课人	评 分				
授课老师	□非常认可 5 分	□很认可 4 分	□认可 3 分	□基本认可 2 分	□不认可 1 分
安全教育资料	□非常认可 5 分	□很认可 4 分	□认可 3 分	□基本认可 2 分	□不认可 1 分
...	□非常认可 5 分	□很认可 4 分	□认可 3 分	□基本认可 2 分	□不认可 1 分

5. 逻辑清晰、案例丰富、善于引导 *

授课人	评 分				
授课老师	□非常认可 5 分	□很认可 4 分	□认可 3 分	□基本认可 2 分	□不认可 1 分
安全教育资料	□非常认可 5 分	□很认可 4 分	□认可 3 分	□基本认可 2 分	□不认可 1 分
...	□非常认可 5 分	□很认可 4 分	□认可 3 分	□基本认可 2 分	□不认可 1 分

6. 表达流畅，能充分阐释课题及要点 *

授课人	评 分				
授课老师	□非常认可 5 分	□很认可 4 分	□认可 3 分	□基本认可 2 分	□不认可 1 分
安全教育资料	□非常认可 5 分	□很认可 4 分	□认可 3 分	□基本认可 2 分	□不认可 1 分
...	□非常认可 5 分	□很认可 4 分	□认可 3 分	□基本认可 2 分	□不认可 1 分

7. 互动充足，语言通俗易懂、生动有趣

授课人	评 分				
授课老师	□非常认可 5 分	□很认可 4 分	□认可 3 分	□基本认可 2 分	□不认可 1 分
安全教育资料	□非常认可 5 分	□很认可 4 分	□认可 3 分	□基本认可 2 分	□不认可 1 分
...	□非常认可 5 分	□很认可 4 分	□认可 3 分	□基本认可 2 分	□不认可 1 分

8. 培训组织中，培训设施与设备满足培训需求 *

□非常认可 5 分　□很认可 4 分　□认可 3 分　□基本认可 2 分　□不认可 1 分

9. 培训组织中，培训物资及时提供，其他细节衔接及时

□非常认可 5 分　□很认可 4 分　□认可 3 分　□基本认可 2 分　□不认可 1 分

10. 培训组织中，培训环境适合培训主题、参训人数

□非常认可 5 分　□很认可 4 分　□认可 3 分　□基本认可 2 分　□不认可 1 分

（续表）

11. 培训组织中,培训现场秩序维护较好
□非常认可 5 分　□很认可 4 分　□认可 3 分　□基本认可 2 分　□不认可 1 分
12. 您对本次培训整体组织感觉
□非常认可 5 分　□很认可 4 分　□认可 3 分　□基本认可 2 分　□不认可 1 分
13. 您对本次培训有何建议或意见？　*

以上培训表格均可以采用电子问卷方式进行员工培训效果考核和培训效果回访等,培训方式也可以为企业采购或者收集一些岗位培训合适的网络培训课程,员工进行统一或者单独学习,通过学习时长和口头或者电子考试等方式落实培训内容到位。

三、特种作业及特殊危险作业管理制度

对于一些特殊生产岗位,必须建立特种作业及特殊危险作业管理制度(如危化品运输),制度应明确:生产经营单位特种作业的岗位、人员,作业的一般安全措施要求等。特殊危险作业是指危险性较大的作业,应明确作业的组织程序,保障安全的组织措施、技术措施的制定及执行等内容。

四、岗位安全规范

牛仔服装洗水车间很多岗位涉及到机械设备运转,使用化学品,设备运转带液体,部分设备存在高温辐射等,因此每个岗位都应建立岗位安全规范,并将制度张贴于岗位工作区,规范应明确:生产经营单位除特种作业岗位外,其他作业岗位保障人身安全、健康,预防火灾、爆炸等事故的一般安全要求。如使用带氧化、腐蚀性化学药剂,必须戴手套操作,有粉尘、微液滴的加工必须戴符合岗位要求的口罩等。

五、职业健康检查制度

根据《中华人民共和国安全生产法》和《中华人民共和国职业病防治法》,企业应建立职业健康制度,制度应明确:生产经营单位职业禁忌的岗位名称、职业禁忌症、定期健康检查的内容和标准、女工保护,以及按照《中华人民共和国职业病防治法》要求的相关内容等。如牛仔服装喷砂工艺,使用高压颗粒物到面料表面形成特殊外观效果和风格手感,但是会引起操作者得肺部疾病,所以此工艺已被禁止。

六、现场作业安全管理制度

生产规划都是整齐规范,但在实际生产中,由于设计与产能之间不匹配,生产操作者培训不足或者管理意识不足,生产中经常出现很多安全隐患。因此必须建立现场作业安全管理制度,确保生产能顺利进行。

制度应明确现场作业的组织管理制度,如工作联系单、工作票、操作票制度(可以通过联网系统进行管理),以及作业现场的风险分析与控制制度、反违章管理制度等内容。如石洗加工后,经常有大量浮石或者石渣散落在地面,工人容易摔倒,碎渣也容易堵塞下水道,必须在成衣装小车后立刻打扫工作区,将工具放回指定位置;对于能回用的放回指定容器,不能

回用的不能放进普通垃圾收集箱,必须放进危废品收集箱;对于生产运输小推车,应根据车间各部门流动方向和速度进行测算,合理设置小推车停车位置,并画格子定位停放,防止小推车堵塞通道形成安全隐患。

七、设备设施安全管理制度

(1)"三同时"制度:生产经营单位新建、改建、扩建工程"三同时"的组织审查、验收、上报、备案的执行程序等。

(2)定期巡视检查制度:生产经营单位日常检查的责任人员,检查的周期、标准、线路,发现问题的处置等内容。

(3)定期维护检修制度:生产经营单位所有设备、设施的维护周期、维护范围、维护标准等内容。

(4)定期检测、检验制度:生产经营单位须进行定期检测的设备种类、名称、数量;明确有权进行检测的部门主管人员;检测的标准及检测结果管理;安全使用证、检验合格证或者安全标志的管理等。

(5)安全操作规程:为保证国家、企业、员工的生命财产安全,根据物料性质、工艺流程、设备使用要求而制定的符合安全生产法律法规的操作程序。对涉及人身安全健康、生产工艺流程及周围环境有较大影响的设备、装置,如电气、起重设备、内部机动车辆、建筑施工维护、机加工等,生产经营单位应制定安全操作规程。

子任务六 生产安全事故预防与应急

授课11安全
基础知识(伤
害处理)

企业内部发生与生产安全有关的事故,根据事故分类如实上报相关部门,对于不报、漏报、迟报和伪造、篡改数字的要依法追究责任。内部必须进行安全事故分析,内容必须包括:事故基本情况、事故详细经过、事故统计与分析(伤亡人数和程度统计、各类事故发生次数、事故类别、直接经济损失(人员伤亡支出、善后处理费、财产损失)和间接损失(停产减产损失、工作损失价值、资源损失价值、处理环境污染费、新员工培训费和其他损失等))、事故原因分析(直接原因、间接原因)、教训与整改措施、责任分析及处理意见。

一、生产安全事故预防

1. 按事故预防对策等级顺序要求,设计时应遵循的原则

(1)消除:通过合理的设计和科学的管理,尽可能从根本上消除危险、危害因素,如采用无害工艺技术、生产中以无害物质代替危害物质、实现自动化作业、遥控技术等。

(2)预防:当消除危险、危害因素有困难时,可采取预防性技术措施,预防危险、危害发生,如使用安全阀、安全屏护、漏电保护装置、安全电压、熔断器、防爆膜、事故排风装置等。

(3)减弱:在无法消除危险、危害因素和难以预防的情况下,可采取减少危险、危害的措施,如局部通风排毒装置、生产中以低毒性物质代替高毒性物质、降温措施、避雷装置、消除静电装置、减振装置、消声装置等。

（4）隔离：在无法消除、预防、减弱危险或危害的情况下，应将人员与危险、危害因素隔开，并将不能共存的物质分开，如遥控作业、安全罩、防护屏、隔离操作室、安全距离、事故发生时的自救装置（如防毒服、各类防护面具）等。

（5）连锁：当操作者失误或设备运行一旦达到危险状态时，应通过连锁装置终止危险、危害发生。

（6）警告：在易发生故障和危险性较大的地方，配置醒目的安全色、安全标志；必要时，设置声、光或声光组合报警装置。

按事故预防对策等级顺序排列是：消除→预防→减弱→警告→连锁→隔离。

2. 事故调查处理应当遵守的原则

根据《中华人民共和国安全生产法》的规定，事故调查处理应当遵守以下四个原则：

（1）实事求是、尊重科学原则。对事故的调查处理要揭示事故发生的内外原因，找出事故发生的机理，研究事故发生的规律，制定预防重复发生事故的措施，做出事故性质和事故责任的认定，依法对有关责任人进行处理。因此，事故调查处理必须以事实为依据，以法律为准绳，严肃认真地对待，不得有丝毫的疏漏。

（2）"四不放过"原则。事故原因没有查清楚不放过；事故责任者没有受到处理不放过；职工群众没有受到教育不放过；防范措施没有落实不放过。这四条原则互相联系，相辅相成，成为一个预防事故再次发生的防范系统。

（3）公正、公开原则。公正，就是实事求是，以事实为依据，以法律为准绳，既不准包庇事故责任人，也不得借机对事故责任人打击报复，更不得冤枉无辜。

公开，就是对事故调查处理的结果要在一定范围内公开，以引起全社会对安全生产工作的重视，吸取事故的教训。

（4）分级分类调查处理的原则。事故的调查处理是依照事故的分类和级别来进行的。根据目前我国有关法律、法规的规定，生产安全事故调查和处理依据《生产安全事故报告和调查处理条例》（国务院令第 493 号）进行。

3. 2023 版《工贸企业重大事故隐患判定标准》

为准确判定，及时整改工贸行业重大生产安全事故隐患，有效防范遏制重特大生产安全事故，根据《中华人民共和国安全生产法》和《中共中央国务院关于推进安全生产领域改革发展的意见》，国家安全监管总局制定了《工贸企业重大事故隐患判定标准（2023 版）》。判定标准适用于判定冶金、有色、建材、机械、轻工、纺织、烟草、商贸等企业（以下统称工贸企业）的重大事故隐患，危险化学品、消防（火灾）、特种设备等有关行业领域对重大事故隐患判定标准另有规定的，适用其规定。牛仔服装洗水企业属于纺织企业，适用于此标准。

4. 专项类重大事故隐患

（1）存在粉尘爆炸危险的行业领域

①粉尘爆炸危险场所设置在非框架结构的多层建（构）筑物内，或其内部设有员工宿舍、会议室、休息室等场所；②不同类别的可燃性粉尘、可燃性粉尘与可燃气体等易加剧爆炸危险的介质共用一套除尘系统，不同防火分区的除尘系统互连互通；③干式除尘系统未规范采

取泄爆、隔爆、惰化、抑爆、抗爆等控爆措施;④除尘系统采用重力沉降室除尘,或采用巷道式构筑物作为除尘风道;⑤粉尘爆炸危险场所的立筒仓、收尘仓、除尘器内部等 20 区未采用符合要求的防爆型电气设备;⑥粉碎、研磨、造粒、砂光等易产生机械火花的工艺,未规范采取杂物去除或火花探测消除等防范点燃源措施;⑦未规范制定粉尘清理制度,未及时规范清理作业现场和相关设备设施积尘。

(2) 使用液氨制冷的行业领域。

(3) 存在有限空间作业的行业领域。

①未对有限空间作业进行辨识、提出防范措施,并建立有限空间管理台账;②未在有限空间作业场所设置明显的安全警示标志;③未制定有限空间作业方案或方案未经审批擅自作业;④未根据有限空间存在的危险有害因素为作业人员提供符合要求的检测报警仪器、呼吸防护用品、全身式安全带等劳动防护用品。

(4) 采用深井铸造工艺的铝加工行业领域。

5. 纺织企业重大事故隐患

(1) 纱、线、织物加工的烧毛、开幅、烘干等热定型工艺设备的汽化室、燃气贮罐、储油罐、热媒炉等未与生产加工、人员密集场所明确分开或单独设置。

(2) 保险粉、双氧水、亚氯酸钠、雕白粉(吊白块)等危险品与禁忌物料混合贮存;保险粉露天堆放,或储存场所未采取防水防潮等措施。

二、牛仔服装洗水安全隐患

针对牛仔服装洗水行业的特点,专项类重大事故隐患主要发生在以下工作区域,而牛仔服装洗水企业的隐患则主要集中在以下几个方面:

(一)专项类重大事故隐患主要发生的工作区域

1. 洗水车间

化学品存储与使用区:洗水过程中常使用各种化学药剂,如染料、助剂等,这些化学品的存储和使用区域若管理不善,易发生泄漏、火灾或中毒事故。

设备操作区:洗水机、烘干机等设备在运行时,若操作不当或设备老化,可能引发机械伤害、触电或火灾等事故。

2. 废水处理区

废水处理池及管道:废水处理过程中,若处理池设计不合理、维护不当或管道破裂,可能导致废水泄漏,对环境和人体健康造成危害。

污泥处理区:污泥处理不当,如非法倾倒或未经处理直接排放,会造成严重的环境污染。

3. 废气收集设备

设备废气收集装置风管和抽风口容易积聚粉尘和散纤维,若不定时清理,容易造成设备散热不良而引起火灾、粉尘静电起火或者粉尘爆炸。

4. 仓储与物流区

原材料与成品仓库:存放的原材料和成品若堆放不当,可能引发火灾或者坍塌事故。

运输通道与装卸区：货物在运输和装卸过程中，若操作不当，可能引发车辆事故或人员伤害。

（二）牛仔服装洗水企业隐患集中的地方

1. 环保设施不完善或运行不正常

部分企业为降低成本，可能忽视环保设施的建设和维护，导致废水、废气等污染物未经有效处理直接排放，对环境造成污染；环保设施运行不正常，如废水处理池不工作，废气处理设备故障等，也会导致污染物排放超标。

2. 化学品管理不规范

化学品采购、存储、使用等环节管理不善，易发生泄漏、丢失或被盗等事故；员工对化学品性质不了解，未采取必要的防护措施，易导致中毒或皮肤腐蚀等伤害。

3. 设备老化与维护不足

洗水机、烘干机等关键设备长期运行后，若未及时维护和更换老化部件，可能引发机械故障或安全事故；电气线路老化、绝缘破损等问题也可能导致触电或火灾事故。

4. 安全管理制度不健全

部分企业未建立健全安全管理制度，或制度执行不力，导致员工安全意识淡薄，违章操作频发；应急预案不完善或未进行定期演练，一旦发生事故，难以迅速有效地进行处置。

5. 人员培训与管理不到位

员工未经专业培训即上岗操作，对岗位风险和应急措施不了解，易引发安全事故；企业对员工的日常管理和监督不足，如未定期检查员工个人防护用品的佩戴情况，未对违章行为进行及时纠正等。

综上所述，牛仔服装洗水企业应高度重视以上工作区域和隐患点，加强环保设施建设与维护、化学品管理、设备维护与更新、安全管理制度建设与执行以及人员培训与管理等方面的工作，以确保生产安全和环境保护（表2-9）。

表2-9　牛仔洗水车间生产区较大危险因素辨识及防范

序号	场所/环节/部位	较大危险因素	易发生的事故类型	主要防范措施	依据
1	立式洗水设备/烘干机/离心式脱水机	不停机直接操作时，衣物、手臂被卷入。	机械伤害	（1）严格执行操作规程，加强安全技能培训；（2）增加机械防护措施和安全警示标识。	《纺织工业企业安全管理规范》（AQ 7002）
2	离心式脱水机	（1）离心式脱水机缺机盖；（2）擅自拆除机盖；（3）无警示标识，违规操作。	机械伤害	（1）机盖和盖锁装置做到完整、可靠、有效；（2）操作位置设置安全警示标识。	《纺织工业企业安全管理规范》（AQ 7002）《印染工厂设计规范》（GB 50426）《纺织机械安全要求》（GB/T 7780.1）

（续表）

序号	场所/环节/部位	较大危险因素	易发生的事故类型	主要防范措施	依据
3	烘干机（除尘）	（1）滤尘室部位设置不当； （2）滤尘室通风系统不良或滤尘除尘失效； （3）粉尘爆炸危险区域电气设备的选用和安装不符合要求，在粉尘云状态时发生电气短路及燃烧，导致粉尘爆炸； （4）有违章动火和烟头、打火机等外来火种； （5）粉尘、纤维、花絮积聚，发生自燃。	其他爆炸、火灾、中毒和窒息	（1）合理设置滤尘室，与其他部门应按规定设置防火间距，禁止将滤尘室设置在车间的地下室、厂房的中心位置、多层建筑内、车间与车间之间，以及在人员较多的地方，设置明显标志和安全防护区域； （2）与车间连在一起的滤尘室应设置建筑防火防爆分隔，有必要的泄压泄爆措施； （3）淘汰、更新落后的滤尘设备设施； （4）按标准规范设计、安装、使用和维护通风除尘系统，满足车间、生产除尘系统的吸风量和粉尘捕集要求； （5）控制与消除火源：严禁违章动火或外来火种进入滤尘室，及时清除粉尘积聚。	《严防企业粉尘爆炸五条规定》（国家安全生产监督管理总局令第68号）《粉尘防爆安全规程》（GB 15577）《纺织工业企业安全管理规范》（AQ 7002）
4	吹裤机	（1）管道蒸汽泄漏； （2）设备裤筒烫伤； （3）高温热气喷出伤人。	灼烫	（1）作业现场设置安全警示标识； （2）作业现场划定安全区域； （3）进行专门培训； （4）配备和正确使用防护用品。	《纺织工业企业安全管理规范》（AQ 7002）《纺织机械安全要求》（GB/T 7780.1）
5	喷马骝/手抹（扫）、树脂压皱等工序	劳动防护用品配备或使用不当。	化学灼伤	重点对面部、手部、上肢等重点部位防护。按标准配备和正确使用劳动防护用品。	《用人单位劳动防护用品管理规范》安监总厅安健〔2015〕124号《个体防护装备选用规范》（GB/T 11651）
6	洗水设备、炒砂设备和脱水设备周围	（1）平台或操作地面有废液造成滑倒摔伤； （2）操作地面有废弃浮石造成滑倒摔伤。	其他伤害	（1）作业现场设置安全警示标识； （2）及时冲洗和清理地面废液和废弃物料。	

（续表）

序号	场所/环节/部位	较大危险因素	易发生的事故类型	主要防范措施	依据
7	洗水工序中双氧水、酸、碱等危险化学品	（1）双氧水、次氯酸钠（漂水）储存时靠近热源或温度过高，未与易（可）燃物等分开存放，缺少泄漏应急处理措施，相关传输管道未有清晰标识；（2）烧碱、高锰酸钾、次氯酸钠（漂水）等在加工过程中蒸发或雾化后对皮肤、黏膜等组织有强烈的刺激和腐蚀作用，严重时烧伤皮肤。	其他爆炸、火灾、中毒和窒息、化学灼伤等	（1）漂白剂储存仓库、设施应达到国家安全技术标准规定，设置明显标志和安全防护区域；（2）设置建筑防火防爆分隔和遮挡强光、机械通风等设施，相抵触的或发生化学反应的物质分开存放，切忌混储，防止包装及容器损坏；（3）安装易燃易爆、有毒有害气体报警装置；（4）建立并严格执行安全操作规程或作业指导书，应急预案、危险化学品 MSDS 等文件，设置安全警示标识；（5）按规定发放并正确佩戴符合规定的劳动防护用品（包括应急眼罩、空气呼吸器、乳胶手套等），现场安装洗眼器、冲洗淋浴装置。	《危险化学品安全管理条例》（国务院令第 591 号）《纺织工业企业安全管理规范》（AQ 7002）《印染工厂设计规范》（GB 50426）
8	磅料配料（磅料配料室）	酸、碱、各种助剂等化学品因操作不当或缺少个体防护而与人体直接接触造成伤害。	化学灼伤	（1）建立健全危险化学品安全管理制度并抓好落实；（2）制定危险化学品使用安全操作规程并严格执行；（3）岗前进行安全教育与培训；（4）按规定配备和使用劳动保护用品；（5）磅料配料室应保持通风、干燥，易产生化学反应的危化品要分开存放。	《危险化学品安全管理条例》（国务院令第 591 号）《印染工厂设计规范》（GB 50426）
9	压皱机/磨烂机/破洞机/砂轮	设备操作不当压手、砸手等。	机械伤害	（1）严格执行规章制度和操作规程；（2）对操作人员加强培训；（3）操作中要集中注意力。	《纺织工业企业安全管理规范》（AQ 7002）
10	吊挂式自然干衣系统	机台高度与人员身高接近，工作人员容易被碰撞。	物体碰击	（1）增加机械防护措施和安全警示标识；（2）对操作人员加强培训，工作中要集中注意力。	《纺织工业企业安全管理规范》（AQ 7002）

（续表）

序号	场所/环节/部位	较大危险因素	易发生的事故类型	主要防范措施	依据
11	激光加工设备	(1) 强光引起眼睛损伤； (2) 大量烟雾刺激呼吸道； (3) 高温加工容易烧伤。	化学灼伤、中毒	(1) 严格执行规章制度和操作规程； (2) 对操作人员加强培训，对眼睛、手部、呼吸道等重点部位防护，按标准配备和正确使用劳动防护用品； (3) 操作中要集中注意力； (4) 加工场所确保废气及时收集处理。	《印染工厂设计规范》(GB 50426) 《纺织工业企业安全管理规范》(AQ 7002)
12	臭氧加工设备	臭氧含量太高会引起身体不适。	中毒	(1) 严格执行规章制度和操作规程； (2) 对操作人员加强培训； (3) 加工场所应为独立空间，并能随时监测区域臭氧含量，及时进行通风。	《印染工厂设计规范》(GB 50426) 《纺织工业企业安全管理规范》(AQ 7002)

授课 12 化学品安全技术说明书（MSDS）

💡 小知识

✓ MSDS(Material Safety Data Sheet)即化学品安全技术说明书，亦可译为化学品安全说明书或化学品安全数据说明书，是化学品生产商和进口商用来阐明化学品的理化特性（如 PH 值，闪点，易燃度，反应活性等）以及对使用者的健康（如致癌，致畸等）可能产生的危害的一份文件。

✓ MSDS 认证在欧洲也称为 SDS 认证，SDS 表格，或者叫 MSDS 证书。一般是用于运输物流过程中，承运方要求提供的文件。

✓ 欧盟及国际标准化组织(ISO)均采用 SDS 术语，然而在美国，加拿大，澳洲以及亚洲的许多国家，SDS(Safety Data Sheet)也可以作为 MSDS(Material Safety Data Sheet)使用，两个技术文件的作用基本一致。

✓ 我国在 2008 年前的标准 GB/T16483—2000 中称为 CSDS，2008 年重新修订的标准 GB/T16483—2008《化学品安全技术说明书内容和项目顺序》中，与国际标准化组织进行了统一，缩写为 SDS。

✓ SDS 与 MSDS 两种缩写在供应链上所起的作用完全一致，仅在内容上有一些细微的差别。

三、事故应急管理

1. 事故应急救援的基本任务

事故应急救援的总目标是通过有效的应急救援行动，尽可能地降低事故的后果，包括人员伤亡、财产损失和环境破坏等。事故应急救援的基本任务包括下述几个方面：

（1）立即组织营救受害人员，组织撤离或者采取其他措施保护危害区域内的其他人员。抢救受害人员是应急救援的首要任务。在应急救援行动中，快速、有序、有效地实施现场急救与安全转送伤员，是降低伤亡率、减少事故损失的关键。由于重大事故发生突然、扩散迅速、涉及范围广、危害大，应及时指导和组织群众采取各种措施进行自身防护，必要时迅速撤离出危险区或可能受到危害的区域。在撤离过程中，应积极组织群众开展自救和互救工作。

（2）迅速控制事态，并对事故造成的危害进行检测、监测，测定事故的危害区域、危害性质及危害程度。及时控制住造成事故的危险源是应急救援工作的重要任务。只有及时地控制住危险源，防止事故继续扩展，才能及时有效地进行救援。特别对发生在城市或人口稠密地区的化学事故，应尽快组织工程抢险队与事故单位技术人员一起及时控制事故继续扩展。

（3）消除危害后果，做好现场恢复。针对事故对人体、动植物、土壤、空气等造成的现实危害和可能的危害，迅速采取封闭、隔离、洗消、监测等措施，防止对人的继续危害和对环境的污染。及时清理废墟和恢复基本设施，将事故现场恢复至相对稳定的状态。

（4）查清事故原因，评估危害程度。事故发生后应及时调查事故的发生原因和事故性质，评估出事故的危害范围和危险程度，查明人员伤亡情况，做好事故原因调查，并总结救援工作中的经验和教训。

2. 应急预案的基本内容

（1）应急预案概况：应急预案概况主要描述生产经营单位概况以及危险特性状况等，同时对紧急情况下应急事件、适用范围和方针原则等提供简述并作必要说明。应急救援体系首先应有一个明确的方针和原则来作为指导应急救援工作的纲领。方针与原则反映了应急救援工作的优先方向、政策、范围和总体目标，如保护人员安全优先，防止和控制事故蔓延优先，保护环境优先。此外，方针与原则还应体现事故损失控制、预防为主、统一指挥以及持续改进等思想。

（2）事故预防：预防程序是对潜在事故、可能的次生与衍生事故进行分析并说明所采取的预防和控制事故的措施。应急预案是有针对性的，具有明确的对象，其对象可能是某一类或多类可能发生的重大事故类型。应急预案的制定必须基于对所针对的潜在事故类型有一个全面系统的认识和评价，识别出重要的潜在事故类型、性质、区域、分布及事故后果，同时，根据危险分析的结果，分析应急救援的应急力量和可用资源情况，并提出建设性意见。

（3）准备程序：应说明应急行动前所需采取的准备工作，包括应急组织及其职责权限、应急队伍建设和人员培训、应急物资的准备、预案的演习、公众的应急知识培训、签订互助协议等。应急预案能否在应急救援中成功地发挥作用，不仅仅取决于应急预案自身的完善程度，还依赖于应急准备的充分与否。应急准备主要包括各应急组织及其职责权限的明确、应急资源的准备、公众教育、应急人员培训、预案演练和互助协议的签署等。

（4）应急程序：在应急救援过程中，存在一些必需的核心功能和任务，如接警与通知、指挥与控制、警报和紧急公告、通信、事态监测与评估、警戒与治安、人群疏散与安置、医疗与卫生、公共关系、应急人员安全、消防和抢险、泄漏物控制等，无论何种应急过程都必须围绕上述功能和任务开展。应急程序主要指实施上述核心功能和任务的程序和步骤。

针对牛仔服装洗水企业，主要问题有大量纺织品存放，属于易燃产品，另外有大量化学品存放,容易造成事故或者污染,因此重点就在防火和化学品仓储管理,建立相应的管理制度,制定人员进出登记,建立生产安全员制度,正确掌握安全事故应急处理方式,如根据发生火灾类型的不同选择合适的灭火方式。

(5)现场恢复:也可称为紧急恢复,是指事故被控制住后所进行的短期恢复,从应急过程来说意味着应急救援工作的结束,进入到另一个工作阶段,即将现场恢复到一个基本稳定的状态。大量的经验教训表明,在现场恢复的过程中仍存在潜在的危险,如余烬复燃,受损建筑倒塌等,所以应充分考虑现场恢复过程中可能的危险。该部分主要内容应包括:宣布应急结束的程序;撤离和交接程序;恢复正常状态的程序;现场清理和受影响区域的连续检测;事故调查与后果评价等。

(6)预案管理与评审改进:应急预案是应急救援工作的指导文件。应当对预案的制定、修改、更新、批准和发布做出明确的管理规定,保证定期或在应急演习、应急救援后对应急预案进行评审和改进,针对各种实际情况的变化以及预案应用中所暴露出的缺陷,持续地改进,以不断地完善应急预案体系。

(7)重点岗位人员责任认定和反思:根据事故发生的情况,明确造成事故的原因和责任人,只有管理在制度、责任到人,才能有效降低生产事故的发生。牛仔服装洗水企业生产事故的发生多源于管理松懈,人员知识水平或者岗位培训不足导致对存在问题认知不足或者麻痹,同时存在事故应急知识不足。

以上这七个方面的内容相互之间既相对独立,又紧密联系,从应急的方针、策划、准备、响应、恢复到预案的管理与评审改进,形成了一个有机联系并持续改进的体系结构。这些要素是重大事故应急预案编制所应当涉及的基本方面,在编制时,可根据职能部门的设置和职责分配等具体情况,将要素进行合并或增加,以更符合实际。

 课程思政

关于安全生产,党中央的声音

深入学习贯彻习近平总书记关于安全生产重要论述,认真贯彻落实党中央、国务院关于安全生产重大决策部署,牢固树立安全发展理念,强化底线思维,压实安全生产责任,以高度的政治责任感和更加有力有效的举措,坚决遏制重特大事故发生,全力保障人民群众的生命财产安全。党的十八大以来,以习近平同志为核心的党中央高度重视安全生产工作,习近平总书记多次发表重要讲话,作出重要指示批示,鲜明提出坚持人民至上、生命至上"两个至上",统筹发展和安全"两件大事",强化从根本上消除事故隐患、从根本上解决问题"两个根本"等一系列新理念新论断,系统科学地回答了如何认识安全生产、如何做好安全生产等重大理论和现实问题,为我们做好新时代安全生产工作提供了根本遵循和行动指南。安全生产是民生大事,事关人民福祉,事关经济社会发展大局,一丝一毫不能放松。习近平总书记高度重视安全生产工作,作出一系列关于安全生产的重要论述。

——2023年1月,春节前夕视频连线看望慰问基层干部群众时指出

坚持安全第一、预防为主,建立大安全大应急框架,完善公共安全体系,推动公共安全治理模式向事前预防转型。推进安全生产风险专项整治,加强重点行业、重点领域安全监管。

——2022年10月，在中国共产党第二十次全国代表大会上的报告

生命重于泰山。各级党委和政府务必把安全生产摆到重要位置，树牢安全发展理念，绝不能只重发展不顾安全，更不能将其视作无关痛痒的事，搞形式主义、官僚主义。

——2020年4月，对安全生产作出重要指示强调

要健全风险防范化解机制，坚持从源头上防范化解重大安全风险，真正把问题解决在萌芽之时、成灾之前。

——2019年11月，在中央政治局第十九次集体学习时指出

要加强交通运输、消防、危险化学品等重点领域安全生产治理，遏制重特大事故的发生。

——2017年2月，主持召开国家安全工作座谈会时强调

安全生产是民生大事，一丝一毫不能放松，要以对人民极端负责的精神抓好安全生产工作，站在人民群众的角度想问题，把重大风险隐患当成事故来对待，守土有责，敢于担当，完善体制，严格监管，让人民群众安心放心。

——2016年7月，对加强安全生产和汛期安全防范工作作出重要指示强调

各级党委和政府特别是领导干部要牢固树立安全生产的观念，正确处理安全和发展的关系，坚持发展决不能以牺牲安全为代价这条红线。经济社会发展的每一个项目、每一个环节都要以安全为前提，不能有丝毫疏漏。

——2016年7月，对加强安全生产和汛期安全防范工作作出重要指示指出

确保安全生产，维护社会稳定，保障人民群众安居乐业是各级党委和政府必须承担好的重要责任。

——2015年8月，就切实做好安全生产工作作出重要指示指出

人命关天，发展决不能以牺牲人的生命为代价。这必须作为一条不可逾越的红线。

——2013年6月，就做好安全生产工作作出重要指示指出

要始终把人民生命安全放在首位，以对党和人民高度负责的精神，完善制度，强化责任，加强管理，严格监管，把安全生产责任制落到实处，切实防范重特大安全生产事故的发生。

任务二 常见生产管理方法

一、PDCA 工作方法

PDCA 工作法是一种严谨的质量管理方法论，由 Plan（计划）、Do（执行）、Check（检查）和 Act（处理）四个阶段构成，旨在实现持续改进和效率提升（图 2-17 和表 2-10）。

该方法论的核心在于：

（1）计划阶段：明确目标，制定切实可行的计划，确保各项任务有明确的执行方向。

（2）执行阶段：按照计划进行实施，确保各项任务得到准确无误地执行。

（3）检查阶段：对执行结果进行全面、客观的检查，识别存在的问题和不足。

（4）处理阶段：针对检查结果，采取科学、合理的处理措施，总结经验教训，为下一轮循环提供改进方向。

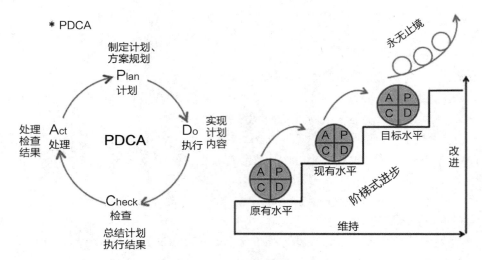

图 2-17 PDCA 工作方法

表 2-10 PDCA 工作方法优缺点

优点	缺点
1. PDCA 是一个循环的过程，通过反复执行 Plan-Do-Check-Act 循环，组织可以持续地改进其业务流程和绩效。 2. PDCA 提供了一个系统性的方法来解决问题和实施改进。它强调了计划、执行、检查和行动的有机结合，确保改进活动有条不紊地进行。 3. PDCA 强调了问题的识别、分析和解决。通过"Check"阶段的数据分析，组织可以更好地理解问题的根源，并采取相应的行动来解决它们。 4. PDCA 鼓励团队参与和协作。团队成员可以共同制定计划，执行任务，检查结果，并共同决定下一步的行动，从而增强团队的凝聚力和合作精神。 5. PDCA 有助于营造持续学习与改进的文化。通过不断地识别问题、实施改进和评估效果，组织可以培养出持续学习和改进的习惯，以适应不断变化的环境。	1. PDCA 循环虽然概念简单，但在实际应用中，特别是针对复杂问题或大型组织时，实施难度可能较高。由于各阶段的执行和实施需要充分而精确，因此，确保每一环节都能得到有效执行是一个具有挑战性的任务。 2. PDCA 循环的实施需要投入相当的时间和资源。对于一些企业或部门而言，这种持续优化的过程可能意味着资源的大量消耗，并且可能无法在短期内实现明显的回报。 3. 存在一种风险，即 PDCA 循环可能陷入循环性问题。这表现为不断重复相同的计划、行动和检查步骤，但却未能实现实质性的改进。在这种情况下，PDCA 循环可能失去其原有的价值，转变为一种形式主义。 4. PDCA 循环的有效性在很大程度上依赖于数据的真实性和分析的精确性。若数据不准确或分析失当，可能导致决策失误，从而使改进工作失去效果，甚至产生负面效应。

PDCA 管理方法在企业或部门实施过程中应该根据自身情况和实际需求，灵活运用其原则和方法，以实现持续改进和持续发展。

二、6S 管理

6S 就是整理（Sort）、整顿（Set in Order）、清扫（Shine）、标准化（Standardize）、持续改进

(Sustain)和安全(Safety)六个项目,因均以"S"开头,简称 6S。

1. 整理

工作内容:清理工作场所,识别并移除不必要的物品、设备、工具和文件。

目的:减少浪费,创造一个清爽、无障碍的工作环境,提高效率和工作流畅度。

实施要领:将工作场所中不需要的物品和工具清理出来,只保留必需的项目;根据使用频率和重要性,确定哪些物品应该留下,哪些应该丢弃或者存放在其他地方;实施 6S 的第一步,整理工作场所,减少浪费和提高效率。

2. 整顿

工作内容:确定并设立合适的放置位置和标准,标识和组织工具、设备和物料。

目的:提高工作场所的可视化和可操作性,使工作人员能够更快地找到和使用所需的物品和信息。

实施要领:将剩余的物品和工具放置在适当的位置,确保它们易于找到和使用;使用标识、标签、彩色码等方法标记和组织工具和材料,使其在需要时一目了然;设立明确的放置原则,确保工作场所的布局合理、有序。

3. 清扫

工作内容:定期清洁和维护工作场所、设备和工具,确保其保持整洁和良好的工作状态。

目的:确保工作环境清洁、安全,减少污染和污垢对生产活动的干扰,提高设备的可靠性和寿命。

实施要领:定期进行工作场所的清洁和维护,保持设备、工具和工作区域的整洁和清洁;建立清洁标准和程序,确保每个人都参与到清洁和维护工作中;清扫可以帮助发现问题和隐患,预防事故和生产问题的发生。

4. 标准化

工作内容:制定和实施标准化的工作流程、程序和方法,确保所有人都按照相同的标准执行工作。

目的:确保工作的一致性和可重复性,降低变异性和错误的发生率,提高生产效率和质量。

实施要领:建立标准化的工作程序和流程,确保所有人都按照相同的标准和方法执行工作;制定清晰明确的工作指导书、检查表和标准作业程序,以便员工了解工作的要求和标准;培训和教育员工,确保他们理解并遵守标准化的工作流程和程序。

5. 持续改进

工作内容:建立持续改进的机制和文化,持续监督和改进 6S 的实施和执行。

目的:确保 6S 成为组织的一种持续习惯和文化,促进持续改进和创新,不断提高工作效率和质量。

实施要领:培养持续改进的文化和习惯,使 6S 成为组织的日常工作方式;定期进行 6S 审核和检查,确保标准和程序得到执行并进行持续改进;鼓励员工提出改进建议和意见,参与到持续改进的过程中来。

6. 安全

工作内容:制定并执行安全规定和措施,确保工作场所的安全性和员工的健康。

目的:预防事故和伤害的发生,维护员工的安全和健康,保障生产活动的正常进行。

实施要领:确保工作场所的安全性,预防事故和伤害的发生;提供必要的安全培训和设备,确保员工了解并遵守安全规定;定期进行安全检查和评估,及时纠正存在的安全隐患和问题(表2-11)。

表 2-11　6S 管理方法优缺点

优点	缺点
1. 6S 可以帮助组织创造一个清洁、有序的工作环境,提高工作场所的整体形象和员工的工作满意度。	1. 实施 6S 需要大量的时间和资源投入,包括培训、设备、人力和时间成本等,这可能对组织的运营造成一定的压力。
2. 通过整理、整顿和标准化工作场所,6S 可以减少寻找工具和资料的时间,提高工作效率和生产率。	2. 6S 是一个持续改进的过程,需要持续的关注和管理,如果管理不力或者中途放松,可能会导致 6S 的效果逐渐消退。
3. 6S 有助于减少浪费,包括时间浪费、材料浪费和空间浪费,从而降低成本并提高生产效率。	3. 一些员工可能会对 6S 的实施产生抵触情绪,他们可能会觉得增加了额外的工作负担,或者对他们的工作习惯造成干扰。
4. 6S 强调安全管理,通过清洁、整顿和标准化工作环境,有助于预防事故和伤害的发生,促进安全文化的建立。	4. 6S 是一种通用的方法,可能并不适用于所有类型的工作场所和组织。有些情况下,6S 可能过于繁琐或不切实际。
5. 6S 不仅注重当前状态的改善,还鼓励持续改进和学习,通过持续审查和改进 6S 实践,不断提高工作效率和质量。	5. 6S 强调的是整理、整顿和标准化,可能会限制员工的创新和灵活性,导致对新想法和新方法的忽视。

6S 管理方法组织在实施时应权衡利弊,根据自身情况和需求,灵活运用其原则和方法,以实现持续改进和持续发展。

三、5W2H 分析法

5W2H 分析法是一种问题分析和解决方法,它通过提出七个问题,即 What(是什么)、Why(为什么)、Where(在哪里)、Who(谁)、When(何时)、How(如何)以及 How much(多少),实现问题分析与提供解决方法。每个问题的含义和其在分析中的作用如图 2-18 所示。

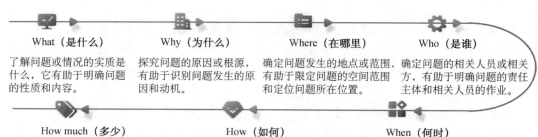

图 2-18　5W2H 分析法

实施 5W2H 分析法时,实施要点为:

(1)明确问题或目标:在开始分析之前,必须明确了解要解决的问题或达成的目标。确保所有参与者对问题的本质和目标有清晰的理解。

（2）确定分析范围：确定分析的范围和边界，以便集中精力解决问题，并避免分散注意力或陷入无关的细节。

（3）依次提出问题：依次提出 5W2H 中的问题，即 What（是什么）、Why（为什么）、Where（在哪里）、Who（谁）、When（何时）、How（如何）、How much（多少）。确保每个问题都被充分讨论和分析。

（4）多角度思考：在提出问题时，鼓励团队从不同的角度思考和分析问题。这有助于全面理解问题，发现潜在因素和关系。

（5）收集数据和信息：收集和整理相关的数据和信息，以支持对每个问题的分析和回答。确保数据的准确性和可靠性。

（6）深入探索原因和影响：特别关注"Why"和"How"问题，深入探索问题的根本原因和可能的影响因素。这有助于确定解决方案和制定相应的行动计划。

（7）多方参与和讨论：通过团队会议、讨论或工作坊等形式，鼓励多方参与和共同讨论问题。收集不同的意见和观点，促进更全面地分析问题和提出解决方案。

（8）整理和总结：对收集到的信息和分析结果进行整理和总结。确保所有问题都得到了充分的讨论和回答，并且相关的信息和结论清晰明了。

（9）制定行动计划：基于分析结果和总结，制定具体的行动计划和解决方案。确定责任人、时间表和资源需求，确保行动计划的有效实施。

（10）持续跟踪和评估：持续跟踪和评估行动计划的执行情况和效果。根据实际情况进行调整和改进，确保问题得到有效解决并达成预期的目标。

5W2H 分析法的目的是帮助人们系统地思考和分析问题，从不同的角度全面了解问题的本质和背景。通过提出这些问题，可以帮助人们深入思考问题的各个方面，找出问题的根源、解决途径和实施措施。这种分析方法通常应用于问题解决、决策制定、项目管理等领域，以帮助企业更好地理解问题，制定合理的解决方案，并有效地推动工作的进展。

四、可视化管理

可视化管理（Visualized Management，简称 VM））指的是通过图表、图形、仪表板等可视化工具，将组织内部的数据、信息、进展及问题以直观的形式进行展示，以便于管理者和团队成员更为高效地进行理解、分析和决策。

可视化管理的目的是通过图形化的数据和信息展示，提高信息传递的准确性和效率，简化复杂信息的理解过程。它有助于管理者快速识别数据趋势，发现潜在问题，并据此作出科学、合理的决策。通过直观展示项目进展和目标，增强团队成员间的沟通和协作，提升团队整体效能。生产管理中利用图表和图形直观展示问题，有利于团队成员快速识别问题所在，并采取有效措施进行解决（表 2-12）。

VM 实施要点：

（1）在实施可视化管理前，需明确需要展示的数据、信息和指标，确保展示内容与目标一致。

（2）根据展示需求，选择适合的可视化工具和平台，如数据可视化软件、仪表板等。

（3）设计简洁明了、易于理解的图表，避免信息过载和混淆，确保信息的准确性和可读性。

（4）定期更新展示数据和信息，确保图表的时效性和准确性，及时反映组织业务的变化和发展趋势。

（5）对团队成员进行可视化管理工具的培训，提升他们的使用能力，加强团队间的沟通和协作。

（6）根据实际应用效果和用户反馈，持续优化和改进可视化管理策略，提升管理效率和质量。

表 2-12　可视化管理方法优缺点

优　点	缺　点
1. 通过图形化展示数据和信息，使复杂的信息变得直观和易于理解，提高了管理者和团队成员对业务状况的认识和把握。 2. 可以帮助管理者快速获取重要信息，并基于可视化数据做出准确和迅速的决策，缩短了决策周期，提高了管理效率。 3. 能够促进信息透明度，使得团队成员和利益相关者更容易理解业务状况和进展情况，提高了沟通效果和信息共享的质量。 4. 能够帮助管理者和团队成员更容易地发现问题和瓶颈，及时解决潜在的问题，确保业务运作的顺利进行。 5. 有助于建立共享的工作平台，促进团队成员之间的协作和合作，增强团队的凝聚力和合作精神。	1. 依赖于准确和及时的数据，如果数据质量不高或不准确，可能会导致错误的决策和分析。 2. 需要投入大量的时间、人力和资源，包括选择合适的工具，培训团队成员和维护系统等方面。 3. 如果可视化管理不加以限制和控制，可能会导致信息过载，使得管理者和团队成员无法从大量的数据和信息中准确地获取关键信息。 4. 可视化管理涉及到大量的数据和信息，可能会存在隐私和安全方面的风险，特别是在数据存储和传输的过程中需要加强安全保护。

可视化管理通过直观展示数据和信息，为管理者和团队成员提供了更为高效、便捷的管理手段，有助于提升组织整体的管理水平和竞争力。

五、精益管理

精益管理（Lean Management）通过消除浪费，提高价值流程，优化资源利用等手段来提升企业整体运营效率和质量水平。精益管理的核心思想是"以价值为导向，以流程为中心，以持续改进为目标"。

精益生产是通过系统结构、人员组织、运行方式和市场供求等方面的变革，使生产系统能很快适应用户需求的不断变化，并能使生产过程中一切无用、多余的东西被精简，最终达到包括市场供销在内的生产的各方面最好结果的一种生产管理方式。与传统的大生产方式不同，其特色是"多品种""小批量"。

精益生产方式 JIT（Just In Time）的实质是管理过程，包括人事组织管理的优化，大力精简中间管理层，进行组织扁平化改革，减少非直接生产人员；推行生产均衡化、同步化，实现零库存与柔性生产；推行全生产过程（包括整个供应链）的质量保证体系，实现零不良；减少和降低任何环节上的浪费，实现零浪费。以最终用户的需求为生产起点，强调物流平衡，追求零库存，要求上一道工序加工完的零件可以立即进入下一道工序。

1. 精益管理目标

(1)提高生产效率和质量:通过消除浪费和优化价值流程,精益管理可以大幅提高生产效率和产品质量,从而提高客户满意度和市场竞争力。

(2)降低成本和提高利润:通过消除浪费和提高效率,精益管理可以帮助企业降低成本,提高利润空间,增强企业盈利能力。

(3)增强员工意识和参与度:精益管理强调员工参与和持续改进,通过激发员工积极性和主动性,可以增强企业的凝聚力和员工满意度。

2. 实施精益管理的要点

(1)全员参与:精益管理是一种全员参与的管理理念,需要鼓励所有员工参与改进过程。

(2)问题解决:鼓励团队解决实际问题,采用持续改进的方法解决根本性问题。

(3)文化营造:建立鼓励学习、开放沟通和快速决策的文化,推动精益思维的融入企业。

(4)数据分析:利用数据和指标进行实时监控,通过数据分析找出潜在问题和改进机会。

(5)及时反馈:建立及时反馈机制,确保问题能够迅速传达给相关人员,并迅速做出反应。

(6)设立奖励机制:设立奖励机制,激励员工提出改进建议并参与精益实践。

(7)领导层支持:领导层需提供支持,积极参与和推动精益生产的实施。

(8)持续学习:保持对新工具和新理念的学习,持续提高组织的精益水平。

通过实施这些要点,企业可以逐步推进精益管理,实现生产效率、质量、成本和员工满意度的全面提升。

✏ 练习题

一、单选题

1. 我国安全色标准规定中,(　　)色为含指令标志的颜色,即必须遵守;指令标志是强制人们必须做出某种动作或采用防范措施的图形标志。

　　A. 红　　　　　　　　B. 黄　　　　　　　　C. 蓝　　　　　　　　D. 绿

2. 我国安全色标准规定中,(　　)为提示安全信息,表示安全状态或可以通行。

　　A. 红　　　　　　　　B. 黄　　　　　　　　C. 蓝　　　　　　　　D. 绿

3. 安全标志牌至少每(　　)检查一次,如发现有破损、变形、褪色等不符合要求时应及时修整或更换。

　　A. 一个月　　　　　　B. 三个月　　　　　　C. 半年　　　　　　　D. 一年

4. (　　)管理是在通过消除浪费,提高价值流程,优化资源利用等手段来提升企业整体运营效率和质量水平。

　　A. PDCA　　　　　　B. 6S　　　　　　　　C. 可视化管理　　　　D. 精益管理

5. 根据《中华人民共和国安全生产法》和《中华人民共和国职业病防治法》,由于牛仔洗水加工的(　　)工艺涉及对工人身体健康造成严重危害,因此很多地方和国家将它列入禁止行列。

 A. 氯漂   B. 喷马骝   C. 树脂压皱   D. 喷砂

二、多选题

1. 《中华人民共和国安全生产法》确定了"（   ）"的安全生产管理基本方针。

 A. 安全第一   B. 预防为主   C. 综合治理   D. 全面保障

2. 安全生产是指在社会生产活动中，通过人与（   ）的和谐运作，使生产过程中潜在的各种事故风险和伤害因素始终处于有效控制状态。

 A. 机器   B. 物料   C. 环境   D. 方法

3. 根据国家标准 GB 2894 规定，安全标志由图形符号、安全色、几何形状（边框）或文字构成。安全标志分为（   ）。

 A. 禁止标识   B. 警告标识   C. 指令标识   D. 提示标识

4. 我国安全色标准规定红、（   ）共四种颜色为安全色。

 A. 黄   B. 蓝   C. 绿   D. 白

5. 三级安全教育是指（   ）安全教育。

 A. 新入职员工的公司级   B. 部门级

 C. 班组级   D. 个人自主级

6. 事故调查处理中"四不放过"原则是指（   ）。

 A. 事故原因没有查清楚不放过   B. 事故责任者没有受到处理不放过

 C. 职工群众没有受到教育不放过   D. 防范措施没有落实不放过

三、判断题

1. （   ）安全技术是指为防止人身事故和职业病的危害，控制或消除生产过程中的危险因素而采取的专门的技术措施。

2. （   ）在一般有毒物品作业场所，设置红色警示线。警示线设在使用有毒作业场所外缘不少于 30 cm 处。

3. （   ）我国安全色标准规定中，红色表示警告和注意。提醒人们对周围环境引起注意，以避免可能发生危险的图形标志。

4. （   ）MSDS 是指化学品安全技术说明书。

5. （   ）某牛仔服装洗水厂车间高度为 6 米，企业将生产操作指示牌悬挂于生产区上方墙面 4 米高处，可以最大限度提醒工人注意操作安全。

6. （   ）6S 管理中标准化是指制定和实施标准化的工作流程、程序和方法，确保所有人都按照相同的标准执行工作。

7. （   ）可视化管理目的是通过图形化的数据和信息展示，提高信息传递的准确性和效率，简化复杂信息的理解过程。

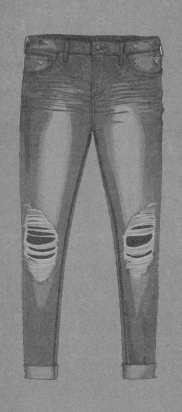

模块三
牛仔成衣洗水技术

课程思政 M4

任务一　认识牛仔服装洗水

牛仔服装的品质由原料选择、浆染工艺、服装版型、车缝工艺及洗水处理等多个维度决定,其中风格塑造的核心在于洗水工艺。通过物理或化学手段对成衣进行加工,可实现牛仔服装自然仿旧、柔顺触感与个性化风格的结合。传统洗水工艺长期面临"高污染、高排放、高人力依赖"的困境,但随着环保政策收紧与技术迭代,智能化、数字化设备逐步推动行业标准化,标准化车间体系应运而生。

牛仔服装洗水主要是通过物理或化学的方法对成衣进行加工,满足客户加工需求,主要包括退浆和洗浮色处理、风格与仿旧处理、尺寸定型和功能性处理。牛仔成衣洗水工艺不同人群有不同定义,传统的洗水工艺主要包括退浆工艺、酵素处理工艺、普洗工艺、漂洗工艺、石洗工艺等,因为传统的工艺中需要使用大量的水,因此被称作洗水工艺。随着技术的发展和环保的要求,一些新设备、新技术应用在牛仔服装洗水加工中,通过无水或者少水的方法也能获得传统方法可以达到的效果,如臭氧技术和激光技术等,既符合行业从业人员习惯,也能区别于传统洗水工艺,因此被称为新型牛仔服装洗水技术。牛仔服装为了获得个性化风格,除了前述的洗水工艺,还包含一些手工加工工艺,如马骝工艺、手擦工艺、猫须工艺、炒砂工艺、捆扎工艺、破坏加工工艺(破洞)等,具体的工艺均需要根据客户需求进行不同加工工艺和不同的加工次序的组合加工(图3-1)。

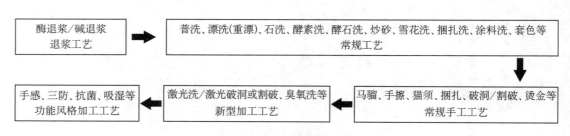

图3-1　牛仔服装加工流程

牛仔洗水通过以下方式赋予服装独特价值:

1. 预缩与稳定:消除织物内应力,确保成衣尺寸稳定性。

2. 去污与增白:消除浆料、浮色及缝制污染物,提升织物表面光洁度与鲜艳度。

3. 手感优化:手感优化通过加软、抛光等工艺,改善服装穿着舒适性。

4. 风格化处理:风格化处理实现褪色、猫须、马骝、破洞等个性化效果。

5. 功能升级:功能升级赋予防皱、防水、抗静电等附加性能。

6. 质量修复:质量修复纠正面料缩水率偏差、色牢度不足等问题(图3-2)。

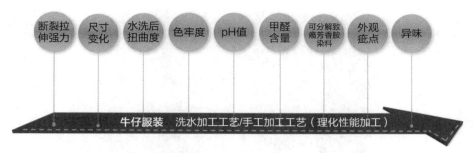

图 3-2　牛仔服装洗水加工后主要理化性能测试（FZ/T 81006—2017 牛仔服装）

任务二　认识牛仔服装常见纤维与面料

子任务一　常见牛仔服装纤维材料应用及其特性

传统牛仔服装面料以棉为主,这种面料天然、舒适、耐用,且可以通过洗水工艺塑造独特外观。随着消费者需求与市场变化,涤纶、氨纶等合成纤维融入,提升了牛仔面料的舒适度、耐用性与弹性。近年来,麻、锦纶、再生纤维素纤维（如天丝、莫代尔）等新型材料应用于牛仔面料的生产,既丰富了面料种类,又增强了环保性能,为穿着者带来更加舒适、环保的体验。牛仔服装常采用的面料以机织斜纹面料为主流。近年来,随着产品的不断创新与升级,市场上涌现出越来越多的提花织物,在童装中也出现越来越多的针织牛仔面料,为牛仔服装增添了更为丰富的纹理与视觉效果。

一、棉纤维

棉纤维的主要组成物质是纤维素。纤维素是天然高分子化合物,化学结构式为$[C_6H_{10}O_5]_n$。正常成熟的棉含纤维素约为94%,此外,还含有0.5%～0.6%的蜡状物质,0.9%～1.0%的果胶物质,0.2%～0.44%的含氮物质以及1%左右的灰分等伴生物。

1. 棉纤维的形态结构

成熟、正常的棉纤维,其横截面是不规则的腰圆形,有中腔;未成熟的棉纤维,其截面形态极扁,中腔很大;过成熟的棉纤维,其横截面呈圆形,中腔很小。棉纤维纵向具有天然扭曲,纵面呈不规则的且沿纤维长度方向不断改变转向的螺旋形扭曲。成熟、正常的棉纤维扭曲最多;未成熟的棉纤维呈薄壁管状物,扭曲少;过成熟的棉纤维呈棒状,扭曲也少。天然扭曲使棉纤维具有一定的抱合力,有利于纺纱工艺过程的正常进行和成纱质量的提高。但扭曲反向次数多的棉纤维强度较低(图 3-3)。

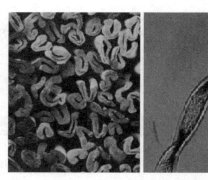

图 3-3　棉纤维截面形态（横向/纵向）

2. 棉纤维的化学性质与加工要点

（1）水的作用：棉纤维不溶于水，但会发生膨化作用。棉纤维吸水后纵向可膨胀 1%～2%，横向可膨胀 35%～45%，这就是纤维溶胀异向性，结构紧密的织物会产生缩水现象。纺织纤维吸水后大部分纤维都会发生强力下降的情况，而棉织物吸水后强力会提高。

（2）酸的作用：酸会使纤维素水解或发生酯化反应，对棉纤维的破坏能力随酸的强度、浓度、时间、温度的变化而变化。在生产加工中要特别注意酸的控制，防止面料酸损。纤维素纤维在染整加工过程中，一般不会受到使纤维解体那样极度的水解作用，而仍然保持着纤维的外观状态，但纤维强度却随着水解程度的加深而下降。

（3）碱的作用：棉纤维在碱中很稳定，一般不会被破坏。印染厂常利用烧碱对棉织物进行处理和加工，如用稀碱液进行棉布的退浆和煮练，用浓碱液进行丝光，这说明纤维素对碱是很稳定的。在碱液中纤维素会发生有限润胀和无限润胀两种反应形式。有限润胀可分为结晶区间的润胀和结晶区内的润胀，无限润胀就是溶解，形成溶液。这两种润胀形式都会造成纤维分子间的内聚力减小和纤维变软。在通常情况下，纤维素对碱是比较稳定的。在高温条件下，随着温度的升高和胶质的脱除，纤维素会发生一定程度的碱性水解反应和剥皮反应。

在常温下，浓 NaOH 溶液会使天然纤维素膨化，纵向收缩，直径增大，如设法施加张力防止收缩并及时洗除碱后，纤维中腔会逐渐消失，纵向扭转也会慢慢消失，横截面变成圆形，可使纤维获得丝一样的光泽；同时棉织物吸附性能方面也会提高，尤其是深色织物其吸附性能更为明显，这就是丝光处理。利用这种工艺所获得的纺织品整理效果持久。

（4）氧化剂的作用：氧化剂会使纤维素发生降解破坏，特别是在酸性条件下更为严重。在服装洗染加工中经常会用到高锰酸钾、双氧水和次氯酸钠等氧化剂，应注意工艺控制，防止加工后面料强力下降，甚至不达标。

（5）微生物的作用：在潮湿的条件下，微生物极易繁殖，分泌出的纤维素酶和酸会使棉纤维变质、变色而被破坏。现代生物技术发展，微生物在纺织服装印染加工中大量使用，如棉织物退浆会使用到退浆酶；为了降低棉织物表面绒毛，有生物抛光酶；牛仔服装成衣洗水也经常使用到酵素粉、酵素水等生物制品。在加工中必须遵循生物制剂的特性，防止过度反应，加工后也要做好灭活工作。

（6）有机溶剂的作用：棉纤维不溶于一般溶剂，但会与部分有机酸发生酯化、醚化反应。

二、再生纤维素纤维

再生纤维是以天然高聚物为原料制成的、化学组成与原高聚物基本相同的化学纤维。按其组成可分为再生纤维素纤维和再生蛋白质纤维。其中再生纤维素纤维品种包括：黏胶纤维（系列）、铜氨纤维、醋酯纤维（纤维素衍生物）、甲壳素纤维等。采用不同的原料和纺丝工艺，黏胶家族可以分别得到普通黏胶纤维、富强纤维、高湿模量黏胶纤维和高强力黏胶纤维等。

1. 普通黏胶纤维

普通黏胶纤维是由不可纺但富含纤维素或其衍生物的植物，如棉短绒、芦苇、木材、甘蔗渣、麻、竹、海藻、稻草等的浆粕或浆液，提纯制得黏胶液后纺丝而成。它的截面呈锯齿形皮芯结构，纵向平直有沟横，也是企业常说的黏胶（人棉纤维或者维卡斯纤维）。黏胶纤维的基本组成物质和棉纤维、麻纤维一样都是纤维素 $(C_6H_{10}O_5)_n$，聚合度比棉低得多（300～400），结晶度（40%～50%）、取向度均低，无序区含量比棉大。

普通黏胶纤维回潮率约13%，易于染色且色谱齐全。然而，它在面对酸性环境与氧化剂时，比棉质更为敏感；同时，在碱性条件下的稳定性逊于棉。黏胶纤维也存在一些显著的缺点：其强度和模量相对较低，导致弹性恢复能力不佳，这直接影响了织物的形态稳定性，易产生变形与褶皱。尤为显著的是，在湿润状态下，由于水分子的作用，其湿态强度和湿模量会进一步大幅下降，约为干态时的50%，且湿态伸长显著增加约50%，极易发生塑性变形。此外，在洗涤过程中，黏胶纤维会显著膨胀，直径增加可高达50%，这使得织物在水中感觉变硬，而在干燥后又容易收缩。长期使用中，纤维还可能因塑性变形而进一步伸长，导致织物的尺寸稳定性大打折扣，影响加工和产品使用寿命。

黏胶纤维化学性能比棉纤维活泼。其对酸、碱、氧化剂都比较敏感。在浓碱作用下会剧烈膨化以致溶解，所以在染整加工中应尽量少用浓碱。

2. 莫代尔纤维

普通黏胶纤维存在湿态时被水溶胀，强度明显下降，织物洗涤搓揉时易于变形（湿模量低），干燥后容易收缩，使用中又逐渐伸长，因而尺寸稳定性差的缺点。为了克服上述缺点，科学家研究出高湿模量黏胶纤维，我国将具有高断裂强力和高湿模量的纤维素纤维命名为莫代尔（Modal）（GB/T 4146.1—2020 纺织品　化学纤维　第1部分：属名），莫代尔纤维无皮芯结构，截面呈圆形。

目前市场上称的莫代尔（Modal）纤维是奥地利兰精（Lenzing）公司开发的第二代高湿模量再生纤维素纤维，原料采用欧洲的榉木，先将其制成木浆，再纺丝加工成纤维。兰精Modal纤维的横截面不规则，类似腰圆形，没有中腔，有皮芯结构，皮层较厚，纵向表面光滑，有1～2道沟槽。

我国的丽赛（Richcel）纤维是综合性能优异的一种新型高湿模量纤维素纤维，它是一种波里诺西克（Polynosic）纤维在我国的注册商品名，是由丹东东洋特种纤维有限公司采用日本东洋纺技术设备与原料生产。该纤维与人体皮肤具有良好的亲和性和保暖性，十分柔软，许多舒适性指标接近羊绒，被业界称为"植物羊绒"。丽赛纤维是一种新型改性黏胶纤维，从根本上克服了黏胶纤维的缺点，继承了该系列纤维的所有优点，具有高强度、高湿模量、高聚合度和适当的伸长率、吸湿性好等特性,其性能与 Lyocell 纤维接近,而市场价格大大低于 Lyocell 纤维。

(1)力学性能:莫代尔纤维的断裂强度高,断裂伸长率小。其干态强度高于棉、普通黏胶纤维;湿态强度较高,克服了黏胶纤维湿强低的缺点。纤维回弹性好,织物的收缩率较小,尺寸稳定性好,挺括,不易起皱。

(2)化学性能:莫代尔纤维具有耐碱不耐酸的特点,它对氧化剂和溶剂的耐受性良好。

(3)吸湿性能:莫代尔纤维公定回潮率为 13%,与普通黏胶纤维相等,高于棉纤维,但是在加工中莫代尔纤维制品伸长率达到 14%,易变形。同时,莫代尔纤维具有吸湿排汗快,速干,导热性和导电性良好等特点。

(4)染色性能:莫代尔纤维是纤维素纤维,可直接用活性染料、直接染料、还原染料等进行染色,色牢度高,色泽鲜艳,富有光泽,染色性能优于普通黏胶纤维,上染率高于棉。低温时吸水膨化后纤维手感较为僵硬,会影响活性染料的上染率、扩散性能和渗透性,染色时最好选用中高温型活性染料。

(5)原纤化:莫代尔纤维的原纤化等级为 1,高于 Lyocell 纤维的 4 级和棉纤维的 2 级。面料表面光滑,不起球。加工难度低于天丝,可用传统染整设备加工。

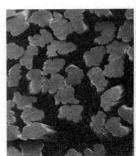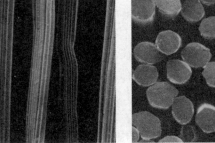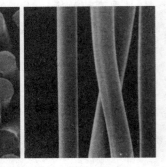

图 3-4　黏胶纤维截面形态(横向/纵向)　　　图 3-5　Modal 纤维截面形态(横向/纵向)

3. 天丝纤维

随着人们生活水平的不断提高,对衣着舒适性的要求也越来越高,由此也越加偏爱原料为棉或纤维素纤维的织物。但由于耕地面积的限制,棉花产量的增加是很有限的。而生产黏胶纤维又严重污染环境。

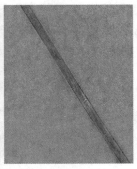

使用化学品制造织物的一种环保方法是通过一种名为 Lyocell 的工艺,TENCEL 是其商品命名。Lyocell 没有使用密集的化学品,而是使用一种无毒的胺溶液,该溶液可在闭环系统中回收并重复使用。它需要更低的能量和水输入,并回收 99% 的溶液来帮助将木材溶解成纸浆。天丝纤维在显微镜下横截面椭圆形或近似圆形,纵向表面较光滑。

图 3-6　天丝纤维截面形态(横向/纵向)

天丝纤维所加工的织物有光滑的纤维表面带来绝佳的亲肤性,成为敏感型肌肤的理想材料;天丝纤维是所有纤维素纤维中强力最好的,并具有独特的悬垂性和丝般光泽,其一些种类还能生产出完美的桃皮绒风格。与其他再生纤维素纤维相比,其加工的面料尺寸稳定性好,有着优良的水洗外观保持性。

表 3-1　纤维强度与伸长率对比

指标＼纤维	Lyocell 纤维	普通黏胶纤维	高湿模量黏胶纤维	美国中级棉	涤纶
干强(N/tex)	0.53~0.55	0.27~0.28	0.45~0.48	0.27~0.23	0.53~0.67
干伸(%)	14~16	20~25	13~15	7~9	44~45
湿强(N/tex)	0.47~0.51	0.12~0.19	0.26~0.28	0.34~0.4	0.53~0.67
湿伸(%)	16~18	25~30	13~15	12~14	44~45

天丝纤维与其他纤维相比较,有一个特性,某些产品在加工中会出现原纤化。所谓原纤化是指纤维表面分裂出细小的微纤维(直径 $1~4~\mu m$)。一般来讲,第一次原纤化时,产生的原纤都比较大,通常在 1 mm,甚至更长,并能缠结成球,如果不处理掉会影响穿着和观感。

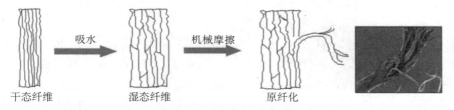

图 3-7　天丝纤维原纤化过程

天丝纤维出现原纤化现象,其整根纤维的力学性能未有明显变化,原纤化仅是单个原纤沿纤维表面纵向裂开。整理后的织物有泛白或霜白的效果;极度原纤化,纤维会纠结在一起导致外观起球。

原纤化的影响因素为:①温度:温度越高,原纤化指数越大。因此,在洗染过程中,若要防止原纤化,则需要控制温度。②pH 值:水溶液的 pH 值升高,有助于 Lyocell 纤维的溶胀,其原纤化程度就高。因此,为降低原纤化,在可能的范围内,尽可能地降低水溶液的 pH 值。③时间:织物原纤化指数与处理时间成线性关系,即处理时间增加,原纤化指数增加,而到达一定时间以后,原纤化指数增加十分缓慢。

对于牛仔服装洗水加工,如果遇到天丝织物出现原纤化情况,一般都经酶处理工序解决,应选用效果较好的酶制剂,需合理设定工艺参数,做到充分去除原纤,织物强力下降较小。如果不及时处理原纤化问题,由于面料表面原纤化的存在,可染性可能降低(染料或者助剂因为受到织物表面绒毛阻挡,无法与面料发生反应)。

另外,天丝纤维具有高膨胀性,当暴露在水中时,天丝纤维的横截面积增加50%,使织物在湿态下发硬,特别是单位面积质量较大的中厚型织物。天丝纤维织物在染整和服装加工中易产生折痕、擦伤和色斑等疵点,而且这类疵点具有较强"记忆性",都会持久地保存下来。

因此在洗染加工中要减少码货高度和减少摩擦，设备、加工液与面料相对速度也要根据实际进行控制。天丝纤维具有很多优良性能，几乎兼具再生纤维与合成纤维的优点，又避开了两类纤维的缺点。了解天丝纤维的性能特点，有利于在后加工特别是在染整加工过程中选择合适的加工工艺。

（1）力学性能：天丝短纤维属高强、高模、中伸型纤维。从力学指标看，天丝纤维的断裂强度与聚酯纤维相当；天丝纤维的湿态强度比干态强度略有下降，湿强约为黏胶纤维的 2.5 倍。

在重复拉伸中，天丝长丝弹性回复能力远远优于黏胶纤维，而耐拉伸疲劳性能优于黏胶短纤但不如黏胶长丝。另外，天丝纤维的抗弯曲疲劳性能明显优于黏胶短纤维，呈现出脆性断裂特征。

（2）化学性能：天丝纤维对强酸溶液的稳定性较差。天丝纤维在 10% H_2SO_2 溶液中浸渍 2 h，强度下降 10%～20%；当 H_2SO_2 溶液浓度大于 20% 时，纤维的强度严重受损；当浓度为 75% 时，纤维基本溶解。

天丝纤维对碱溶液的稳定性较好。在 5% NaOH 溶液中，纤维的强度下降很小。天丝纤维与棉的混纺织物能经受丝光处理。

（3）吸湿性能：天丝纤维具备 13% 的回潮率，这一指标表现优于棉和蚕丝，但相较羊毛仍稍逊一筹。在水中，天丝纤维展现出明显的膨润现象，尤其横向膨润率高达 40%，而纵向膨润率仅为 0.03%，显示出显著的各向异性特征。这种膨润特性的差异在湿加工过程中可能导致面料遇水后变得紧绷、僵硬，容易出现折痕和擦伤等瑕疵。然而，正是由于其纵向膨润率较低，天丝纤维纱线的缩水率得以控制在 0.44%，从而确保了织物在湿加工后的尺寸稳定性优于黏胶纤维织物，提供了出色的可洗穿性。天丝纤维独特的吸湿膨润现象也为织物带来了意想不到的优势。在脱水干燥后，其蓬松度显著增加，悬垂性得到增强，赋予了织物更加灵动自然的外观。此外，天丝纤维的导湿性能相较于棉纤维更为优越。当人体蒸发的汗液和热量被织物吸收后，天丝纤维能够迅速将这些湿气和热量排出，从而确保了穿着的舒适度和透气性。

（4）热学性能：天丝纤维热分解起始温度为 288.76℃，且热失重现象较轻。在常规染整加工和正常使用中，织物可能遇到的最高温度约为 180℃，天丝纤维在此温度下的干热收缩率仅为 0.54%。

（5）染色性能：天丝纤维具有出色的染色性能，能够接受多种纤维素纤维染料，如活性染料、直接染料、硫化染料和还原染料等，并实现高上染率。相较于其他染料，活性染料在印染天丝纤维时能够展现出更加优异的色彩效果和稳定性，因此在实际应用中得到了更广泛的采用。

4. 醋酯纤维

醋酯纤维是由纤维素与醋酐发生反应，生成纤维素醋酸酯，经纺丝而成的纤维，是一种半合成纤维材料，按醋酯化程度不同，分为二醋酯和三醋酯两类。纺织用纤维基本为三醋酯纤维素纤维，它是一型醋酯，不经水解，其酯化程度较高，不溶于丙酮，但能溶于三氯甲烷或二氯甲烷。三醋酯纤维干强为 0.97～1.24 cN/dtex，湿强下降很少；伸长率干态 25%，湿态 35% 左右；回潮率因酯化仅为 3.5%；染色性较差。

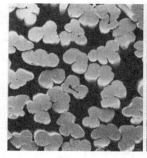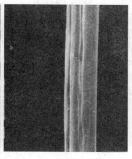

图 3-8　醋酯纤维截面(横向/纵向)　　　　图 3-9　三醋酯纤维截面(横向/纵向)

醋酯纤维横截面呈不规则凹凸,纵截面都有纵向条纹,使其横向和纵向光为漫反射,折射率为 1.48,与蚕丝相似,因此,醋酯纤维会呈现出珍珠般柔和的光泽。

(1)物理、机械性能

醋酯纤维的密度(1.33 g/cm³)比黏胶纤维(1.5 g/cm³)的要小,与涤纶纤维接近;强度是三种纤维中最低的。醋酯纤维的热稳定性较好,弹性相对较好。由于其结晶度和侧序度低,醋酯纤维的断裂强度差,在湿态时更差,但断裂伸长率高,弹性回复性明显较黏胶纤维强,类似于蚕丝,羊毛。醋酯纤维的纤维细长,而且表面光滑,容易产生静电,导致纤维之间的摩擦和粘连,形成毛球。

醋酯纤维在水中的膨胀性较低,其制成品易于洗涤,制成面料后有良好的尺寸稳定性,甚至用热水洗时几乎不会收缩。醋酯纤维耐日晒能力好,超过锦纶、黏胶纤维及棉纤维,受热时先软化变形,后缓缓燃烧,并有助燃性。

(2)化学性能

醋酯纤维对弱碱性碱剂非常稳定,纤维失重率很小,加工含醋酯纤维的产品,工作液 pH 值不宜超过 7.0。醋酯纤维的耐酸稳定性较好,常见的硫酸、盐酸、硝酸在一定浓度的范围内对纤维的强力、光泽和伸长等都不会造成影响,但是可以溶解于浓硫酸、浓盐酸、浓硝酸。

在标准洗涤条件下,醋酯纤维具有很强的抗氯漂白性能。醋酯纤维在丙酮、DMF、冰醋酸中完全溶解,而在乙醇和四氯乙烯中则不溶解,因此醋酯纤维产品可用四氯乙烯进行干洗。

(3)染色性

醋酯纤维虽然属于再生纤维素纤维,但是在酯化过程中,纤维素葡萄糖环上的极性羟基很大一部分被乙酰基取代成酯。因此,纤维素纤维染色常用的染料对醋酯纤维几乎没有亲和力,难以上染。最适合醋酯纤维用的染料是低分子量且染色上染速率相近的分散染料。用分散染料染出的醋酯纤维或织物色泽鲜艳亮丽,匀染效果好,染料吸尽率高,色牢度也高,而且色谱齐全。

三、合成纤维

合成纤维是将人工合成的、具有适宜分子量并具有可溶(或可熔)性的线型聚合物,经纺丝成形和后处理而制得的化学纤维。这些聚合物原料主要来源于石油等化工原料,通过加聚反应或缩聚反应合成得到。普通的合成纤维主要是指传统的六大纶,即涤纶、锦纶、腈纶、丙纶、维纶和氯纶,其命名以化学组成为主,并形成学名及缩写代码;商用命名为辅,形成商品名或俗名。我国以"纶"命名表示化纤,属商品名。涤纶和维纶是国外商品名的谐音;锦纶是因中国最早生产地在锦州得名;腈纶、丙纶和氯纶均以其化学组成得名。

1. 涤纶纤维

涤纶(Polyester)的基本结构是聚对苯二甲酸乙二酯,是由对苯二甲酸和乙二醇缩合而成,也称为聚酯纤维(PET)。在一般光学显微镜下观察,普通涤纶的纵向为光滑、均匀、无条痕的圆柱体,横截面为圆形。

图 3-10　涤纶纤维截面形态(横向/纵向)

涤纶的大分子链上不含亲水性基团,因此它吸湿性很差,回潮率为 0.4%,干态和湿态的强度比较接近,无明显差异。由于其吸湿能力弱,因此容易产生静电,容易沾污、吸油、吸尘,大量加工或者有大量纤维粉尘时应注意产生静电火花带来的生产安全隐患。涤纶耐碱性较差,耐酸性强,对无机酸和有机酸均有很好的稳定性。涤纶染色性能差,常规的染料(如活性、还原染料等)不适用于涤纶纤维,一般多用高温高压、热熔法及载体染色法。

涤纶的强度仅次于锦纶,弹性也很好,织物不易起皱,具有"洗可穿"特点。但是涤纶因为具有表面光滑、纤维强力高、纤维抗弯曲能力强等特点,其制品容易产生起毛起球问题,影响产品外观。如果牛仔面料中含有涤纶纤维,在进行碱性加工时,要控制工艺,防止涤纶纤维酯键的水解作用,降低面料强力。

2. 锦纶(PA)

锦纶(Polyamide,也称为尼龙,Nylon),是我国聚酰胺纤维的商品名,它是以酰胺键(—CONH—)与若干亚甲基连接而成的线型结构高聚物。市场上有锦纶6、锦纶66、锦纶11、锦纶610,其中最主要的品种是锦纶6和锦纶66。锦纶的形态结构与普通涤纶相似,在显微镜下观察,纵向光滑,横截面接近圆形。

各种锦纶的性质不完全相同,共同的特点是大分子主链上都有酰胺键(—CONH—),能够吸附水分子,可以形成结晶结构,耐磨性能极为优良,都是优良的服用纤维。锦纶具有如下主要性能。

(1)强力、耐磨性好,居所有纤维之首。锦纶的强度是合成纤维中最高的、回弹性好,伸长为 10% 时的弹性回复率达 90% 以上,初始模量低,小负荷下容易变形。耐磨性最好,约为棉的 10 倍,为羊毛的 20 倍,湿态下为黏

图 3-11　锦纶纤维截面形态(横向/纵向)

胶纤维的 140 倍。

（2）锦纶织物的弹性及弹性回复性能极好，但易变形，故易产生折皱。

（3）吸湿能力差，回潮率 4%，比涤纶好，但是也易产生静电。

（4）对酸不稳定，对浓强无机酸特别敏感，酸可催化酰胺键（—CONH）水解，耐碱性好。锦纶耐碱不耐酸，95℃下用 10% 的 NaOH 溶液处理 16 h，强度基本不受损失。在各种浓酸中会溶解，59% 的硫酸和热的甲酸、乙酸可将锦纶溶解，15% 和 20% 的盐酸可分别溶解锦纶 6 和锦纶 66。

（5）耐氧化性差，加工时注意氧化剂使用和工艺控制（如双氧水、次氯酸钠、高锰酸钾），其耐还原性好。

（6）耐热、耐光性都不够好，长期暴露在日光下其纤维会变黄和发脆。锦纶耐热性差，遇热会发生收缩，其沸水收缩率高达 11.5%；150℃的高温下保持 50h，纤维会变黄，失去使用价值。

（7）对各种有机溶剂不稳定。

（8）锦纶吸湿性和染色性都比涤纶好，可以使用酸性染料、阳离子染料和分散染料染色。

同等情况下，锦纶 66 比锦纶 6 手感更柔软，耐热性更佳，染色率比锦纶 6 低。

四、功能性纤维

功能纤维是满足某种特殊要求和用途的纤维，即纤维具有某特定物理和化学性质。功能指承载、隔离、过滤、造型、耐久、舒适、导通、屏蔽、防高能辐射、高性能、生物兼容、自适应、智能等，不仅可以被动适应与承受，甚至可以主动响应和记忆，后者被称为智能纤维。

在功能性纤维家族中，牛仔服装面料应用最多的是弹性纤维。弹性纤维是具有 400%~700% 的断裂伸长率、近乎 100% 的弹性回复率、低模量的纤维。弹性纤维分为橡胶弹性纤维和聚氨酯弹性纤维。橡胶弹性纤维由橡胶乳液纺丝或橡胶膜切割制得，为单丝，弹性回复能力极优。聚氨酯弹性纤维是以聚氨基甲酸酯为主要成分的嵌段共聚物制成的纤维，我国简称氨纶。

氨纶（Elastane Fiber，Polyurethane，缩写 PU）又叫聚氨酯弹性纤维，国际上也叫 Spendex，商品名称有莱克拉、莱卡（Lycra，美国、英国、荷兰、加拿大、巴西）、尼奥纶（Neolon，日本）、多拉斯坦（Dorlastan，德国）等。氨纶是弹性织物的重要纺织原料之一，不但广泛用于纺织工业，也可作为功能材料用于医疗领域。氨纶一般不单独使用，可采用裸丝的形式做纺织原料，也可将其裸丝加工成包芯纱、包覆纱、合捻线等。

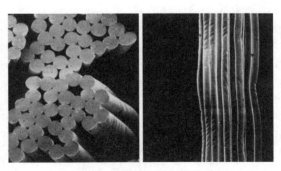

图 3-12　氨纶纤维截面形态（横向/纵向）

氨纶的熔点约为 250℃，软化温度为 175℃，优于橡胶丝，在化学纤维中属耐热性较好的，但不同品种的氨纶的耐热性差异较大。目前国产氨纶在 150℃以上时，纤维变黄、发黏、强度下降。由于氨纶多以包芯纱或包覆纱的状态存在于织物中,因此在热定形过程中可采用较高温度(180~190℃),但处理时间需要根据实际控制,一般不能超过40s。进口的氨纶耐热性略高,一般为170℃左右。因为不同品种的氨纶的耐热性差异较大,生产前必须做好测试。

氨纶弹性伸长大于400%,形变回复率比锦纶弹力丝高,属于目前纺织纤维弹性和回复性能最好的材料。近年来随着消费者对牛仔服装舒适度的要求越来越高,男装、女装和童装牛仔服装都加入了氨纶为其原料。

氨纶在耐化学药品性能方面,其对一般化学药品具有一定的抵抗性,如果其柔性链段是酯结构,则对碱敏感;若为醚结构,则对氯较为敏感。因此在退浆洗和漂洗过程,要注意其化学结构不一致带来的加工工艺差异,避免出现氨纶断裂的质量问题。目前市场上有抗氯的氨纶,在选材时可以根据实际进行考虑。

氨纶的吸湿率为0.3%~1.3%,吸湿率的大小主要取决于纤维原料的配方及组成。染色性能较好,染色加工主要采用分散染料、酸性染料和少量的活性染料。另外,氨纶的耐疲劳性好,还具有良好的耐气候性。

除以上所介绍的纤维外,一些高档的牛仔面料会加入一定量的羊毛或蚕丝,部分产品为增加其功能性,会使用一些特殊功能材料,如导汗牛仔面料会使用丙纶或者异形截面涤纶纤维,一些耐磨牛仔面料使用碳纤维等,还有一些牛仔面料会加入玉石纤维、珍珠纤维等材料。随着牛仔服装的时装化和功能化,将有越来越多的纤维会被应用,加工者应根据其性质特点进行工艺安排。

子任务二　认识常见牛仔服装面料

一、牛仔布含义

1. 经典牛仔布

蓝色粗支斜纹织物,以纯棉纱线为原料,经纱采用靛蓝染色,纬纱保持本色,通过三上一下右斜纹组织交织而成。

2. 广义牛仔布

泛指由一种或两种以上颜色的纱线织造而成的牛仔布,纱线以靛蓝还原染料或硫化染料染色为主(通过浆染联合机、球经染色机完成)。经纱通常为单一颜色,纬纱可为任意颜色或白色。纱线原材料涵盖纯棉、涤棉、棉氨纶、棉黏纤、棉麻等混纺材质,形成多样化风格,其核心特征为"环染"特性,洗水后易褪色,适配各类洗水工艺。

3. 仿牛仔布

指采用非传统牛仔布生产工艺(如匹染、数码印花等),通过后整理模仿牛仔风格的面料。例如,涤纶匹染牛仔布、棉质仿旧打底牛仔布等。

4. 针织牛仔布

指以针织织造工艺为基础,结合机织牛仔布染色技术加工而成的具有牛仔风格的面料。近年来,其市场份额逐年扩大。

二、常见牛仔面料分类

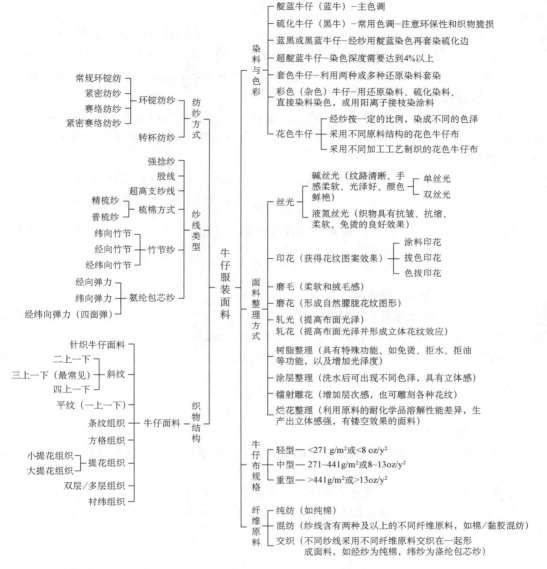

实验1 洗水加工前来样分析（来样分析内容与材质分析）

实验2 洗水加工前来样分析（面料参数分析）

实验3 洗水加工前来样分析（工艺参数分析）

牛仔服装面料

染料与色彩
- 染料
  - 靛蓝牛仔（蓝牛）-主色调
  - 硫化牛仔（黑牛）-常用色调-注意环保性和织物脆损
  - 蓝黑或黑蓝牛仔-经纱用靛蓝染色再套染硫化边
  - 超靛蓝牛仔-染色深度需要达到4%以上
  - 套色牛仔-利用两种或多种还原染料套染
  - 彩色（杂色）牛仔-用还原染料、硫化染料、直接染料染色，或用阳离子接枝染涂料
- 花色牛仔
  - 经纱按一定的比例，染成不同的色泽
  - 采用不同原料结构的花色牛仔布
  - 采用不同加工工艺制织的花色牛仔布

纺纱方式
- 环锭纺纱
  - 常规环锭纺
  - 紧密纺纱
  - 赛络纺纱
  - 紧密赛络纺纱
- 转杯纺纱

纱线类型
- 强捻纱
- 股线
- 超高支纱线
- 梳棉方式
  - 精梳纱
  - 普梳纱
- 竹节纱
  - 纬向竹节
  - 经向竹节
  - 经纬向竹节
- 氨纶包芯纱
  - 经向弹力
  - 纬向弹力
  - 经纬向弹力（四面弹）

面料整理方式
- 丝光
  - 碱丝光（纹路清晰、手感柔软、光泽好、颜色鲜艳）
    - 单丝光
    - 双丝光
  - 液氮丝光（织物具有抗皱、抗缩、柔软、免烫的良好效果）
- 印花（获得花纹图案效果）
  - 涂料印花
  - 拔色印花
  - 色拔印花
- 磨毛（柔软和绒毛感）
- 磨花（形成自然朦胧花纹图形）
- 轧光（提高布面光泽）
- 轧花（提高布面光泽并形成立体花纹效应）
- 树脂整理（具有特殊功能、如免烫、拒水、拒油等功能，以及增加光泽度）
- 涂层整理（洗水后可出现不同色泽，具有立体感）
- 镭射雕花（增加层次感，也可雕刻各种花纹）
- 烂花整理（利用原料的耐化学品溶解性能差异，生产出立体感强，有镂空效果的面料）

织物结构
- 针织牛仔面料
- 牛仔面料
  - 斜纹
    - 二上一下
    - 三上一下（最常见）
    - 四上一下
  - 平纹（一上一下）
  - 条纹组织
  - 方格组织
  - 提花组织
    - 小提花组织
    - 大提花组织
  - 双层/多层组织
  - 衬纬组织

牛仔布规格
- 轻型— <271 g/m² 或<8 oz/y²
- 中型— 271~441g/m² 或8~13oz/y²
- 重型— >441g/m² 或13oz/y²

纤维原料
- 纯纺（如纯棉）
- 混纺（纱线含有两种及以上的不同纤维原料，如棉/黏胶混纺）
- 交织（不同纱线采用不同纤维原料交织在一起形成面料，如经纱为纯棉，纬纱为涤纶包芯纱）

三、牛仔面料常规计算

1. 纱线细度指标转换

$$N_{tex} \times N_m = 1000 \qquad (3-1)$$

$$N_{den} \times N_m = 9000 \qquad (3-2)$$

$$N_{den} = 9N_{tex} \qquad (3-3)$$

$$N_{tex} \times N_e = 583.1（纯棉纱） \qquad (3-4)$$

$$N_{tex} \times N_e = 590.5 (纯化纤纱) \tag{3-5}$$

其中：N_{tex}：特数制纱线细度指标，指在公定回潮率下，1000 米长的纱线所具有的质量克数；

N_{den}：旦数制纱线细度指标，指在公定回潮率下，9000 米长的纱线所具有的质量克数；

N_m：公制支数纱线细度指标，指在公定回潮率下，单位质量（克）的纱线所具有的长度（米）；

N_e：英制支数纱线细度指标，指一磅公定质量的纱线所具有的长度为 840 码的倍数。

2. 股线细度转换

（1）单纱用特数表示时，股线细度表示为：①$N_{tex} \times n$（n 根特数相同的单纱组成的股线），如 28×2（数值相当于 56tex）；②$N_{tex1} + N_{tex2} + \cdots$（n 根特数不同的单纱组成的股线），如 $28 + 36$（数值相当于 64tex）。

（2）单纱公（英）制支数表示时，股线表示为：①$N_m(N_e)/n$（n 根支数相同的单纱组成的股线），如 $32/3$（数值相当于 10.7 公支）、$45^s/3$（数值相当于 15^s）；②$N_{m1}(N_{e1})/N_{m2}(N_{e2})/\cdots$（n 根支数不同的单纱组成的股线），数值相当于 $\dfrac{1}{\dfrac{1}{N_1} + \dfrac{1}{N_2} + \cdots}$，如 24 s/16 s/12 s（数值相当于 6 s）。

3. 牛仔织物经纬密度转换

机织牛仔面料的经纬密度按照相关标准，国标使用每 10 厘米内经纱或者纬纱的根数表示，英制单位则使用每英寸内经纱或者纬纱的根数进行表示。

国标转英制：
$$P_g = 3.937 P_e \tag{3-6}$$

英制转国标：
$$P_e = 0.254 P_g \tag{3-7}$$

注：1 英寸＝2.54 厘米，计算结果只保留 1 位小数。

4. 面密度转换

牛仔面料的面密度在市场上常用公定回潮率下公制单位面积质量和英制单位面积质量表示。

牛仔布单位面积质量可以通过圆盘取样器裁取样品或者在面料中剪裁出 10 cm×10 cm 的正方形面料进行称重。样品面积为 100 cm²，质量为 M（g），则有：$W_m = 100M$（即电子天平显示数字乘以 100）

$$W_e = 2.95M \tag{3-8}$$
$$W_m = 33.91 W_e \tag{3-9}$$

式中：W_m——公制单位面积质量，g/m²；W_e——英制单位面积质量，oz/y²；M——100 cm² 样品的质量，g。

【例】 圆盘取样器取样 100 cm² 面料，显示为 $M = 3.00$ g，则面料公制单位面积质量 $W_m = 100M = 3.00 \times 100 = 300$ g/m²；英制单位面积质量 $W_e = 2.95M = 2.95 \times 3.00 = 8.85$ oz/y²

注：1 码＝0.9144 米，1 盎司＝28.35 克。

面密度测量前请确认面料上面已经退浆，否则测量结果无实际意义。在实际交易中，牛仔面料常用英制面密度表示规格，单位为 oz/y^2。

任务三　认识牛仔洗水常用设备

牛仔成衣洗水加工企业分区一般分为六个部分：进货验货分色区、打板与洗水区、脱水区、艺术加工区、干衣验货区、仓库与出货区。牛仔成衣洗水加工企业的分区及其涉及的设备，通常是为了高效、有序地完成从原料到成品的整个加工流程。

子任务一　认识洗脱烘设备

牛仔服洗水车间的三大设备基本配置为洗水机、脱水机和烘干机，三者协同完成牛仔服从清洗到成品的全流程加工。洗水机负责完成退浆、酵素洗、漂洗、套色、加软等工艺；脱水机是通过离心力将衣物含水率从 80% 降至 30%~40%；烘干机主要采用热风穿透技术，将织物含水率降至 8% 以下。

一、洗水、染色设备

1. 新型节能洗水机（卧式）

卧式洗水机作为牛仔服装的传统洗涤设备，具有价格低廉和适用广泛的优势。它能够应对多种常见的洗水工艺，并且允许操作人员在洗涤过程中随时停机检查加工效果。这种设备对操作技巧的要求较低，通常意味着劳动强度较大，同时其安全性能也有待提升。由于卧式洗水机的构造特点，它没有配备脱水功能，因此在完成洗涤后，工人需要弯腰从设备中捞出带有水分的牛仔服装。因此，操作人员在工作时必须穿着围裙和防滑橡胶鞋以确保安全，设备底部还需设置水槽，工作区域也需要设计成斜面并配备排水管道以便于排放废水。

生产1牛仔成衣洗水设备

生产2成衣洗水设备（卧式洗水机）

传统的卧式洗水机通常具有较高的浴比，一般在 1∶15 以上，并且缺乏自动控制功能。因此，国内的一些设备加工厂已经着手进行新型设备的研发和改进。相较于传统的卧式洗水机，国产新型节能洗水机在设计和性能上有了显著的提升。新型设备通过优化内笼结构（增大壁厚、提升加工精度），将内笼外壁与机壳的间隙缩小至 3~5 mm，使浴比降至≤1∶8。

依据《广东省牛仔洗漂行业设备升级技术规范》，新型洗水机需满足智能化与环保要求：第一，自动化控制：集成温控系统（精度±1℃）与液位传感器，实现水位、温度自动调节；设备触摸屏支持工艺参数（时间/转速/温度）预设与存储。第二，节能设计：热能回收装置（回收率≥30%）降低蒸汽消耗；同时智能供水系统按需调配水量，节水率提升40%。第三，安全防护：配备急停按钮与故障自诊断系统和防滑操作台与过载保护装置。还需要配备自动进水和排水功能。洗水加工工艺的程序可以通过机器的电子操作面板进行输入，从而实现洗涤过程的自动化控制。此外，为了满足清洁生产和能耗控制的要求，新型设备还配备了能耗（电/蒸汽）、进水和排水量的监测和控制系统，以确保生产过程的高效和环保。

图 3-13　牛仔成衣卧式洗水机

图 3-14　牛仔成衣洗脱一体机

生产 3 成衣
洗水设备
（立式洗脱
一体机）

2. 立式一体洗水机

立式一体洗水机是集洗脱功能于一体的智能化设备,采用全密闭结构设计,是牛仔洗水行业设备升级的核心方向。其核心优势与技术特点如下:

(1)智能控制系统:电脑面板控制,操作简单,可以存储大量生产工艺,清晰的运行参数曲线,通过组合,可以更快速地适应各种类型的产品生产,减少人为操作的随意性,提高生产的精准性。可实现生产数据收集,能观察到生产能耗之间的关系。

(2)节水设计:浴比为 1∶2～1∶8,较传统机器更节水、节能,减少化学品的使用,减少 COD 的产生;部分有多种进水和排水管道装置,有效提高回用水的使用,降低生产成本。

(3)洗脱一体化:直接省去工人每道工序将带工作液的牛仔成衣从设备中取出送去脱水机,再将脱水后成衣重新放进洗水机进行下一道工序,减少物流时间,减少脱水机配置数量,提升车间空间和降低工人劳动强度,同时有效解决洗水车间地面积水问题,改善工作环境和安全。设备为密闭性操作,能有效防止热能散失,提高升温速度,节能高效。

(4)人机工程优化:部分新型设备还带液压自动倾倒衣服功能,降低工人劳动强度。

(5)数字化互联:升级版的一体机设备系统支持远程在线技术支持,利用中控系统可以与实验室、生产部、染料库、助剂库实现网络数据传输,并与测配色、滴液机、小样机、染料助剂自动称量输送落料系统进行无缝连接。

表 3-2　低浴比洗水设备与传统卧式洗水设备对比

项目	低浴比洗水设备	传统卧式洗水设备
浴比	1∶5～1∶8	1∶18～1∶20
用水量[吨/(机·天)]	56	120
用水成本[万元/(年·机)] 注:10 元/t(含水处理)	3.6	16.8
蒸汽消耗[吨/(机·天)]	0.6	1.2
蒸汽成本[万元/(年·机)] 注:蒸汽费 350 元/t	6.3	12.6
助剂消耗量	60%	100%

💡 **小知识**

∨　COD(Chemical Oxygen Demand)化学需氧量,是以化学方法测量水样中需要被氧化的还原性物质的量。它是指在一定的条件下,采用一定的强氧化剂处理水样时,所消耗的氧化剂量;是表示水中还原性物质多少的一个指标。水中的还原性物质有各种有机物、亚硝酸盐、硫化物、亚铁盐等,但主要的是有机物。因此,化学需氧量(COD)又往往作为衡量水中有机物质含量的指标。若河流中 COD 含量偏高,会使得水体中的溶解氧大量被消耗,从而引起水体中厌氧细菌的大量繁殖,最终导致水体发臭和水环境恶化。因此 COD 值越大,表示水体受污染越严重。化学需氧量(COD)的测定,随着测定水样中还原性物质以及测定方法的不同,其测定值也有不同。

授课 13 化学需氧量 COD

在饮用水的标准中,Ⅰ类和Ⅱ类水 COD≤15 mg/L、Ⅲ类水 COD≤20 mg/L、Ⅳ类水 COD≤30 mg/L、Ⅴ类水 COD≤40 mg/L。

∨　BOD(Biochemical Oxygen Demand)生化需氧量又称生化耗氧量,是水体中的好氧微生物在一定温度下将水中有机物分解成无机质,这一特定时间内的氧化过程中所需要的溶解氧量,是表示水中有机物等需氧污染物质含量的一个综合指标。生化需氧量是重要的水质污染参数。废水、废水处理厂出水和受污染的水中,微生物利用有机物生长繁殖时需要的氧量,是可降解(可以为微生物利用的)有机物的氧当量。

授课 14 生化需氧量 BOD

我国污水综合排放标准规定,在工厂排出口,废水的 BOD 二级标准的最高容许浓度为 60 mg/L,地面水的 BOD 不得超过 4 毫克/升。城镇污水处理厂:一级 A 标准 10 mg/L,一级 B 标准 20 mg/L,二级标准 30 mg/L,三级标准 60 mg/L。

卧式设备与立式一体机设备相比较,卧式设备价格较低,加工量较小,浴比较大,生产现场存在积水情况,对操作员的体力要求高,一般适用于单量小的订单;立式一体机单机价格较高,容量大,最小浴比可以做到1:2.5,对操作员的技术要求与体力要求低,生产现场整洁,设备安全系数高,质量稳定性高。

随着洗水设备不断升级,产业大部分从传统的卧式设备向立式设备转换,并在立式设备上进行各种升级和增加各种功能,如对设备内胆进行改良,改为波浪式内胆,通过增加挡板实现既能增加接触面积,也能有效防止回染,直接降低防染剂的使用量;又如一些改良设备将水流方式改良为无泵水循环系统,大大降低水、电和化学药剂的使用量。另外还有部分设备为具有可持续性发展空间,预留了与等离子臭氧发生器和纳米喷雾系统的接口。

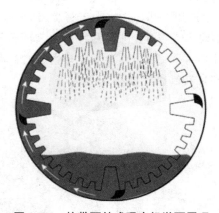

图 3-15　热带雨林式吸水机淋雨原理

表 3-3　各种洗水设备节水能力比较

	立式洗水机	喷射式洗水机	热带雨林洗水机
浴比	1:5	1:3	1:2
工艺限制	无	有限制	无
化工助剂节省	无	10%	30%～40%
时间节省	无	10%	30%～50%
浮石节省	无	—	30%～50%
产能	无	—	>30%

　　随着牛仔服装洗水技术不断升级,低浴比洗水机凭借其独特的设计和技术创新,展现出显著的优点:①节能减排,实现成本优化。低浴比洗水机通过高效的设计和优化的操作模式,显著降低了能耗、水耗及污染物排放。这种设备从源头上实现的节能减排,有效降低了生产成本,为企业带来了经济效益和环保效益的双重提升。②优化生产环境,降低人工负担。该设备革新了传统洗水机的操作模式,配备自动加料控制系统与自动翻转取衣系统。智能化操作大幅减少了粉尘生成,并改善了车间环境。同时,自动化功能显著减轻了工人劳动强度,提升了工作便捷性与舒适度。③缩短工艺流程,提高生产效率。部分低浴比洗水机集成智能化生产管控系统,通过中央控制系统集中管理工艺流程、pH 值监测、温度控制及加料系统。其精准的染料助剂投放与流程优化,不仅确保了产品质量稳定,还将工艺时长缩短30%～50%,显著提升了生产效率与企业市场竞争力。

3. 成衣染色设备

　　牛仔成衣洗水根据产品风格需要,部分深色牛仔服装需要进行怀旧套色处理,或者白色牛仔服装需要制作成彩色产品。需要使用成衣染色设备。目前成衣染色设备为了满足环保节能的需要,都在技术上进行提升,如精确的液位智能控制、精确的温度智能控制、pH 显示及自动调节功能,机器上装备可调转速等,浴比均低于印染行业提出的 1:8 的要求,实现低浴比(1:2～1:6);为了提升生产的自动化程度和降低劳动强度,新的设备还配备了自动脱水和翻转卸载功能系统等。

生产 4 雾化
设备成衣染

生产 5 泡沫
设备成衣染

图 3-16　成衣染色设备和彩色牛仔裤

二、脱水设备

1. 离心式脱水机

成衣经洗水或染色后需通过脱水工序降低水分含量,以减少后续干衣机能耗。传统离心式脱水机因操作简便、安全性高、占地面积小且不污染衣物等特点被广泛应用,其过滤式间歇操作模式可通过离合器灵活启停,常规状态下脱水量可达 75% 以上。

然而该设备仍存在显著缺陷:人工装卸衣物的体力劳动强度偏大,且为保障生产安全需加装顶盖。尤其针对含涤纶纤维的牛仔服装,脱水率过高(超过 75%)易导致涤纶纤维收缩不均,形成明显皱条,烘干后织物手感粗糙干硬。若脱水率不足则需延长烘干时间,面料摩擦加剧易引发氧化色变(俗称"泛蓝"),同时含湿量差异会造成织物缩水率不一致,影响其尺寸稳定性。因此规模化生产前,需严格记录样板脱水参数(转速、时间与含水率关系),并根据实际生产情况动态调整工艺参数,以确保成衣质量稳定达标。

图 3-17　传统离心式脱水机

图 3-18　带盖离心式脱水机

2. 吊篮式脱水机

吊篮式脱水机是对传统离心式脱水机的升级改进,其核心目标是解决牛仔洗水后脱水环节的重复体力劳动问题。传统工艺中,操作人员需将洗水设备中带有大量水分的成衣从推车取出,再手动投入脱水机,流程繁琐且劳动强度高。为此,吊篮式脱水机通过结构改造与自动化设计实现效率提升:首先,设备内胆加装可移动底轮形成脱水篮(车),成衣洗涤完成后可直接推入篮内,省去二次搬运环节;其次,采用行车吊装系统,工人只需将整篮成衣吊运至脱水机固定位置,一键启动后设备自动封闭运行,全程无需人工开盖干预。

技术优势方面,该设备显著缩短单次装卸时间达 60%,人力成本降低 40%,且运行期间机盖自动锁定,彻底杜绝误操作风险。其兼容性强,可适配棉、涤纶等不同纤维材质的脱水需求,尤其针对含涤纶牛仔服装,通过优化脱水率控制(建议≤70%),有效避免涤纶纤维收缩不均导致的皱条问题,同时减少面料摩擦引发的氧化色变。生产实践中,建议提前记录不同面料的脱水参数(转速、时间与含水率关系),以便在大货生产中动态调整工艺,确保成衣尺寸稳定性与质量达标。

图 3-19 轨道吊篮式脱水机

生产 8 成衣
烘干设备

三、烘干设备

1. 烘干机

烘干机普遍采用滚筒式设计,其风量与温度可调范围广,既能保证高效干燥又避免衣物损伤。内槽为回转式结构,通过优化气流循环显著降低布质色泽损伤率,排风系统设计合理,残留污渍可通过前部底部检修门便捷清理。

当前成衣烘干机正向自动化与节能化方向升级。新型设备集成多种节能技术,如热交换器预热冷凝水回收系统、变频调速风机及智能控制面板。其热交换效率提升30%,蒸汽消耗减少25%,烘干时间缩短20%。设备采用侧面进风设计,气流分布均匀且易于清洁;预设的智能烘干程序可通过触控屏直接调用,实现工艺参数一键输入与自动执行。此外,新型烘干机通过改进热风输送路径(如直通内筒的离心风机),避免了传统设备抽湿风机外排热风造成的能源浪费,综合节能效果达40%以上。

烘干机的分类与装载规范:

烘干机可分为蒸汽、导热油、电力、天然气和柴油等多种能源加热。目前,服装水洗厂主要采用蒸汽式热源加热烘干机。

烘干机的每次烘干容量应根据产品厚度、长度等适当安排,一般建议填充内胆容积的三分之一(常规产品)到二分之一(短裤产品)左右。此装载标准既能确保衣物充分舒展、均匀受热,又能通过适度摩擦提升牛仔服装的骨位挺括度与蓬松感。

冷风处理的关键作用:烘干完成后必须进行充分冷风处理。湿热环境促使纤维分子链释放加工应力并形成交联结构,但其初期结构不稳定。冷风处理通过急速降温固定交联形态,显著提升尺寸稳定性。同时,冷空气深入纤维间隙,不仅去除残留水分,还能通过物理揉搓改善面料手感,使其更柔软蓬松。

烘干机在日常维护中需要定期进行设备抽风口和废气收集管道清洁工作,防止积尘引起设备过热,或者由于粉尘集聚引起静电放电或者其他安全事故。

图 3-20　成衣烘干机和带自动装卸功能的成衣烘干机

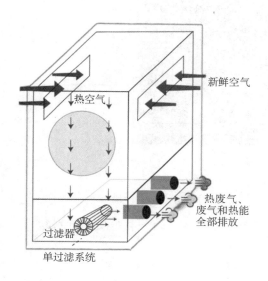

图 3-21　传统成衣烘干机烘干原理

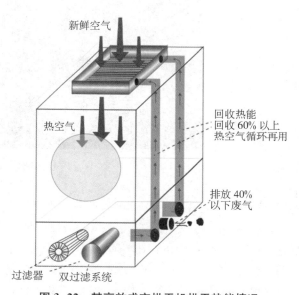

图 3-22　某高效成衣烘干机烘干热能情况

2. 快速吹裤机

快速干板机是样品调色工序中快速吹干设备。一般的吹板机上装有两个热风筒和一个冷风筒。热风吹板时，由于急剧升温，会引起染料色泽的改变，必须经强力吹冷风，使其冷却，还原染料本来的色泽。

3. 吊挂干衣系统

安装于车间顶部及烘干机上部的服装吊挂干衣系统，充分利用了车间内热空气自然上升的原理，实现了晾干式干燥服装的效果，在节能方面表现出色，有效降低了生产成本。牛仔服装水洗后成品挂干的主要作用包括：

（1）防回染：防止已洗掉的染料重新沾染到面料上，保持

图 3-23　快速吹裤机

生产9成衣吊挂晾干设备

洗涤效果。

（2）控缩率：通过合理的挂干方式控制面料的缩水率，保持服装尺寸的稳定性。

（3）节能耗：相比其他干燥方式，挂干能在一定程度上减少能源消耗。

（4）保持色彩鲜艳：挂干有助于均匀干燥，减少因高温烘干可能导致的色彩褪色。

（5）形状保持：通过自然重力作用，帮助服装保持其原有的形状和轮廓。

（6）减少皱褶：挂干过程中，面料自然下垂，有助于减少因折叠或卷曲而产生的皱褶。

在安装和使用吊挂干衣系统时，上货处和卸货处的设置尤为重要。为了确保操作人员的安全和提高工作效率，这些位置通常被设定在与操作人员高度接近的区域。这样，操作人员可以方便地进行服装的挂载和卸载操作。同时，为了进一步强化安全管理，避免可能的安全事故，应在上货处和卸货处设置明显的安全警示标记。

图 3-24　吊挂干衣系统

授课 15 挥发性有机化合物 VOCs

💡 **小知识**

✓　VOCs（volatile organic compounds）挥发性有机化合物是指活泼的一类挥发性有机物，即会产生危害的一类挥发性有机物。

美国 ASTM D3960—98 标准将 VOCs 定义为任何能参加大气光化学反应的有机化合物。美国联邦环保署（EPA）定义：挥发性有机化合物是除 CO、CO_2、H_2CO_3、金属碳化物、金属碳酸盐和碳酸铵外，任何参加大气光化学反应的碳化合物。

世界卫生组织（WHO，1989）对总挥发性有机化合物（TVOC）的定义为，熔点低于室温而沸点在 $50\sim260℃$ 之间的挥发性有机化合物的总称。

挥发性有机物是大气中分布广泛且种类繁多的第二大污染物，仅次于颗粒物。其带来的危害主要体现在以下三个方面：

首先，部分挥发性有机物具有显著的毒性和潜在的致癌性，对人体健康构成严重威胁。它们所释放的毒性、刺激性以及特殊气味，常常导致人体出现各种不适反应。当浓度超出安全标准时，人们可能会感到四肢无力、头痛、恶心等，甚至可能引发记忆力减退、抽搐和昏迷等严重健康问题。长期接触这些有害物质还可能增加患癌症（如肺癌、白血病）的风险，对个体的神经系统、肝脏和肾脏等器官造成不良影响。

其次，VOCs 参与大气环境中臭氧和二次气溶胶的形成，其对区域性大气臭氧污染、$PM_{2.5}$ 污染具有重要的影响。特别是苯、甲苯及甲醛等对人体健康会造成很大的伤害，是导致城市灰霾和光化学烟雾的重要前体物。

最后,挥发性有机物还对气候变化产生着影响。虽然大多数 VOCs 并不直接改变环境温度,但它们与大气中的其他成分相互作用,可能间接影响气候系统。这种影响虽然相对复杂且不易察觉,但长期累积下来,仍可能对全球气候产生不可忽视的作用。

随着我国工业化、城镇化进程的加快,挥发性有机物(VOCs)的排放逐渐增加,已成为我国主要大气污染物之一。为贯彻《中华人民共和国环境保护法》《中华人民共和国大气污染防治法》等法律法规,防治环境污染,保障生态安全和人体健康,促进挥发性有机物(VOCs)污染防治技术进步,2013 年 5 月 24 日,生态环境部发布公告 2013 年第 31 号《挥发性有机物(VOCs)污染防治技术政策》。

子任务二 认识牛仔服装艺术加工设备

一、马骝设备

1. 马骝机

马骝机适用于牛仔服装怀旧处理。其中,卧式马骝机主要用于手擦、手抹(毛巾扫、刷子扫),立式马骝机配合高压喷枪,用于喷马骝加工,还可根据需要将胶衣骨架更换为胶裤骨架。

图 3-25 卧式手擦马骝机　　图 3-26 喷马骝水帘装置

图 3-27 牛仔裤喷马骝后效果(圆圈部位为重点喷射位置)

生产10喷马骝加工设备(手喷马骝和水帘装置)

2. 立式喷马骝水帘装置

牛仔成衣的染料破坏加工(俗称"喷马骝")需采用高压喷枪喷射高锰酸钾工作液。由于加工过程中会产生大量雾化高锰酸钾液滴,设备必须配备水帘式大容量抽风装置,使工作区域形成负压气流,避免粉尘扩散而影响操作人员健康。抽风系统需集成粉尘、雾气及异味三重收集功能,并通过排风管道与除尘除味VOCs处理塔相连,确保废气经水帘过滤后循环使用,符合环保排放标准。

根据广东省《牛仔服装清洁生产车间建设规范》,喷马骝加工区需设置为独立密闭空间,并配置二级空气净化系统:初级过滤网拦截大颗粒粉尘,二级活性炭吸附装置处理挥发性有机物(VOCs)。该设计可有效防止加工液滴或异味无组织排放,保障车间内外空气质量。

近年来,数字化全自动喷马骝机器人逐步替代了传统人工操作。此类设备通过三维激光扫描仪实时采集衣物轮廓数据,结合AI工艺算法自动生成喷枪运动轨迹,实现以下升级:

(1)精准控制:喷枪雾化颗粒直径可精确至50 μm,确保染料破坏效果均匀一致。

(2)智能除尘:内置脉冲反吹系统,定时清理喷枪喷嘴及管道积灰,维护效率提升了70%。

(3)绿色生产:配备高效过滤器,粉尘回收率≥95%,VOCs去除率达90%以上。

(4)人机协作:支持安全光栅与急停联锁,工人可在监控界面远程调整工艺参数。

二、手擦设备

根据订单需求,部分牛仔成衣需通过砂纸或碳素纤维轮对面料进行物理打磨,以形成猫须纹理或局部渐变褪色效果。该工艺会产生大量纤维粉尘,需配置大抽风除尘装置(建议风量≥1500 m³/h),并在抽风机后加装防逆流叶片,防止未经处理的废气通过其他工位回流而污染环境。目前行业主要采用手工操作和自动机械人操作两种操作模式,手工打磨的方式能以更精细的方式打磨面料,自动手擦机器人则可提高生产效率和减少工人粉尘伤害。

1. 手擦砂纸

根据成衣的厚薄,设计擦砂的程度及擦砂的难易程度,选择不同型号和目数的砂纸。一般洗水厂常用的为80目、200目、240目、400目、600目、800目、1000目。最常用的是400～600目。

2. 手擦台

将成衣套入手擦台的台板上,操作者使用砂纸在台板上对牛仔服装上的不同位置进行手工摩擦。同时可以根据不同的衣裤型号及大小,换用不同宽窄的手擦台。

图3-28 猫须模板

图3-29 卧式自动手擦机器人

如果牛仔服装需要加工扁平猫须,也可借助手擦猫须的方式进行风格加工。第一步,用透明胶板放在客户样板上,将客户需要的花纹描绘在透明胶板上;第二步,将透明胶板上的花纹描绘在橡胶上;第三步,将花纹图案用刻刀、磨刀等工具按照花纹大小、深浅程度雕刻出相应的猫须条数和形状,要注意过渡位置要自然;第四步,操作者根据加工需要选择合适型号的砂纸或者砂轮,根据需要采用不同力度和角度在花纹上进行磨擦,被打磨之处就被磨白成橡胶板雕刻图案。

三、立体折皱设备

牛仔服装为了模拟人体某些部位,如大腿根部位置、后膝盖、裤脚等位置因为经常折叠而形成的立体折痕,在这些位置进行了人工模拟褶皱的加工。

企业常用的是折皱台板与熨斗结合方式加工,工人在需要褶皱的部分喷射树脂溶液,并通过手工方式进行相关机理的折叠,粘贴一些固定胶条后,用熨斗熨烫,初步定形,再送入焗炉进行固化。

部分企业则采用可模仿人体运动模式的设备进行姿态调整,整理好指定位置的纹路机理,再喷射树脂溶液,然后送入焗炉固化。

固化焗炉工作温度120～180℃,主要实现成衣服装的固化(如立体褶皱)和干燥过程。设备要求温度均匀,高效的热量与最低的能源消耗,且热能具有循环回用功能。

图 3-30　3D 腿立体折皱设备　　　　图 3-31　牛仔服装焗炉

图 3-32　牛仔服装折皱和焗炉一体化设备　　　图 3-33　立体折皱后牛仔裤效果

四、炒花机

炒雪花机是专为牛仔服装炒雪花工艺而设计的设备,它在外形上与卧式洗水机相似,但拥有更高的功率和转速,以满足炒花过程中对强大动力的需求。该设备在操作上追求便捷性,因此通常不配备外壳,使得操作更加直观和方便。

炒雪花机的内胆钢材相较于洗水机更为厚实,这不仅增强了设备的耐用性,也保证了在高速旋转过程中,内胆能够承受住强大的离心力而不发生形变。此外,内胆上配有众多孔洞,这些孔洞在炒雪花的过程中起到了至关重要的作用。它们能够及时排放浮石与服装及设备内壁相互摩擦时产生的石灰碎渣,防止这些碎渣在设备内部积聚,从而影响浮石与面料发生不必要的摩擦,保证了成品花纹的清晰度。此加工工艺也称为炒雪花。

与炒花机相配套使用的,常见的有天然浮石、人工浮石以及泡沫胶球等材料。这些材料因其独特的缝隙结构,能够有效地吸收一定量的高锰酸钾工作液。在炒雪花工艺中,将这些已吸收工作液的配套材料加入炒雪花机内,随着设备的运转,工作液会逐步从材料中缓慢释放。释放出的工作液与牛仔服装上的靛蓝染料发生化学反应,产生特定的脱色效果。同时,浮石和胶球等材料表面较为坚硬,它们在与面料摩擦的过程中,能够在牛仔服装上形成绒毛外观和更柔软的手感,同时摩擦作用对骨位的磨损比其他部位更加明显,从而形成了牛仔服装独特的豆角风格。

炒雪花工艺中,配套材料的选择对雪花花纹的风格起着决定性作用。若想形成粗犷风格的雪花效果,可在炒雪花机中加入大型号的浮石或泡沫胶球,这些较大的颗粒在摩擦过程中能够产生更为显著和不规则的纹理,赋予服饰粗犷而豪放的美感。相反,若追求细腻的雪花效果,则应选用小型号的浮石或泡沫胶球,它们能够带来更为细致和均匀的雪花纹理,使服饰展现出温婉而细腻的质感。

此外,炒雪花工艺在服饰上呈现的立体效果及视觉色感,主要取决于高锰酸钾溶液的浓度以及耗材(包括天然浮石、人工浮石以及泡沫胶球)的含液量。高锰酸钾溶液的浓度直接影响到氧化反应的剧烈程度,进而影响雪花纹理的深浅和清晰度。而耗材的含液量则关系到雪花颗粒与面料接触时的湿润度和摩擦力,进而影响到雪花效果的均匀性和饱满度。

因此,在炒雪花工艺中,精确控制高锰酸钾溶液的浓度和合理选择耗材的种类及大小,是确保雪花效果符合设计要求的关键步骤。

图 3-34 炒花机

图 3-35 炒砂机

五、炒砂机

炒砂机设备与炒雪花机设备在机械构造上具有相似之处,但由于它们在加工过程中所采用的材料不同,滚筒设计也相应有所区别。炒砂机主要采用高锰酸钾与填充剂(如粗盐或砂洗粉)的混合物作为原料,因填充剂为小颗粒及粉末状,故炒砂机的滚筒采用孔洞设计,以便于材料的均匀分布和充分摩擦。

　　在炒砂加工流程中,首先需将适量的盐或砂洗粉填充剂倒入炒砂机中,通常填充至滚筒容积的约三分之一。接着,根据牛仔服饰所需的深浅白度,将不同比例浓度的高锰酸钾溶液以适当量均匀撒入炒砂机内,并启动设备转动 2~3 min。待溶液与填充剂充分混合后,将已干燥的牛仔服装放入砂洗设备,关闭舱门,启动设备开始转动。在此过程中,炒砂材料与面料产生充分的摩擦,含有高锰酸钾溶液的颗粒及粉末与面料发生氧化反应,从而破坏靛蓝染料基团,赋予牛仔服饰一种更为精致且富有怀旧感的外观。

　　相较于炒雪花工艺,炒砂工艺中使用的填充材料更为细小,与面料的接触更为紧密且频繁,因此其对靛蓝染料的氧化破坏作用更为均匀,使得最终成品呈现出一种更为细腻且独特的怀旧风格。

　　粗盐常被用作炒砂填充原料之一,但其成分复杂,含有氯化镁等杂质。这些杂质使得粗盐在空气中容易潮解,即吸收空气中的水分。当粗盐与水接触时,水分子会与盐晶体表面的离子相互作用,逐渐包围盐晶体并将其离子分离并包裹起来。这个过程称为溶解,它导致盐的离子逐渐脱离晶体结构并进入水中,使水中盐的浓度逐渐增加,直到达到饱和状态。因此,粗盐在潮湿环境下会逐渐溶解成盐水。高浓度盐水和高锰酸钾强氧化腐蚀的双重作用下极易导致钢材生锈并形成锈斑。锈斑的存在不仅缩短了设备的使用寿命,更会对产品的加工质量造成严重影响。

　　目前,市场上已经出现了新型的陶瓷颗粒填充材料,能够有效地替代传统粗盐和砂洗粉。为积极响应环保号召,国内外部分领先企业已开始采用硅藻土结合氧化剂的方式,对传统工艺进行革新。硅藻土因其不含任何有害化学物质、质地轻盈、吸水性优异且不具备腐蚀性等诸多优点,受到业界的广泛认可。此外,新型氧化剂的使用量相对较小,相较于传统的高锰酸钾,其腐蚀性降低了 75%,这无疑为环保事业贡献了一份力量。这些新型材料的应用,不仅有助于更有效地解决环境问题,同时也为设备的稳定运行和产品质量的显著提升提供了强有力的支撑和保障。

六、牛仔裤磨烂机/破洞机

　　根据牛仔裤产品在不同位置破损和磨烂效果的要求,通过砂轮、电动电磨、刀具或者砂纸等对相应部位进行加工。牛仔服装破损类加工在操作过程中会产生大量粉尘,因此设备要求有料尘收集、空气净化等功能,改善工作环境,降低生产对环境的污染,工人操作也应该佩戴防尘口罩。

图 3-36　全自动牛仔裤磨烂机

图 3-37　砂轮　　　　　　　　　图 3-38　电动电磨

除了上述工具,牛仔服装艺术加工为了风格需要,还会使用摩擦轮(大面积打磨)、胶针枪和胶针(扎花或者固定腰头)等。

生产 11 翻裤机

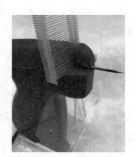

图 3-39　摩擦轮　　　　　　　　图 3-40　胶针枪

生产 12 激光加工(常规加工)

子任务三　认识新型加工设备

一、激光洗水设备

激光技术最初在纺织服装领域主要用于面料切割,随着无水化印染工艺的推广,其应用逐步扩展至牛仔服装的精细化加工。该技术通过高能量激光束对牛仔面料表面纱线进行刻蚀,利用高温引发物理褪色反应,形成图案、花纹或仿旧效果(如猫须、喷马骝、局部磨白等)。近年来,随着激光技术与计算机绘图技术的深度融合,其在牛仔洗水行业的应用比例显著提升,尤其在个性化图案及特色洗水效果加工中展现出独特优势。

从工艺特性来看,激光加工具有四大核心优势:一是精准高效,激光定位精度可达±0.1 mm,能在数十秒内完成复杂图案雕刻,效率远超手工操作;二是质量稳定,通过计算机辅助设计(CAD)实现图案实时修改与存储,避免手工操作的随机误差,且无机械接触加工,杜绝了传统手擦导致的面料损伤及纹路模糊等问题;三是环保节能,全程无需水洗和化学助剂,减少废水排放,单机能耗仅为传统洗水设备的1/3,符合清洁生产要求;四是工艺创新,通过调节激光功率与扫描频率,可模拟手工喷马骝的渐变褪色层次,结合 3D 建模技术甚至能形成立体肌理(如仿旧、做皱、立体花纹效果)。

在行业发展趋势方面,激光技术正朝着智能化与绿色化方向深化应用。设备通过 MES 系统与生产数据平台对接,可实现工艺参数自动匹配与生产追溯。改技术还可与臭氧洗水、超声波雾化等技术结合,拓展无水化加工场景。此外,它具备小批量、多品种订单的快速响应能力,满足了市场对原创设计需求的增长,成为推动牛仔服装行业转型升级的重要技术力量。

表 3-4 激光洗水前后强力测试

	激光处理前	激光处理后	前后变化率	国标要求
经向断裂拉伸强力(N)	693.7	537	−22.6%	≥250
纬向断裂拉伸强力(N)	254	254	0	≥150
经向撕破强力(N)	61	50	−18.0%	≥16
纬向撕破强力(N)	34	30	−11.8%	≥14

参考标准:FZ/T 81006—2017《牛仔服装》,洗水产品,245～339 g/m² 的织物

生产 13 激光加工(图案加工)

激光加工技术凭借其灵活性和高效性,已成为牛仔服装设计与生产的重要工艺手段。通过计算机辅助设计(CAD),设计师可将客户提供的图案或原创设计快速导入专用软件进行精细化绘图,并建立标准化图库。激光设备通过红外定位系统精准匹配服装位置,结合可调参数(如激光强度、扫描频率)实现复杂工艺需求。与传统化学法做旧工艺相比,激光雕刻效率提升 10 倍以上,节水率超过 50%,且无化学污染,综合生产成本降低 40%。目前,该技术已替代传统手擦、喷马骝等工艺,成为牛仔服装后整理的主流选择。

生产 14 激光加工(精细切割)

激光雕刻工艺流程需严格遵循以下步骤:首先,图案设计人员根据客户需求或原创方案,在专业软件中完成矢量图绘制,重点优化边缘过渡效果,以确保图案精度≥300 DPI,并建立企业级图库以存储常用花纹(如猫须、渐变褪色)。其次,生产设计人员在样布上进行激光参数标定,通过 DOE 试验确定最佳能量密度(通常为 30～50 J/cm²)与扫描速度(800～1200 mm/s),并结合后续洗水工艺(如酶素洗、臭氧处理)调整激光功率,避免过度刻蚀导致面料脆化。最后,将服装固定在三维定位工装上,确保激光焦距恒定(±0.02 mm 公差),分区域扫描雕刻,单件加工时间控制在 5～8 min(视图案复杂度而定)。

生产 15 激光加工(镂空雕刻加工)

激光雕刻设备需安置于独立洁净车间,室内配备防爆型抽排风系统(风量≥2000 m³/h),废气经 UV 光解＋活性炭吸附处理达标后排放。操作人员须经专业培训,佩戴防激光护目镜(适配 808～1064 nm 波长)及 KN95 级防尘口罩,设备安全防护包括紧急停机联锁装置、光束路径遮蔽防护罩及实时温度监控系统(阈值设定:50℃自动断电)。

图 3-41 花纹图案设计

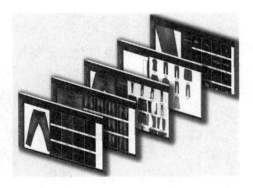

图 3-42 产品图库制作

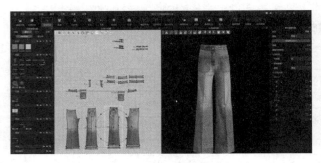

图 3-43　工艺处理

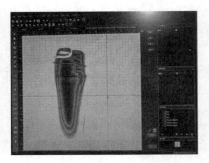

图 3-44　图案分层过渡处理

图 3-45　生产车间

值得注意的是,激光加工后易出现两类质量问题:一是氧化黄变,因激光高温引发染料分子结构改变,可通过添加抗黄变整理剂(如含硅烷偶联剂配方)缓解,白度保留率提升至85%以上。二是对高支棉布易造成表面毛糙,需降低激光功率至 20 W 以下,并配合生物酶抛光处理以改善触感。

激光加工的可持续性优势尤为显著,它摒弃了传统工艺中高污染的化学试剂,从源头减少废水与 VOCs 排放。例如,单台设备年节水能力可达 300 吨以上,相当于 10 个家庭年均用水量。同时,激光加工的精准特性使面料损耗率降低了 20%,且加工过程中无需高温蒸煮,节能效果显著。这种绿色工艺不仅符合国际环保标准,更为企业节省了大量治污成本。

二、臭氧洗水设备

1. 臭氧法应用原理与工艺特性

臭氧法作为牛仔布洗水的重要工艺,兼具消毒、漂白和脱色功能,其核心原理是利用臭氧分子的强氧化性破坏染料结构。臭氧通过氧化染料分子中的发色基团(如不饱和键或芳香环),将其分解为小分子物质(如靛红、鞣酸),从而实现脱色效果。相较于传统化学漂白工艺,臭氧法具有环保、高效、节水等优势,尤其适用于靛蓝染料的局部漂白(如猫须、喷马骝效果)。

2. 脱色原理与染料选择性

臭氧分子中的活性氧原子优先攻击染料分子中的发色基团。以靛蓝($C_{16}H_{10}N_2O_2$)为例,臭氧会破坏其 C＝C 双键和苯环结构,生成靛红($C_8H_5NO_2$)、鞣酸及两者结合物,导致织物泛黄。虽然靛红可通过温水洗涤去除,但残留物可能引发黄变。脱色效果受处理时间(5～15 min)、环境 pH 值(弱酸性更佳)及含湿量(常温下效果最优)共同影响。值得注意的是,臭氧对不同染料的氧化能力存在差异:

(1) 碱性染料:分子结构中含氨基(～NH_2),易被臭氧氧化,5 min 内可脱色 90％以上。

(2) 直接染料:依赖偶氮键(～N＝N～)连接,需 5～10 min 完成脱色。

(3) 偶氮染料:因含多个不饱和键,极易被臭氧氧化为无害物质(CO_2 和 H_2O),几乎无污染。

这种选择性氧化特性使得臭氧法在牛仔洗水领域广泛应用,尤其适用于靛蓝染料的局部漂白(如猫须、喷马骝效果)。

3. 工艺优势与技术参数优化

(1) 环保节能:臭氧可通过空气电解制备,反应产物为无害的氧气,无废水排放;化学助剂(如氯漂白剂)使用量少,综合能耗可降低 30％～50％。

(2) 操作条件控制:最佳反应温度为 10℃左右,因高温易导致臭氧分解;加工中需控制臭氧浓度(0.1～0.5 mg/m³)及暴露时间(<30 min)以避免纤维损伤;同时,弱酸性环境(pH 值 5～6)可增强氧化效率。

(3) 工艺协同性:臭氧法常与生物酶处理、超声波雾化等技术结合,例如:预臭氧处理:在退浆工序前使用臭氧预处理,加速浆料分解;后臭氧补色:通过局部臭氧漂白修复洗水过程中的色差问题。

4. 局限性及改进方向

尽管臭氧法脱色效率高,但仍存在潜在问题:①黄变残留:部分染料(如硫化染料)氧化后易产生有色副产物,需配合生物酶处理;②纤维损伤:长期使用可能导致棉纤维强力下降,建议控制单次臭氧处理时间(≤15min);③副产物控制:臭氧与染料反应生成的羧酸类物质可能影响织物 pH 值,需通过中和水洗去除。

综上,臭氧法通过精准控制氧化条件(温度、浓度、pH 值),实现了牛仔布的高效环保加工,但其应用需结合具体染料类型及工艺参数优化,方能达到最佳效果。

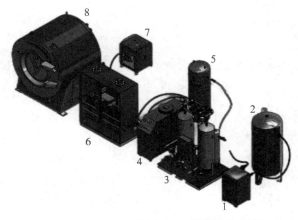

1. 空气干燥器
2. 压缩空气罐
3. 氧气发生器
4. 制冷机
5. 氧气罐
6. 臭氧发生器
7. 臭氧回收装置
8. 臭氧洗水机

图 3-46　臭氧洗水设备

三、其他新型设备

生产16 自动喷马骝设备

全自动喷涂设备是牛仔成衣洗水工艺的核心设备之一,它通过自动机械臂与智能控制系统实现高效精准的喷马骝或喷涂料加工。操作人员首先将生产标准样的工艺参数(如喷枪喷射速度、喷涂手法、化学剂用量等)录入控制系统并刻录存档,加工时只需调用预设程序,将牛仔裤通过气囊固定在旋转工装上,设备即可在密闭加工舱内自动完成零误差喷涂作业。该技术通过封闭式系统有效避免了化学剂泄漏与人体接触风险。喷雾余液经过滤回用系统处理后可循环利用,VOCs排放量减少80%,单条生产线年节省人力成本可达50万元以上,可实现节能降耗与绿色生产的双重目标。

洗水设备结合喷雾装置与泡沫装置,可根据工艺需求生成均匀的喷雾或泡沫形态。例如,在退浆工序中,设备可自动调配酶制剂与水的混合比例并以泡沫形式施加,替代传统酵石摩擦工艺,实现同等褪色效果且减少纤维损伤;在成衣染色环节,则通过喷雾技术实现染料的高效附着。系统支持存储50组以上工艺程序,单次化学剂用量误差控制在±2%以内,水用量较传统工艺降低60%,综合能耗下降35%。

图3-47 国产全自动喷马骝机器人(坐标式)

 课程思政

工业和信息化部等八部门关于加快传统制造业转型升级的指导意见

工信部联规〔2023〕258号

党的十八大以来,在以习近平同志为核心的党中央坚强领导下,我国制造业已形成了世界规模最大、门类最齐全、体系最完整、国际竞争力较强的发展优势,成为科技成果转化的重要载体、吸纳就业的重要渠道、创造税收的重要来源、开展国际贸易的重要领域,为有效应对外部打压、世纪疫情冲击等提供了有力支撑,为促进经济稳定增长作出了重要贡献。石化化工、钢铁、有色、建材、机械、汽车、轻工、纺织等传统制造业增加值占全部制造业的比重近80%,是支撑国民经济发展和满足人民生活需要的重要基础。与此同时,我国传统制造业"大而不强""全而不精"问题仍然突出,低端供给过剩和高端供给不足并存,创新能力不强、产业基础不牢,资源约束趋紧、要素成本上升,巩固提升竞争优势面临较大挑战,需加快推动质量变革、效率变革、动力变革,实现转型升级。

加快传统制造业转型升级要以习近平新时代中国特色社会主义思想为指导,深入贯彻党的二十大精神,落实全国新型工业化推进大会部署,坚持稳中求进工作总基调,完整、准确、全面贯彻新发展理念,加快构建新发展格局,统筹发展和安全,坚持市场主导、政府引导,坚持创新驱动、系统推进,坚持先立后破、有保有压,实施制造业技术改造升级工程,加快设备更新、工艺升级、数字赋能、管理创新,推动传统制造业向高端化、智能化、绿色化、融合化方向转型,提升发展质量和效益,加快实现高质量发展。

到2027年,传统制造业高端化、智能化、绿色化、融合化发展水平明显提升,有效支撑制造业比重保持基本稳定,在全球产业分工中的地位和竞争力进一步巩固增强。工业企业数字化研发设计工具普及率、关键工序数控化率分别超过90%、70%,工业能耗强度和二氧化碳排放强度持续下降,万元工业增加值用水量较2023年下降13%左右,大宗工业固体废物综合利用率超过57%。

 课程思政

双碳目标下的绿色发展

双碳目标是党中央统筹国内国际两个大局做出的重大战略决策,即二氧化碳排放力争于2030年前达到峰值,努力争取2060年前实现碳中和,实现碳达峰、碳中和是一场广泛而深刻的经济社会系统性变革。实现双碳目标对加快促进生态文明建设、保障能源安全高效、推动经济转型升级、引领应对气候变化、实现"两个一百年"奋斗目标具有重大意义。

促进绿色低碳转型:用10年时间实现碳达峰,根本扭转温室气体排放持续增长局面。破解资源环境约束,改善生态环境质量,减少对高碳产业和化石能源的依赖。树立绿色低碳发展旗帜,彰显大国担当,促进气候治理等多方面国际合作。

推动经济高质量发展:倒逼经济社会绿色转型,推动供给侧结构性改革,加快能源结构调整和产业转型升级。推动技术、装备、市场、金融创新,提升产业链绿色化、现代化水平。以从"要素驱动"向"创新驱动"的新旧动能转换推动经济高质量发展。

保障能源安全供应:促进能源生产消费革命,以绿色方式满足能源发展需求,减少经济社会发展对化石能源依赖;破解能源供给制约,全面提高能源发展质量;增强能源供给的稳定性、安全性、可持续性,提升国家能源安全水平。

任务四　认识牛仔成衣洗水中常用的化学品

子任务一　掌握常用化学品知识

在牛仔洗水加工过程中,为了生产、存储和运输安全,在生产加工过程中操作人员需要必备的安全防护装备。在员工培训时,必须对常用的化学药剂进行安全说明。

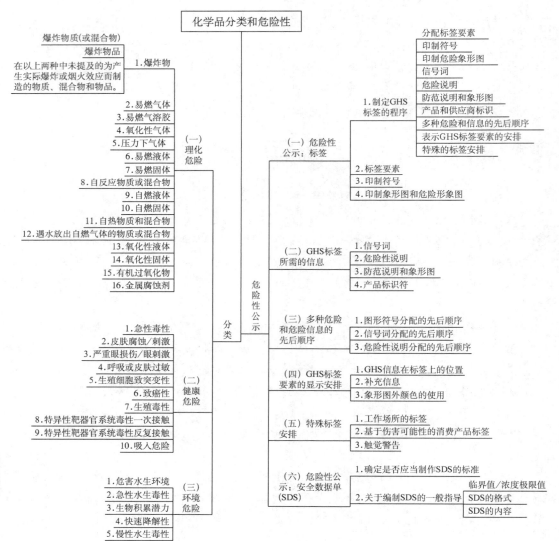

图 3-48　化学品分类和危险性公示

参考:GB 13690—2009(化学品分类和危险性公示 通则)

授课16化学品安全知识(危险化学品)

一、化学品存储与使用

在印染加工行业中,化学品是必不可少的。化学品具有各种各样的性质,其中也包括危险的性质。相关部门把危险性特别大的物质定义为危险物,并通过一些法律对某些危险物的使用作了规定。国家标准《危险货物分类和品名编号》(GB 6944),从运输的角度给危险货物(含物质及其制成品即物品)下的定义是:凡具爆炸、易燃、毒害、腐蚀、放射性等性质,在运输、装卸和储存保管过程,容易造成人身伤亡和财产损毁而需要特别防护的货物,均属危险货物。此定义概括、反映了国际上公认、通用的关于危险品的基本含义。由于界定和分类是为研究、使用服务的,所以不同的国家与部门在具体方面又有某些特点和区别。

危险化学品是指有毒害、腐蚀、爆炸、燃烧、助燃等性质,对人体、设施、环境有危害的剧毒化学品和其他化学品。其特征为:具有危险性质、易造成人员伤亡和财产损失,以及需要特别防护。

根据 GB 13690—2009 对相关化学品的主要危险特性进行分类,分为理化危险、健康危险和环境危险三大类。

表 3-5　化学品分类和危险性分类

危险特性	内容
理化危险	爆炸物、易燃气体、易燃气溶胶、氧化性气体、压力下气体、易燃液体、易燃固体、自反应物质或混合物、自燃液体、自燃固体、自热物质和混合物、遇水放出易燃气体的物质或混合物、氧化性液体、氧化性固体、有机过氧化物、金属腐蚀剂等,共 16 种。
健康危险	急性中毒、皮肤腐蚀/刺激、严重眼损伤/眼刺激、呼吸或皮肤过敏、生殖细胞致突变性、致癌性、生殖毒性、特性性靶器官系统毒性——一次接触、特异性靶器官系统毒性——反复接触、吸入危险等,共 10 种。
环境危险	危害水生环境:急性水生毒性、潜在或实际的生物积累、有机化学品的降解(生物或非生物)、慢性水生毒性。

1. 危险化学品存储

对于危险化学品生产企业在日常存储中应严格管理。

(1) 所有危险化学品必须存放在符合相关化学品安全的地点,并按照国家标准进行清晰的标识(GB 12268 危险货物品名表、GB 13690 化学品分类和危险性公示 通则、GB 18218 危险化学品重大危险源辨识)。

(2) 危险化学品仓库保管员应熟悉本单位储存和使用的危险化学品的性质、保管业务知识和有关消防安全规定。

(3) 危险化学品仓库保管员应严格执行国家、省、市有关危险化学品管理的法律法规和政策(GB 15603 危险化学品储存通则、GB 6944 危险货物分类和品名编号),严格执行本单位的危险化学品储存管理制度。

(4) 严格执行危险化学品的出入库手续,对所保管的危险化学品必须做到数量准确,账物相符,日清月结。每月固定日期前完成出入库手续,完成当月原材料、产成品盘存报表;定期清点库存,做到心中有数,以便按生产计划提前上报采购计划,保证生产。

(5) 定期按照消防的有关要求对仓库内的消防器材进行管理,定期检查、定期更换。

（6）定期对库房进行定时通风，通风时不得远离仓库。做到防潮、防火、防腐、防盗。

（7）对因工作需要进入仓库的职工进行监督检查，严防原料和产品流失。

（8）对危险化学品按法律法规和行业标准的要求分垛储存、摆放，留出防火通道。

（9）正确使用劳保用品，并指导进入仓库的职工正确佩戴劳保用品。

（10）定期对仓库内及其周围的卫生进行清扫。

图3-49　危险化学品运输、经营、生产相关许可证与运输相关路牌

2. 化学品使用规范

（1）危险化学品的运输应有固定的装卸作业点或专用装卸站。危险物品不能与客运或一般货运站混设在一起，应有单独装卸点。

（2）装卸危险化学品应定人、定车、定点。对不同性质、灭火方法相抵触、防护方法不同的物品不得混装，不得同车运输。

（3）装卸危险化学品前，应对车辆的车厢进行认真彻底的清扫，严防杂物和其他化学物品相混而引起事故。

（4）危险化学品应注意防震，可根据情况在车厢底部垫木板等柔性垫层，物品的排列应紧密合理，防止途中发生晃动或滑动。

（5）装卸时要轻拿轻放，防止撞击、拖拉和倾倒，不要用撬棍滚动，不能重压，以防止振动、撞击等引起事故。装卸时应及时检查包装是否牢固密封，是否完好，发现有破损或异常情况不应装运，要另行单独处理。

（6）运输时应有专人负责押运。运输途中驾驶员应集中精力，严守有关规定，防止急刹车、急转弯，以免产生撞击、物品严重移位等引起事故。

（7）运输途中应随时注意装运物品的动态,驾驶、押运人员应严禁吸烟,也不准无关人员搭乘。

二、国家应急管理部针对危险化学品生产储存企业提出"六严查"

1. 严查"三超一抢"行为

企业是否存在生产、经营超出许可范围的危险化学品的情况;化工企业是否存在超设计生产能力、超设备设施负荷能力进行生产的行为;新、改、扩建危险化学品生产项目是否存在盲目抢工期、赶进度的情况。

2. 严查不具备开车条件而开展试生产的行为

新、改、扩建危险化学品生产项目是否存在设备设施还未安装完毕、人员还未培训合格、未制定并组织审查试生产方案等不具备开车条件的情况下,为抢占市场而开展试生产的情况。

3. 严查延迟检修带病运行行为

是否存在装置设备延迟检修、未经评估擅自延长检修周期等情况。是否存在带病运行、强行生产的情况。

4. 严查违规超量储存行为

危险化学品储罐、仓库等是否存在违规超量储存、超品种储存情况。是否存在化学性质禁忌的危险化学品混存的情况。

5. 严查极端天气安全风险防控不到位行为

是否存在生产装置和储存设施的防雷、防静电、防汛、防台风、降温等安全设施不完好的情况;是否针对极端天气影响制定完善应急预案,开展应急演练,备齐备足应急物资设备。

6. 严查违反消防安全行为

是否存在企业主体责任不落实的情况;是否存在防火间距不足的情况;是否存在消防水源、灭火药剂储备不足的情况;是否存在消防设施器材故障或缺失的情况;是否存在阻塞、占用消防车通道的情况;是否存在灭火和应急预案不符合实际的情况;是否存在企业专职消防队、工艺处置队"两支队伍"应急处置能力不足的情况。

三、牛仔服装洗水企业化学品存储摆放原则

（1）仓库应用不导热的耐火材料作屋顶和墙壁的隔热层;屋檐要适当加长,库墙要适当加厚;不开窗,采用间接透风洞,应设有导出静电的接地装置。透风管、采热管道和设备的保温材料必须采用非燃烧材料。

（2）危险化学品库房与其他建筑物之间应设防火间距。甲类化学危险物品库房之间至少保持 20 m 防火间距。甲类化学危险物品仓库距重要公共建筑之间的间隔至少为 50 m,乙类化学危险物品库房之间至少保持 30 m 防火间距,与其他民用建筑的防火间隔至少为 25 m。

（3）危险化学品仓库要有专人治理。工作职员要进行培训,考核合格后才能上岗。治理职员必须具备专业技术知识,熟悉各区域储存的化学品种类、特性、地点、事故的处理程序,负责检查、保养、更换和添置各种消防设施和器材,保证完好,随时可用。

（4）库内禁止明火。进入危险化学品库区的机动车辆应安装防火罩。机动车装卸货物后，不准在库区、库房、货场内停放和修理；进入可燃固体物品库房的电瓶车、铲车，应安装有防止火花飞出的安全装置。

（5）存储应该确保干湿分离，不同种类（如还原类和氧化类，酸性和碱性物料等）应分类存放；部分产品不耐光照或高温的，应配备符合存储要求的存储间。

（6）固态化学药品必须放置在托盘上，不能直接放置于地面；液态类化学药剂必须储存于专用容器，并有盖子密封，存储区内必须有地漏和围堰。

（7）化学品按种类进行合理放置，物料之间必须有隔墙，必须在相应墙面贴上安全周知卡，并建立台账登记；化学品储存间必须有配套消防设施，有通风设备，洗眼器，淋浴装置，室内照明采用防爆灯。

（8）定期检查，做到1日2查，做好检查记录，发现化学品品质变化、包装破损等及时处理。危险化学品出进库前均应按合同进行检查验收、登记，方可出进库。对散落的有毒化学物品易燃、可燃物品和库区的杂草及时清除。

（9）在使用相关化学品的生产区域，配备相应的防护装备（如工作服、橡皮围裙、橡皮袖罩、橡皮手套、防毒面具、滤毒口罩、纱口罩、纱手套和护目镜等）、张贴安全操作指南、危废品收集装置、配套相关消防设施（如灭火器、灭火沙等），一些生产区域还需要配置废气收集和通风装置，安全出口标识等。

（10）工人必须进行岗位安全防护培训。

（11）大量化学品存放场所必须保障通道畅通，并有两个或以上出口。条件允许的应安装自动检测器和火灾报警系统。

 课程思政

关于"十四五"危险化学品安全生产规划方案

以习近平新时代中国特色社会主义思想为指导，深入学习贯彻习近平总书记关于安全生产重要论述，始终把危险化学品安全风险防控摆在防范化解重大风险的突出位置，深入落实中共中央办公厅、国务院办公厅《关于全面加强危险化学品安全生产工作的意见》部署，坚持统筹发展和安全，坚持人民至上、生命至上，以有效遏制重特大事故为首要目标，以滚动实施危险化学品安全专项整治三年行动为抓手，着力抓重点、强基础、堵漏洞、补短板，更加注重构建安全治理体系，更加注重提升本质安全，更加注重管理手段数字化转型，加强源头治理、标本兼治、系统推进，提高安全管理系统化、精准化、智能化水平，从根本上消除隐患、从根本上解决问题，全面推动化工行业转型升级，为贯彻新发展理念、构建新发展格局、推进高质量发展、全面建设社会主义现代化国家提供有力保障。

到2025年，防范化解危险化学品重大安全风险体制机制法制不断健全，安全生产责任体系更加严密，化工园区安全监管责任进一步压实，危险化学品重特大事故得到有效遏制，全国化工、油气和烟花爆竹事故总量以及化工较大事故总量明显下降，建立危险化学品隐患排查治理和预防控制体系。

到 2035 年,危险化学品安全生产责任体系健全明确并得到全面落实,重大安全风险得到有效防控,安全生产进入相对平稳阶段,10 万从业人员死亡率达到或接近发达国家水平,基本实现安全生产治理体系和治理能力现代化。

适应我国由"化工大国"到"化工强国"的新发展阶段要求,立足有效防范化解重大安全风险,突出重点区域、重点行业、重大危险源企业,优先解决安全责任、隐患排查、预防控制、本质安全、员工培训、基础支撑保障等突出问题,强化安全风险治理,全面提升重大安全风险防控能力,构建具有中国特色、系统科学、政企协同的危险化学品安全治理体系。

中华人民共和国应急管理部网站:应急管理部,应急〔2022〕22 号

子任务二　掌握生产常用无机化学品特性

授课 17 次氯酸钠

一、次氯酸钠

次氯酸钠(NaClO)作为强氧化剂,是牛仔服装洗水工艺中实现靛蓝染料褪色与漂白的核心化学药剂。其浅黄色透明液体形态略带刺激性气味,在碱性环境中化学性质稳定,通过与靛蓝分子发生氧化反应,可将深蓝色牛仔面料转化为天蓝色。由于次氯酸钠具有强腐蚀性和致敏性,实际应用中需严格遵循安全规范。

1. 存储管理

次氯酸钠必须存放于专用塑料桶内,存储区域需搭建遮光防晒棚并设置防渗漏围堰,地面进行防腐处理并配备渗漏收集管道。存储罐应置于独立区间,安排专人管理并建立出入库台账。考虑到炎热季节的安全风险,装卸作业宜安排在早晚时段进行,夜间需启用防爆式安全照明设备。

2. 工艺应用

次氯酸钠通过耐腐蚀材质管道输送至洗水区,管道需标注清晰的化学药剂名称及流向标识。操作人员需配备防护手套、围裙、洗眼器及应急口罩,并在管道出口附近设置消防安全器材。该工艺通过精准控制次氯酸钠浓度与作用时间,可替代传统酵石摩擦实现高效褪色,同时减少纤维损伤。值得注意的是,次氯酸钠与酸性物质接触可能释放有毒氯气,因此需避免与酸性助剂混用,并确保车间通风系统持续运转。

 小知识

化学品安全技术说明书

化学品安全技术说明书,简称为 MSDS 或 SDS,国际上称作化学品安全信息卡,是一份关于危险化学品燃爆、毒性和环境危害以及安全使用、泄露应急处置、主要理化参数、法律法规等方面信息的综合性文件。

(1)是化学品安全生产、安全流通、安全使用的指导性文件;

(2)是应急作业人员进行应急作业时的技术指南;

(3)为制订危险化学品安全操作规程提供技术信息;

(4)是化学品登记管理的重要基础和手段;

（5）是企业进行安全教育的重要内容。

MSDS 的法律地位：国务院《化学危险物品安全管理条例》和《规定》明确要求化学品的流通必须提供安全技术说明书；已形成国家标准《化学品安全技术说明书编写指南》（GB/T 17519—2013）。

MSDS 由四部分构成：

（1）在紧急事态下首先需要知道是什么物质，有什么危害？（第 1、2、3 部分）

（2）危险情形已经发生，我们应该怎么做？（第 4、5、6 部分）

（3）如何预防和控制危险发生？（第 7、8、9、10 部分）

（4）其他一些关于危险化学品安全的主要信息。（第 11、12、13、14、15、16 部分）

化学品作业场所警示性标志

化学品作业场所是指可能使作业人员接触化学制品的任何作业活动发生地。包括化学品的生产、化学品的搬运、化学品的储存、化学品废料的处置或处理（属于危险废物的除外）、因作业活动导致的化学品的排放和化学品设备和容器的保养、维修和清洁。

化学品作业场所警示性标志应包警示性标志的所有要素，在工作区可以不同的书面或展示格式向作业人员提供同样的信息。

1. 标志要素

化学品作业场所警示性标志以文字和图形符号组合的形式，表示化学品在作业场所具有的危险性和安全注意事项。标志要素包括产品标识符、象形图、信号词、危险说明、理化特性、防范说明、防范措施象形图、资料参阅提示语以及紧急电话号码等。

2. 标志内容

（1）化学品标识

A. 化学品作业场所警示性标志应列明物质的中文化学名称或通用名称，以及化学文摘社登记号（CASNo. 如有）。

B. 混合物应标出影响其分类的主要组分的中文化学名称或通用名称以及对应 CASNo. 当需要标出的组分较多时，组分个数以不超过 5 个为宜。对于属于商业秘密的成分可以不标明，但应列出其危险性。

C. 化学品标识符应醒目、清晰，位于标志的上方。名称应与化学品安全技术说明书中的名称一致。

（2）象形图

应采用 GB 30000 规定的 9 种象形图所对应的危险类别。在作业场所可要求使用物理危险的所有符号。

表 9 种象形图对应的危险类别

| 象形图 |  |  |  |

（续表）

对应危险类别	爆炸物，类别1、类别2A、2B；自反应物质，A型、B型；有机过氧化物，A型、B型	加压化学品类别1～3；加压气体	氧化性气体；氧化性液体；氧化性固体；退敏爆炸物
象形图			
对应危险类别	易燃气体，类别1A、1B；气雾剂，类别1～2；加压化学品，类别1～2；易燃液体，类别1～3；易燃固体；自反应物质和混合物，B型～F型；发火液体；发火固体；自热物质和混合物；遇水放出易燃气体的物质和混合物；有机过氧化物，B型～F型	金属腐蚀物；皮肤腐蚀/刺激，类别1；严重眼损伤/眼刺激，类别1	急性毒性，类别1～3
象形图			
对应危险类别	爆炸物，类别2C；急性毒性，类别4；皮肤腐蚀/刺激，类别2；严重眼损伤/眼刺激，类别2A；皮肤致敏；特异性靶器官毒性一次接触，类别3；危害臭氧层	呼吸致敏；生殖细胞致突变性；致癌性；生殖毒性，类别1～2；特异性靶器官毒性一次接触，类别1～2；特异性靶器官毒性反复接触；吸入危害	危害水生环境，急性类别1；危害水生环境，慢性类别1、2

（3）信号词

用"危险"和"警告"来表示。"危险"用于较为严重的危险类别，"警告"用于较轻的危险类别。选择不同类别化学品的信号词。信号词位于化学品名称的下方，要求醒目、清晰。

（4）危险说明

用来描述化学品的危险性质，酌情包括危险程度。选择不同类别化学品的危险说明，要求醒目、清晰。

（5）防范说明

内容简明扼要、重点突出。应包括安全预防措施、意外情况（如泄漏、人员接触或火灾等）的处理、安全储存措施及废弃处置等内容。防范说明按 GB 30000 的规定表述。

（6）个体防护

防范措施象形图用于标明为最大限度地减小因接触物质或混合物而患病或受伤的可能性所需的个人保护设备。根据作业场所化学品的危险特性，单独或组合使用防范措施象形图。防范措施象形图按 GB 2894 所示指令标志的规定选择。

（7）紧急电话号码

填写发生危险化学品事故后的紧急电话号码。

（8）资料参阅提示语

提示参阅化学品安全技术说明书。

（9）危险信息先后排序

当化学品具有两种及两种以上的危险性时，作业场所安全警示性标志的象形图、信号词、危险说明的先后顺序按 GB 15258 的规定排序。

3．制作

（1）编写

A．化学品作业场所警示性标志正文应使用简洁、明了、易于理解、规范的中文表述，正文内容应保持与化学品安全技术说明书的信息一致。

B．当某种化学品有新的信息发现时，应及时对警示性标志正文内容进行修订。

（2）颜色

A．象形图的颜色根据 GB 30000 的规定执行，一般使用黑色符号加白色背景，方块边框为红色，红框要足够宽，以便醒目。

B．正文应使用与底色反差明显的颜色，一般采用黑白色。

（3）字体

A．产品标识符、信号词、危险说明以及标题应使用黑体，其他内容应使用宋体。

B．字体要求醒目、清晰。

（4）标志尺寸

通常情况下，化学品作业场所警示性标志横版尺寸不应小于 80 cm×60 cm，竖版的尺寸不应小于 60 cm×90 cm。

（5）印制

A．化学品作业场所安全警示性标志的制作应清晰、醒目，应在边缘加一个黄黑相间条纹的边框，边框宽度大于或等于 3 mm。

B．象形图应从较远的距离，以及在烟雾条件下或容器部分模糊不清的条件下也能看到。

C．化学品作业场所安全警示性标志应采用坚固耐用、不变形、不锈蚀的不燃材料制作，有触电危险的作业场所应使用绝缘材料，有易燃易爆物质的场所使用防静电材料。

4. 应用

（1）设置位置

A. 化学品作业场所警示性标志应设置在明亮环境中的醒目处。

B. 化学品作业场所警示性标志应设置在作业场所的出入口、外墙壁或反应容器、管道旁等醒目位置。

C. 化学品作业场所警示性标志不应设在门、窗、架等可移动的物体上。标志前不得放置遮挡物。

D. 化学品作业场所警示性标志的平面与视线夹角应接近90°，观察者位于最大观察距离时，最小夹角不低于75°。

（2）设置方式

化学品作业场所安全警示性标志设置方式分附着式、悬挂式和柱式三种。附着式和悬挂式应稳固不倾斜，柱式应与支架牢固地连接在一起。

（3）设置高度

化学品作业场所安全警示性标志设置的高度，应尽量与人眼的视线高度相一致。悬挂式和柱式的下缘距地面的高度不应小于1.5 m。

（4）其他

A. 化学品作业场所安全警示性标志至少每半年检查一次，如发现有不符合上述要求的情况时，应及时进行修整或更换。

B. 可根据具体情况设置多个警示性标志。

图 3-50　危险化学品作业场所警示标志

授课 18 消防安全知识

二、双氧水

授课 19 双氧水

双氧水（H_2O_2）作为高效氧化剂，在牛仔服装漂洗工艺中具有不可替代的作用。其通过强氧化性分解靛蓝染料分子中的有色基团，显著提升衣物白度并增强稳定性。在氯漂工序后，双氧水可与大苏打（$NaHCO_3$）协同作用，彻底清除残留次氯酸钠及其他氧化性杂质，确保漂白效果持久。此外，双氧水还能改善织物性能，包括提高白度、柔软度和光泽度，相较于传统酵石摩擦工艺，其使用中纤维损伤更小、工艺更清洁。

1. 存储管理

双氧水为无色透明液体，常温下化学性质活泼，遇有机物、高温或强氧化剂（如铬酸、高锰酸钾）会剧烈分解并释放氧气和水。为避免爆炸风险，其存储需满足严格条件：容器须选用耐腐蚀材质（如塑料或 316L 不锈钢），上盖设置防尘排气阀以平衡内部压力；存储区域应阴凉通风、避光防潮，地面铺设防腐层并配置渗漏收集池。储存罐需独立存放于专用库房，远离碱金属、还原剂及易燃品，且与金属管道保持至少 3 米的距离。同时，需建立出入库台账，定期检查容器密封性并开展防爆安全评估。

2. 工艺应用

双氧水通过耐腐蚀管道输送至洗水区，管道需标注"H_2O_2"标识及流向箭头。操作人员须佩戴耐酸碱手套、护目镜及口罩，并在管道出口配置洗眼器、灭火器材及应急喷淋装置。工艺参数需严格控制：pH 值维持在 8～9（碱性环境增强稳定性），温度不超过 40℃，避免与酸性物质接触引发快速分解。若双氧水浓度过高（＞12%）或与还原剂意外混合，可能引发剧烈放热甚至燃烧，需立即切断供液并启动应急喷淋。

三、高锰酸钾

授课 20 高锰酸钾

高锰酸钾（$KMnO_4$）作为强氧化剂，广泛应用于牛仔服装漂白工艺，尤其适用于靛蓝及硫化染料的褪色处理，常见于喷马骝、扫马骝及洗水工序。其黑紫色棱形结晶或颗粒形态带有蓝色金属光泽，无臭且化学性质活泼，能与有机物、易氧化物（如硫磷化合物）剧烈反应并引发爆炸，需严格避免与还原剂、强酸、醇类及易燃材料共存。

1. 存储管理

高锰酸钾应储存在阴凉、通风的专用库房，容器需选用耐腐蚀材质（如玻璃或 316L 不锈钢），避免与有机物、还原剂及硫磷易燃物分区存放。搬运时需轻装轻卸，防止撞击引发粉尘飞扬。储存区应配备防渗漏围堰、地面防腐层及渗漏收集池，并建立出入库台账与危化品安全周知卡。操作人员须佩戴耐酸碱手套、护目镜及口罩，并在作业区配置洗眼器、灭火器材及防爆通风设备。

2. 工艺应用

高锰酸钾工作液配置需在独立区域进行，专人管理并记录配制参数（如浓度、温度）。溶液调配后应通过耐腐蚀管道输送至漂白设备，管道需标注"$KMnO_4$"标识及流向箭头。操作时需严格控制反应条件：①浓度：建议使用 3%～5% 水溶液，避免过量导致纤维损伤；②温度：维持常温（15～25℃），高温易加速分解并释放氧气；③pH 值：弱酸性环境（pH5～6）可增强漂白效果并稳定溶液。

需特别注意,高锰酸钾与还原剂(如大苏打)混合可能引发剧烈放热反应,甚至导致燃烧。若发生泄漏,应立即切断供液并用沙土吸附残留物,严禁用水冲洗。实际应用中需重点防控以下风险:①爆炸风险:储存区禁止烟火,避免阳光直射及高温环境;②交叉污染:管道材质需选用耐强氧化性材质(如聚丙烯),防止金属离子催化分解;③操作失误:操作人员需经过专业培训,严格遵循"双人复核"制度,确保配制参数准确。

四、磷酸

授课 21
磷酸

磷酸(H_3PO_4)作为弱酸性催化剂,常与高锰酸钾($KMnO_4$)配合使用以增强氧化性,广泛应用于牛仔服装喷马骝、扫马骝及洗水工序。该工艺通过磷酸稳定高锰酸钾的游离氧,促进其对靛蓝或硫化染料的氧化分解,实现高效褪色与漂白效果,同时减少纤维损伤。

1. 存储管理

磷酸为透明无色液体,无强氧化性及腐蚀性,属低毒类化学品,具轻微刺激性气味。其储存需满足以下条件:①环境控制:存放于阴凉、通风库房,温度不超过 35℃,相对湿度≤85%,避免阳光直射;②容器要求:选用耐腐蚀材质(如玻璃或聚乙烯塑料)密封保存,容器上盖需配备防尘阀以防止挥发;③隔离储存:严禁与易燃物、还原剂(如大苏打)、碱类(如氢氧化钠)混存,且需与高锰酸钾保持至少 3 米距离以防交叉反应;④应急措施:储区应配备吸水性材料(如沙土)、中和剂(如碳酸氢钠溶液)及泄漏收集池,定期检查密封性并建立出入库台账。

2. 工艺应用

在漂白工序中,磷酸与高锰酸钾按比例(通常 1∶5～1∶10)配制工作液,通过耐腐蚀管道输送至设备。操作时需严格控制以下参数:①浓度:磷酸浓度建议为 10%～15%,过高可能使纤维脆化,导致织物手感硬化;②pH 值:维持弱酸性环境(pH 值 4～5),增强高锰酸钾氧化效率;③温度:反应温度控制在 20～30℃,高温易加速分解并释放氧气。

需特别注意,磷酸与还原剂混合可能引发剧烈放热,作业区应配置防爆型通风系统及应急喷淋装置。操作人员须佩戴耐酸碱手套、护目镜及口罩,并在管道出口设置洗眼器与灭火器材。另外,磷酸若与碱性物质意外接触,可能生成磷酸盐沉淀堵塞管道。

五、草酸

草酸($H_2C_2O_4$)作为强还原剂,专用于还原高锰酸钾($KMnO_4$)处理后牛仔面料表面残留的二氧化锰(MnO_2),俗称"解漂剂"。它通过氧化还原反应将 MnO_2 转化为可溶性锰盐,恢复面料白度并消除灰暗色调,广泛应用于喷马骝、扫马骝及深度洗水工序。相较于传统氯漂工艺,草酸解漂具有无氯、低毒、废水易处理的显著优势。

1. 存储管理

草酸为无色单斜片状晶体或白色粉末,无臭但具弱酸性气味,易溶于水(20℃时溶解度为 9.5 g/100 mL)。其强氧化还原性表现为:①还原性,可被强氧化剂(如高锰酸钾)氧化为二氧化碳;②酸性,pH 值为 1.5～2.0,能与碱性物质剧烈反应生成草酸盐;③储存时需严格防潮、防水、防晒,避免与氧化物(如高锰酸钾)、碱性物质(如氢氧化钠)及活性金属(如铝、锌)混存。包装须采用双层防护:外层为聚丙烯编织袋,内衬食品级聚乙烯塑料袋,并密封于干燥阴凉处(温度≤40℃)。库房应配备吸湿剂(如硅胶)及渗漏收集装置,定期检查密封性并建立出入库台账。

2. 工艺应用

解漂工序中,草酸溶液需按比例(通常1:10~1:20)稀释后使用。操作流程如下:①配制溶液:将草酸晶体溶于去离子水,搅拌至完全溶解;②浸渍处理:将经高锰酸钾漂白的牛仔服装浸入草酸溶液中,保持温度25~30℃,作用时间15~30 min;③清洗干燥:取出后用清水冲洗至中性(pH值6~7),避免残留草酸导致纤维脆化。

3. 需特别注意安全事项

①毒性防护:草酸具有强腐蚀性和致敏性,操作人员须佩戴耐酸碱手套、护目镜及口罩,避免皮肤直接接触;②应急处理:若发生泄漏,立即用沙土吸附残留物,并用5%碳酸氢钠溶液中和,严禁用水冲洗;③设备兼容性:输送管道及容器需选用耐腐蚀材质(如316L不锈钢或聚丙烯),防止金属离子催化分解。

六、焦亚硫酸钠

焦亚硫酸钠($Na_2S_2O_5$)作为强还原剂,专用于还原高锰酸钾($KMnO_4$)处理后牛仔面料表面残留的二氧化锰(MnO_2),俗称"解漂剂"。其通过氧化还原反应将MnO_2转化为可溶性硫酸钠(Na_2SO_4),恢复面料白度并消除灰暗色调,广泛应用于喷马骝、扫马骝及深度洗水工序。相较于传统氯漂工艺,焦亚硫酸钠解漂具有无氯、低毒、废水易处理的显著优势,但需注意其强还原性与不稳定性。

1. 存储管理

焦亚硫酸钠为白色或淡黄色结晶,具有刺激性二氧化硫气味,易溶于水(20℃时溶解度达26.5 g/100 mL)。其化学性质活泼,久置空气中易氧化为硫酸钠(Na_2SO_4),导致失效,因此需严格控储期(建议3个月内用完),储存时应满足以下条件:①环境控制:存放于阴凉、干燥、通风良好的库房,温度不超过30℃,相对湿度≤60%,避免阳光直射;②容器要求:选用密封性良好的聚乙烯或玻璃容器,外层包裹防潮材料,容器上盖需配备防挥发阀;③隔离储存:严禁与氧化剂(如高锰酸钾)、强酸(如盐酸)、食用化学品及活性金属(如铁、铜)混存,且与碱性物质(如氢氧化钠)保持至少5米距离;④应急措施:库房应配备吸湿剂(如硅胶)、防渗漏围堰及中和剂(如碳酸氢钠溶液),定期检查密封性并建立出入库台账。

2. 工艺应用

解漂工序中,焦亚硫酸钠需按比例(通常1:8~1:12)稀释后使用。操作流程如下:①制溶液:将焦亚硫酸钠晶体溶于去离子水,搅拌至完全溶解;②浸渍处理:将经高锰酸钾漂白的牛仔服装浸入溶液中,保持温度25~30℃,作用时间10~15 min;③清洗干燥:取出后用清水冲洗至中性(pH值6~7),避免残留导致纤维脆化或黄变。

3. 需特别注意安全事项

①毒性防护:焦亚硫酸钠具有刺激性气味和腐蚀性,操作人员须佩戴耐酸碱手套、护目镜及口罩,避免吸入或皮肤接触;②应急处理:若发生泄漏,立即用沙土吸附残留物,并用5%碳酸氢钠溶液中和,严禁用水冲洗;③设备兼容性:输送管道及容器需选用耐腐蚀材质(如

316L 不锈钢或聚丙烯），防止金属离子催化氧化分解。

七、碳酸钠

授课 22 氢氧化钠

碳酸钠（Na_2CO_3），俗称纯碱，广泛应用于牛仔服装退浆及 pH 值调节工序。其通过吸附浆料中的蛋白质和脂肪类物质实现高效退浆，并通过调节溶液碱性（pH8～10）优化后续染色或漂白工艺的稳定性。

1. 存储管理

碳酸钠为白色无味粉末或颗粒，易溶于水形成碱性溶液（pH 值≥11），水溶液具有中等腐蚀性。其化学性质稳定，但在高温（>300℃）下会分解为氧化钠和二氧化碳，长期暴露于潮湿空气中会吸收水分及二氧化碳，逐步生成碳酸氢钠（小苏打）并结成硬块。需注意避免与强酸类物质（如盐酸、硫酸）直接接触，以防剧烈放热反应。

存储时应满足四方面条件。①环境控制：存储于阴凉、通风的专用库房，温度不超过30℃，相对湿度≤70%，避免阳光直射；②容器要求：选用密封性良好的聚乙烯或玻璃容器，外层包裹防潮材料，容器上盖需配备防尘阀；③隔离存储：严禁与酸类、还原剂（如硫氰酸盐）、活性金属（如铝、锌）及易燃品混存，且与碱性物质（如氢氧化钠）保持至少 3 米距离；④应急措施：库房应配备吸湿剂（如硅胶）、防渗漏围堰及中和剂（如稀盐酸溶液），定期检查密封性并建立出入库台账。

2. 工艺应用

①退浆工艺：建议使用浓度 5%～8% 的碳酸钠溶液，在 40～50℃ 条件下处理 15～20 min，避免高温导致分解失效；②pH 值调节：根据工艺需求稀释至目标碱性范围，需实时监测 pH 值并控制反应温度≤60℃；③设备兼容性：输送管道及容器需选用耐腐蚀材质（如316L 不锈钢或聚丙烯），防止金属离子催化水解反应。

八、硫代硫酸钠

硫代硫酸钠（$Na_2S_2O_3$），俗称大苏打或海波，是广泛应用于牛仔服装洗水的功能性化学品。其通过强还原性中和残留次氯酸钠（NaClO）及游离氯气，确保漂白过程完全终止，同时保护衣物纤维与颜色稳定性。

1. 存储管理

硫代硫酸钠为无色透明结晶或颗粒，无臭微咸，易溶于水（20℃时溶解度达 21.5 g/100 mL），水溶液呈弱碱性（pH8～9），化学性质不稳定。①潮解性：在湿空气中易吸收水分并结块；

热敏感性：高温（>60℃）或长期暴露会逐渐分解为硫酸钠（Na_2SO_4）；②还原性：能与强氧化剂（如次氯酸钠）发生剧烈反应，生成硫酸钠、氯化钠及水。

硫代硫酸钠储存时需严格密封，存放于阴凉、干燥、通风库房，避免阳光直射及高温环境（建议温度≤30℃，湿度≤60%）。容器应选用耐腐蚀材质（如聚乙烯或玻璃），外层包裹防潮材料，并与酸类、氧化剂（如高锰酸钾）、活性金属（如铝、锌）及易燃品保持至少 5 米距离。库房需配备吸湿剂（如硅胶）、防渗漏围堰及中和剂（如稀盐酸溶液），定期检查密封性并建立出入库台账。

2. 工艺应用

在牛仔洗水中，硫代硫酸钠主要应用于以下工序：

① 解漂与中和：浓度控制建议使用 3%～5% 水溶液，在常温（25～30℃）下浸泡漂白后的牛仔服装 10～15 min；其反应机理是通过还原反应将残留次氯酸钠（NaClO）转化为氯化钠（NaCl）与水，同时消除氯气（Cl_2），化学方程式为：

$$2Na_2S_2O_3 + NaClO + H_2O \rightarrow Na_2SO_4 + 2NaCl + H_2SO_3$$

处理后需检测衣物 pH 值（应恢复至中性，pH 值 6～7），避免残留碱性物质损伤纤维。

② 保护衣物：中和残留氯气可防止纤维氧化脆化及颜色褪色，尤其适用于深色牛仔面料的精洗工序；与生物酶协同使用时，能延缓酶活性衰减，提升洗水效率。

3. 需特别注意安全事项

①毒性防护：硫代硫酸钠虽毒性较低，但其粉尘吸入可能刺激呼吸道，操作人员须佩戴防尘口罩及护目镜；②应急处理：若发生泄漏，立即用沙土吸附残留物，并用 5% 稀盐酸溶液中和，严禁直接接触皮肤或水源。

九、工业盐

工业盐（主要成分为氯化钠 NaCl，含少量亚硝酸钠 $NaNO_2$）是牛仔成衣染色工艺中的重要辅助化学品，广泛应用于直接染料套色工序。其通过调节染浴离子强度、稳定染料分子并改善纤维吸附性能，显著提升染色均匀度与牢度。相较于传统小苏打促染工艺，工业盐具有成本低廉、操作简便、环境适应性强的特点。

1. 存储条件

工业盐为白色结晶或颗粒，易溶于水（20℃时溶解度达 36 g/100 mL），水溶液呈中性至弱碱性（pH 值 7～8）。其物理性质表现为：①强吸湿性：在潮湿环境中易吸收水分结块，长期暴露可能潮解变质；②腐蚀性：高浓度溶液（＞20%）对金属设备具有腐蚀性；③化学稳定性：常温下稳定，但高温（＞150℃）或强酸性条件下可能分解。

储存时需满足以下条件：

①环境控制：存放于阴凉、干燥、通风库房，避免阳光直射及高温环境（建议温度≤30℃，湿度≤60%）；②容器要求：选用密封性良好的聚乙烯或玻璃容器，外层包裹防潮材料，容器上盖需配备防尘阀；③隔离储存：严禁与酸类（如盐酸、硫酸）、有机物（如酯类）及活性金属（如铝、锌）混存，且与碱性物质（如氢氧化钠）保持至少 3 米距离；④应急措施：库房应配备吸湿剂（如硅胶）、防渗漏围堰及中和剂（如稀盐酸溶液），定期检查密封性并建立出入库台账。

2. 工艺应用

工业盐在直接染料染色中主要发挥以下作用：

①促染作用：通过 Na^+ 离子中和纤维素纤维表面的负电荷（—OH^-），减弱染料阴离子（如—COO^-）与纤维的静电排斥力，促进染料分子向纤维表面吸附；降低纤维内外溶液的渗透压差，加速染料分子从染浴向纤维内部的扩散，提高上染率（可提升 15%～20%）。②稳定染料：抑制染料分子与水发生水解反应（如偶氮键断裂），减少染料降解导致的色牢度下降；与亚硝酸钠协同时可形成缓冲体系，延缓染料在高温下的分解速率。③调控染浴环境：调节

染浴离子强度(建议 $0.1\sim0.3\,mol/L$),优化染料与纤维的结合动力学;平衡 pH 值(维持 pH 值 $5\sim6$),增强纤维对染料的亲和力,尤其适用于酸性敏感型染料。

子任务三　认识常用助剂和其他辅助用品

一、生物酶

(一)酶的概念和特点

酶是一类生物催化剂,由活细胞合成,对特异底物起高效催化作用的物质,其中绝大多数是蛋白质,少数是 RNA,是机体内催化各种代谢反应的最主要的催化剂。由酶催化的反应称为酶促反应,酶所作用的物质称为底物(S);酶所具有的催化能力称为酶的活性。

酶具有一些独特的特点,这些特点使得酶在生物体内和工业应用中具有重要的作用。酶的主要特点为:

(1)高效性:酶的催化效率通常比无机催化剂更高,可以极大地加快化学反应的速率。这使得酶在生物体内能够高效地催化各种化学反应,从而维持生命活动的正常进行。

(2)专一性:酶具有高度的专一性,即一种酶通常只能催化一种或一类特定的化学反应。这是因为酶的活性部位与底物的结构相互匹配,形成酶—底物复合物。这种专一性保证了酶在生物体内能够精确地调控各种化学反应的进行。

(3)温和性:酶所催化的化学反应通常是在较温和的条件下进行的,如常温常压下。这使得酶在生物体内能够在相对较低的温度和压力下催化反应,从而节省能量并减少对细胞的损害。

(4)可再生性:酶在催化反应中并不消耗,而是参与反应后可以再次使用。酶可以通过其他分子的作用进行再生,从而持续地催化反应。这使得酶在生物体内能够持续地发挥作用,而不需要不断地合成新的酶。

(5)活性可调节性:酶的活性可以通过多种机制进行调节,包括酶的合成和降解、酶的激活和抑制等。这种活性可调节性使得酶在生物体内能够适应不同的生理需求和环境变化,从而保持生命活动的正常进行。

(6)多样性:酶的种类繁多,每一种酶都具有独特的催化功能和结构特性。这使得酶能够催化各种不同的化学反应,从而满足生物体内复杂代谢过程的需求。

酶的高效性、专一性、温和性、可再生性、活性可调节性和多样性等特点使得它们在生物体内和纺织印染行业应用中具有重要的作用。同时,这些特点也使得酶成为绿色生物制造的核心"芯片",在工业制造中可减少原料和能源的消耗,降低废弃物的排放,具有绿色制造和可持续发展的典型特征。

(二)生物酶在纺织印染中的应用

生物酶在纺织印染中的应用主要体现在三个方面:

1. 纺织品前处理

生物酶被用于纤维改性和去除杂质。例如,蛋白酶可以对棉织物进行预处理,提高棉织物的亲水性,降低对染料的吸附,使染色更加均匀。脂肪酶则可以用于去除纺织品表面的油脂和污垢,提高纺织品的吸水性和渗透性。

2. 印染过程

生物酶在印染过程中主要用于染料的生物催化氧化和还原反应,以及纤维素的生物降解。例如,漆酶可以催化靛蓝等染料的氧化反应,使染料在较低温度下迅速上色。淀粉酶则可以在淀粉浆料中水解淀粉,产生糊精和葡萄糖,为后续的染料印染提供更好的介质。

3. 废水处理

生物酶在纺织印染的废水处理中也发挥着重要作用。由于生物酶具有无毒、无害且对环境友好的特性,因此它们被广泛应用于纺织印染废水的生物处理过程中,帮助分解和去除废水中的有害物质,达到净化废水的目的。

此外,生物酶还在纺织品的纤维改性、真丝脱胶、原麻脱胶、染整工艺退浆、精练整理和净洗加工等方面有所应用。随着绿色生产理念的普及和纺织业可持续发展的需求,生物酶在纺织印染领域的应用将会越来越广泛。

总的来说,生物酶在纺织印染中的应用主要得益于其无毒、无害且对环境友好的特性,以及其在处理过程中具有的高效性和专一性。这些特性使得生物酶在纺织印染领域具有广阔的应用前景和发展空间。

(1) 退浆酶

生产 17 酶退浆

退浆酶是通过微生物发酵制得的水解酶类总称,专用于分解织物上的淀粉浆料及糖原,尤其适用于纯棉、涤棉混纺牛仔成衣的退浆工序。它通过催化淀粉分子链断裂生成可溶性糊精,经水洗即可去除浆料残留,具有退浆率高、速度快、污染少、纤维损伤小等显著优势。相较于传统酸法或碱法退浆,酶退浆工艺可使牛仔面料更柔软,同时有效缩短后续酵磨时间,降低综合能耗。

退浆酶主要包含淀粉酶(α-淀粉酶、β-淀粉酶)及糖原酶,其核心功能是通过水解作用将淀粉大分子分解为低聚糖(如麦芽糖)和糊精。在牛仔加工中,酶分子借助活性位点与淀粉链结合,逐步切断 C—O 键(α-淀粉酶作用于 α-1,4 键,β-淀粉酶作用于 α-1,6 键),最终形成可溶性产物。该过程无需高温高压,常温条件下即可完成,且酶解产物(如糊精)易溶于水,洗涤去除效率高。

工艺参数与操作规范:

①用量控制:根据面料含浆率(通常 4%~8%)及酶活性(2000~5000 U/g)调整,建议初始投加量为面料质量的 0.5%~1.5%。②反应条件:温度:维持 20~60℃(最佳活性区间为40~50℃);时间:15~20 min,可通过延长保温时间(至 30 min)提升顽固浆料去除效果。③协同工艺:可添加防染剂、中性洗涤剂或溶剂洗涤剂以增强渗透性,但需预先验证助剂与酶的相容性;避免使用阳离子/阴离子表面活性剂(可能破坏酶蛋白结构),优先选用非离子助剂。

(2) 酵素粉

酵素粉是以中性纤维素酶为核心成分的生物制剂,由复配酶、防染剂、pH 值缓冲盐及填充剂等组成,广泛应用于牛仔服装的酵洗、酵磨工序。它通过纤维素酶与织物表面纤维素纤维的水解反应,结合机械摩擦作用,实现局部褪色起花效果,赋予牛仔服装时尚返旧外观。

相较于传统浮石洗水工艺,酵素粉具有温和环保、损伤小、可调控性强等显著优势。

A. 酵素粉的主要活性成分为中性纤维素酶(β-1,4-葡聚糖酶),通过以下步骤实现起花效果:

①酶分子吸附:纤维素酶借助静电作用结合于牛仔纤维表面;②水解反应:在 pH 值 5～6 的弱酸性环境下,酶切断纤维素链中的 β-1,4-糖苷键,生成短链多糖(如麦芽寡糖)及少量单体葡萄糖;③产物剥离:水解产物随水洗脱离纤维表面,纤维表层因结构松散而形成绒毛,经摩擦揉搓后脱落,最终呈现褪色起花效果。由于酶分子尺寸较大,难以渗透至织物内部,因此水解作用仅限于纤维表层,避免深层损伤。

B. 酵素粉应用于牛仔服装的酵洗、酵磨,其加工工艺特性与技术优势如下:

①温和高效:退浆促染:可辅助去除残留浆料,提升后续染色均匀度;起花控制:通过调节酶浓度(0.1%～0.5%)及作用时间(15～30 min),精准控制起花强度与面积;低温操作:最佳反应温度为 30～40 ℃,能耗较传统工艺降低 30%。②环保与经济性:生物降解性:酶制剂可自然降解,废水 COD 值较浮石洗降低 50%～60%;③材料兼容性:仅作用于纤维素纤维(如棉、黏胶),不损伤合成纤维(如涤纶);④成本效益:单次使用成本约为浮石洗的 1/2,且可重复使用 2～3 次。

C. 生产应用注意事项包括:

①工艺适配性:深色牛仔需控制酶用量(<0.3%),避免过度褪色;含蜡质或油性整理的面料需预处理(如溶剂清洗),以提高酶渗透性。②稳定性维护:酶活性受温度(>50 ℃失活)、pH(<4 或>8 变性)及重金属离子(如 Cu^{2+})影响,需添加稳定剂(如柠檬酸钠)保护酶活性;③避免与阳离子表面活性剂共用,防止酶蛋白变性。

酵素粉通过生物酶催化的精准水解作用,在牛仔加工中实现了高效、环保的起花效果,其应用需结合面料特性、水质条件及工艺参数进行精细化调控,以平衡美学需求与功能性要求。

(3) 颗粒酶

颗粒酶是一种专为仿石磨起花工艺开发的生物酶制剂,主要由中性纤维素酶、稳定剂及助剂复配而成,广泛应用于纯棉及棉质混纺牛仔服装的酵洗工序。它通过酶促水解作用模拟传统浮石洗的磨白效果,兼具化学处理的高效性与生物酶的温和性,显著降低对织物纤维的损伤,同时实现更均匀的花纹立体感和清晰轮廓。

A. 颗粒酶通过以下机制实现仿石磨效果:

①定向水解:酶分子选择性作用于纤维素纤维表面的 β-1,4-糖苷键,将长链纤维素分解为短链片段(如麦芽寡糖),形成松散的纤维结构;②机械协同:在轻度摩擦(如滚筒翻滚)辅助下,水解产物与染料颗粒同步脱落,呈现仿石磨褪色效果;③控制深度:由于酶分子尺寸限制,水解作用集中于纤维表层(<100 μm),避免深层损伤,从而保留面料原有强度与手感。

B. 颗粒酶在实际生产中具有的优势:

①高效低损:退浆率>90%,起花效率较传统工艺提升 30%;织物强力损失减少 50%以上,适用于高支数棉质面料。②美学表现:花纹边缘清晰锐利,无浮石洗常见的模糊边界;可通过调节酶浓度(0.2%～0.8%)控制褪色深浅与立体感强度。③工艺适配性:深色牛仔:建

议低温（30～35℃）短时（15～20 min）处理，避免过度褪色；混纺面料：需预先测试酶对合成纤维（如涤纶）的兼容性，防止非目标纤维水解。

C. 局限性：

①柔软度不足：可通过复配蛋白酶或添加柔顺剂（如硅氧烷）弥补；②水解深度受限：对厚重织物（＞180 g/m²）需延长作用时间或提高酶浓度；③稳定性不足：需添加螯合剂（如EDTA）抑制重金属离子对酶活性的影响。

（4）除毛酵素水

除毛酵素水是专为纯棉及棉质混纺面料设计的生物制剂，通过定向水解纤维表面绒毛及杂质，实现快速除毛、抛光和光洁整理效果。它的作用方式区别于传统干态酵素产品，是通过液态介质直接渗透至纤维表层，显著缩短反应时间（通常 10～15 min 即可生效），使布面呈现鲜亮光泽与滑顺手感。

A. 除毛酵素水主要依赖纤维素酶活性，其核心机理包括：

①快速水解：酶分子穿透纤维表层，切断纤维素链中的 β-1,4- 糖苷键，促使绒毛及表层纤维松散脱落；②光洁整理：水解产物随水流冲刷带走，减少织物表面毛刺，提升平滑度；③生物兼容性：仅作用于天然纤维素纤维（如棉、黏胶），对化学纤维（如涤纶、尼龙）无作用，避免误伤混纺面料。

B. 实际生产中工艺与与质量控制要点：

①产品选择：优先选用回沾率＜5%、保底色等级≥4 级的酵素水，确保加工后面料色泽稳定；需验证酵素活性与纤维亲和力，避免出现局部过度水解或残留黄斑。②工艺参数控制：温度建议维持在 30～40℃（酶活性最佳区间）；时间为 10～15 min，视面料厚度及绒毛密度调整；pH 值严格控制在 5.5～6.5（弱酸性环境增强酶稳定性）。退浆协同：退浆需彻底（残浆量＜0.5%），否则残留浆料会阻碍酶渗透，降低除毛效率。③损伤防控：需实时监测撕拉强力（标准值≥300 N），避免因水解过度导致纤维断裂；对高支数棉（如 140 支以上）或薄型面料（＜120 g/m²），建议降低酶浓度（0.1%～0.3%）并缩短处理时间。

除毛酵素水仅适用于天然纤维素纤维，混纺面料需预先测试酶对非棉组分的兼容性；深色牛仔或含荧光染料的面料需控制酶用量，防止褪色扩散；生产中应根据实际条件需添加螯合剂（如柠檬酸钠）抑制重金属离子对酶活性的影响，确保批次间稳定性。

（5）清洗酶

清洗酶是专为牛仔织物设计的生物酶制剂，主要通过水解纤维素纤维表面结构实现多功能加工效果。其核心作用包括促进退浆、增强酵磨力度、调控褪色效果，并广泛应用于牛仔服装的退浆、酵洗、漂白及后整理工序。相较于传统化学助剂，清洗酶具有高效、环保、可调控性强等特点，但需严格把控使用条件以避免纤维损伤或粉尘污染。

A. 清洗酶通过以下机制实现不同阶段的功能：

①退浆协同：在退浆阶段，酶分子渗透至纤维表面，切断纤维素链中的 β-1,4- 糖苷键，加速浆料（如淀粉、PVA）水解，提升退浆效率（可提高 15%～20%）；②酵磨强化：在酵洗工序中，酶持续分解纤维表层，形成松散结构，增大摩擦时的机械作用力，从而增强起花均匀度与立体感；③褪色调控：漂白阶段使用清洗酶可通过定向水解外层棉纱，促使环染色素由外向内逐层脱落，产生渐进式褪色效果，尤其适用于深色牛仔的局部做旧处理。

B. 生产使用是注意事项:

①使用时效性:酶活性受温度(最佳40~50℃)、pH值(5.5~6.5)及重金属离子影响,需严格控制加工参数,长时间作用(>30 min)可能导致纤维强力下降(撕拉强度损失>10%),建议分阶段投加;②粉尘防护:处理后的织物可能释放纤维素粉尘,需配备集尘设备并加强通风;操作人员须佩戴防尘口罩及护目镜,避免吸入或接触皮肤;③工艺适配性:深色牛仔建议低温(30~35℃)短时(10~15 min)处理,防止过度褪色;高支数面料需降低酶浓度(<0.3%)并延长冲洗时间,以平衡去毛效果与纤维损伤。

二、氨纶保护剂

随着功能性服装需求增长,含氨纶(聚酯型或聚醚型)的弹力织物占比逐年提升。然而,氨纶纤维因结构特殊性(细长单丝、热敏性、化学稳定性差)易在加工中受损,导致断裂、变硬或光泽下降。为此,氨纶保护剂应运而生,它通过物理覆盖与化学键合双重机制,在纤维表面构建保护屏障,显著降低加工损伤率,提升织物耐久性与功能性。

1. 弹力牛仔面料中添加的氨纶在洗水加工中的缺陷

①化学稳定性差:聚酯型氨纶在强碱(pH>9)或高温(>150℃)环境下易发生水解,导致分子链断裂;聚醚型氨纶对卤素(如漂白剂)敏感,接触后易氧化降解;②物理性能局限:细长单丝结构在热加工(如定型、染色)中易因温度失控熔断;吸湿后易产生裂纹,长期暴露于紫外线或氧化剂会削弱拉伸性能与光泽度。

2. 氨纶保护剂通过多组分协同作用实现保护功能

①物理覆盖层:表面活性剂与溶剂在纤维表面形成疏水薄膜,阻隔外界水分、化学试剂及机械摩擦对纤维的侵蚀;部分保护剂含氟硅聚合物,可增强膜层耐候性与抗污性能;②化学键合加固:功能性单体(如环氧树脂、聚氨酯)与氨纶分子侧链(如氨基、羧基)发生交联反应,形成三维网状结构,提升纤维弹性模量与抗应力能力。

3. 根据生产需要添加氨纶保护剂的不同工序

①染色前处理:在氨纶染色前使用,可防止染料渗透不均导致的纤维损伤;②后整理工艺:在定型、烘焙等高温工序中添加,减少热应力引起的熔断风险;③功能性后处理:与抗静电剂、紫外线吸收剂复配,延长织物使用寿命。

4. 使用中应严格控制工艺参数

①温度:建议添加温度≤80℃,避免高温导致保护膜脆化;②pH值:维持中性至弱碱性(pH值6~8),防止酸性条件破坏化学键合;③产品选型建议:聚酯型氨纶优先选用含氟硅成分的保护剂,强化耐酸碱性能;聚醚型氨纶需选择无卤素配方,避免与漂白剂发生反应。④风险防控:过量使用:可能导致膜层过厚,影响纤维透气性与手感;⑤储存条件:需密封避光存放,避免活性成分降解失效。

三、柔软剂

目前市场上牛仔成衣的柔软剂分为干加工和湿加工类型。

1. 硅油(湿加工)

硅油柔软织物的机理主要依赖于硅油中的氨基极性,它能够与纤维表面的羟基、羧基等相互作用,从而与纤维形成非常牢固的取向和吸附。这种相互作用降低了纤维之间的摩擦系数,使得当握持织物时,只需很小的力就能使纤维之间开始滑动,从而赋予织物柔软的感觉。此外,硅油中的氨基含量可由氨值表示,氨值越高,意味着硅油中氨基的含量越高,从而整理后的织物手感越柔软、平滑。这是因为氨基官能团的增加增强了硅油对织物的亲和力,形成了更规整的分子排列,进而赋予织物柔软平滑的手感。硅油柔软剂在某些情况下可能表现出不稳定性,部分产品使用中容易产生粘聚,可能导致粘辊或硅斑。部分硅油柔软剂处理的面料有时会出现泛黄现象,这可能是由于长时间停机或硅油中的某些成分氧化造成的。

2. 蓬松柔软剂(湿加工)

蓬松柔软剂一般为阳离子性活性剂,它能够与纤维表面的官能团发生相互作用,通过吸附或化学键合的方式,在纤维表面形成一层薄膜。这层薄膜使纤维之间的摩擦力减小,从而使织物手感更加柔软。另外,它通过分子的特殊结构和相互作用,在纤维间形成一定的空间结构,使得纤维之间的排列更加松散,从而增加了织物的蓬松度。使用时应注意,它不能与阴离子性活性剂同用。

3. 固态片状柔软剂(干/湿加工)

生产 18 固态柔软剂

传统的柔软剂一般是液态的,传统的过软工艺是将织物浸到加有柔软剂的水浴中转动或浸泡。市面上新推出了固态片状柔软剂,它省略掉了传统的水浴过软工艺这一步骤,直接在织物烘干时跟织物在烘干机内一起使用,可达到传统柔软整理的手感,节约了水资源,同时节省了污水处理的费用;节省了时间,提高了工作效率,实现了无水过软。因此固态片状柔软剂属于节水型环保的柔软产品。固态片状柔软剂的原材料可选用含硅类柔软剂或非硅类柔软剂或两者的组合均可。另外,固态片状柔软剂可以做成多元化的产品,比如去异味、驱蚊、抗菌等。

✓ 织物过软工艺:牛仔服装水洗完成→脱水→牛仔服装与固态片状柔软剂一起烘干
✓ 织物返软工艺:牛仔服装(干)加入烘干机→加入固态片状柔软剂→常温到50℃之间,转动烘干机,约20～30 min

四、浮石

浮石在牛仔服装加工中起到了重要的作用,特别是在牛仔服装的洗水工艺中。浮石通过反复搓揉牛仔布料来产生磨损和破损效果,使布料呈现出更加自然和磨损感的效果。这种磨损效果给人一种"旧"的感觉,因为它在不同的部位,如腰头、口袋、缝合处等呈现出不同程度的磨损。这种磨损不仅增强了牛仔服装的复古感,还为其增添了一种独特的风格。

浮石目前在市场上主要分为天然浮石和人造浮石。

1. 天然浮石

天然浮石是牛仔服装洗水加工最早使用的石洗原料,其是火山喷发后的产物,是一种天然多孔性矿物,价格低廉。天然浮石形成于自然条件,因此其形状、相对密度无法均一,且强度低,用于洗水加工中,会产生大量洗水泥浆,形成大量固废,并容易堵塞管道,工人操作容易吸收大量粉尘,且有加工时间长及品质管理上无法有效控制等问题,一直困扰着成衣洗水行业。

2. 人造浮石

人造陶瓷浮石是近年石洗工艺出现的新产品。它通过人工模拟浮石生成条件加工而成,材料内部可按照要求形成均匀的空隙结构,尺寸和表面粗糙程度也可以根据加工风格进行生产,在产量和质量上比天然浮石稳定。与天然浮石相比较,陶瓷浮石寿命长,优质的陶瓷浮石基本不含重金属成分,含铅量和含有可溶性重金属量都符合国际环保要求,加工中污泥产生量低,加工产品质量稳定。人工合成的陶瓷浮石因为内部缝隙率、外观粗糙度、形状和直径都可以人工控制,因此更能适应各种风格产品开发,与天然浮石相比,更能适应轻薄类型和提花类型牛仔服装产品加工需要。虽然人造浮石单价较天然浮石高,但其具有耐用性高、低粉尘和低固废,操作和使用安全性高,长期使用其成本比天然浮石低。

生产 19 人
造环保浮石

(a) 土耳其天然浮石　　　(b) 印尼天然浮石　　　(c) 长白山浮石　　　(d) 不同规格的人造陶瓷浮石

图 3-51 各种浮石

表 3-6 天然浮石与陶瓷浮石性能比较

项目	天然浮石	陶瓷浮石
洗水效果	两者相近	
重复使用次数	约 1~2(60 min)	约 8~12(360 min)
使用量	较多	传统浮石的 40%~50%
污泥产生量	大量	低于前者 1/10
重金属	可能含重金属	基本不含重金属
原材料	采矿,影响生产	普通材料,容易获得
工人安全	粉尘较多	微粉尘
工人劳动强度	浮石更换频率高,搬运和捞机频率高;清理管道和淤泥工作量大	浮石更换频率低,搬运和捞机频率低;清理工作量低
价格	20 元/包	170 元/包
使用量	2 包(20 kg/包)	1 包(20 kg)
使用次数	1.5 次	10 次
一机使用价格	2×20/1.5=26.7 元	1×170/10=17 元
一机产生的固废	40 kg/1.5=26.7 kg	20 kg/10=2 kg
固废处理成本	700×0.0267=18.6 元	700×0.002≈1.4 元
总成本	26.7+18.6=45.3 元	17+1.4=18.4 元
每条裤子节约成本	(45.3-18.4)/120≈0.22 元	

五、炒砂石

传统牛仔服装加工中广泛使用的炒盐、炒砂工艺存在显著缺陷,主要体现在原料稳定性、环境兼容性及工艺性能三个方面。粗盐作为核心原料,其易潮解特性导致存储过程中因环境温湿度变化而发生质量损失,进而引发工艺参数波动(如摩擦强度、作用时间),直接影响产品均一性。更严峻的是,粗盐溶解后无法循环利用,不仅推高生产成本,而且会产生高盐度废水,大幅增加污水处理难度。此外,传统炒砂材料的耐磨性不足问题在潮湿环境中尤为突出,表现为颗粒脱落污染织物、诱发异味,甚至干扰染色等后续工序的作业环境。

为解决上述问题,新型环保炒砂石通过材料科学与工艺设计的协同创新实现了多重优化。它采用碳化硅或氧化铝基无机复合材料,兼具疏水性(接触角 $>90°$)与高耐磨性(莫氏硬度 ≥ 7),从根源上避免了潮解导致的原料损耗,并可减少粉尘生成。工艺测试表明,该材料能通过均匀摩擦作用提升织物纹理清晰度与立体感,扫描电镜(SEM)分析显示其可使布面粗糙度降低 20%。同时,其中性 pH 值特性有效抑制了传统工艺中常见的高锰白点缺陷。环境效益方面,炒砂石可重复使用 5~8 次,显著降低原料消耗与废弃物产生,某试点企业数据证实它能减少 50% 的 VOCs 排放,符合国际环保标准。

图 3-52 炒砂石

表 3-7 炒砂石和传统粗盐炒砂工艺对比

项目	传统炒盐工艺	环保炒砂石工艺
炒砂石设备产能(磅)	800	
生产容量(条/次)	80	2000
原料消耗成本(元/条)	盐按 600 元/吨计算 25 kg×0.6 元/kg=15 元 15÷80≈0.2 元/条	3 包×25 kg/包=75 kg 75 kg×8 元/kg=600 元 600÷2000 条=0.3 元/条
损耗	约 25 kg/机	一个班组约 3 包炒砂石
质量成本	除锰后有白点的现象,修色多, 修色率≈20% 平均修色成本: 1.5 元/条×20%=0.3 元/条	无
总成本	0.5 元/条	0.3 元/条

（续表）

项目	传统炒盐工艺	环保炒砂石工艺
储存损耗	原料受季节、储存时间、温度等因素影响，会有质量流失，影响正常使用，生产成本不稳定，不利于成本和用量统计	储存不受限制，使用成本稳定，利于统计
使用损耗	每机损耗不稳定：有自融和水溶情况，原料难以循环使用，非常不耐磨，加工后所产生盐粉较多且湿润，极易结块	每机损耗稳定可多次回收循环使用；产品耐磨，灰尘少，不结块
场地影响	工作环境潮湿，增加货品污染和工人滑倒风险，使用过程异味明显，	工作环境干燥，场地和货物污染少，使用过程无异味
其他	后道工序需要大量水冲洗面料上的盐	有利于改善生产车间环境，减少过量用盐的水处理；产品清晰度高，立体感强，保底效果好

💡 **小知识**

固体废物的分类和危害

1. 固体废弃物分类

（1）按其化学性质可分为有机废物和无机废物；

（2）按其危险状况可分为有害废物和一般废物；

（3）按其形状可分为固体的（块状废物、粒状废物、粉状废物）和泥状的（污泥）；

（4）按其来源可分为工业固体废物、矿业固体废物、城市固体废物（城市垃圾）、农业固体废物和放射性固体废物等五类；

（5）按其管理方式可分为：工业固体废物、城市固体废物（城市垃圾）和危险固体废物（有害固体废物）三大类。

2. 固体废弃物对人类环境的危害表现在以下五个方面：

（1）侵占土地。固体废物产生以后须占地堆放，堆积量越大、占地越多。据估算，每堆积 $1×10^4$ t 渣约须占地 1 亩，我国许多城市利用市郊设置垃圾堆场，也侵占了大量的农田。

（2）污染土壤。废物堆置，其中的有害组分容易污染土壤。如果直接利用来自医院、肉类联合厂、生物制品厂的废渣作为肥料施入农田，其中的病菌、寄生虫等会使土壤污染，人与污染的土壤直接接触或生吃此类土壤上种植的蔬菜、瓜果极易致病。

（3）污染水体。固体废物随天然降水或地表径流进入河流、湖泊，会造成水体污染。

（4）污染大气。一些有机固体废物在适宜的温度下被微生物分解，会释放出有害气体，固体废物在运输和处理过程中也会产生有害气体和粉尘。

（5）影响环境卫生。我国工业固体废物的综合利用率很低，城市垃圾、粪便清运能力不高，严重影响城市容貌和环境卫生，对人的健康构成潜在威胁。

除以上助剂，牛仔服装在洗水加工中也会根据风格和功能需要使用一些助剂，如防染膏（粉）、除黄剂、解氯剂、除锰剂、撕破强力提升剂、摩擦牢度提升剂、增深剂、固色剂、光亮剂、裂纹浆、树脂、拉链保护剂等。

任务五 牛仔成衣洗水工艺

生产20牛仔
成衣洗水常
规流程

牛仔成衣的漂洗是一个长而复杂的化学—机械处理过程,其中一些步骤可以调整或组合,但基本操作大致相同。牛仔成衣洗水加工通常采用的基本工艺流程为(项目和次序根据面料和客户要求进行调整):服装预处理(绑绳/打枪,喷马骝、手擦等)→退浆→(炒砂)→漂洗→(套色、固色)→酶洗(石洗)→漂洗(清水磨)→(漂白)→脱水→烘干(喷柔软剂/亮光整理剂)→(打冷风)→悬挂晾干→包装(成品)。

为保证漂洗生产的顺利进行,在进行批量生产前必须根据漂洗要求进行试洗,并测试成衣面料缩水情况。对制衣厂送来漂洗的牛仔成衣,先进行查货检验,检查布面污迹、破洞、疵点、针洞、车缝疵点等情况。

牛仔成衣洗水车间流程一般分三步,样板加工、中试(头缸)和大货生产。

1. 打板/洗小样

牛仔成衣在漂洗前根据分色情况进行小样漂洗,以洗出与客户来样相同的颜色,经试验后确定洗水的方法及工艺。首先分析来样颜色,根据来样颜色、要洗的服装样品颜色和风格要求,确定洗水方式和选用配方。

在牛仔服装洗水加工中,因为同一批送到洗水企业加工的牛仔服装面料上化学药品情况不稳定,因此洗水企业一般都要洗"百家衣"(将分色的不同面料剪样并缝合成一张布料),按照大货洗水工艺进行洗水,由工艺员进行分类,确定缸差,调整各缸的洗水工艺,以获得符合客户要求的产品。

小样漂洗还需要检验成衣面料是否存在纬斜等质量问题。小样测试通过后方能安排中试。

2. 中试/头缸

采用生产设备按照小样工艺进行加工,调整出适合大货生产的工艺和配方,为大货生产做好准备。中试一般要洗50件以上,经确认无误后,由检验员检验达到相应合格率才能安排生产大货。

3. 生产大货

根据头缸货漂情况和货物的分色色差,根据洗水设备装机数量、浴比等实际情况对工艺配方进行调整修正,开始量产。加工过程中根据成衣洗水情况,再细节调整工艺与配方,确保产品质量能满足客户要求。

子任务一 学习常规洗水工艺

一、洗水工艺的计算方法

牛仔服装成衣洗水加工,染化料和水的加入需要经过计算才能达到工艺稳定,有效对化学品质量、产品稳定性、洗水加工效能和成本、产品质量控制等多个方面进行校正和管理。

计算首先要根据设备装机容量和生产效果进行合适的选择。

【例】 牛仔裤中度漂洗工艺及配方

工艺流程： 牛仔成衣放入洗水一体机(加工 300 条裤子,每条质量约 650 g)→放水至合适水位→副缸加入漂水、纯碱和烧碱→开机运转(5~10 min,50℃,25 转/min)→期间对样板→放水→大苏打脱氯(45~50℃,10 min)→清洗→放水(如果需要提高手感,放水到 1/3~1/2 时加入柔软剂,继续运行 3~5 min,加硅油)→一体机脱水→烘干机烘干(80~85℃,45~50 min,具体时间以成衣尺寸为标准)→打冷风(约 10 min)→烘炉温度低于 40℃可以出缸

配方：

浴比	1：4
漂水(浓度 11%)	8~9 g/L
烧碱	0.7~1.3 g/L
纯碱	0.7~1.3 g/L(调节 pH 值)
大苏打脱氯	0.7~1.3 g/L
硅油	5 g/L

注:浴比指浸染织物与工作液的比值,又称液比。例如 100 千克纺织品用染液 1000 千克,则浴比是 1：10;有时指染液等与纺织品的质量比例,例如染液 1000 千克用于纺织品 100 千克,则浴比是 10：1。

计算：

织物(服装)质量	300 条×650 g/条＝195 000 g＝195 kg
总液体量(依据浴比 1：4)	195×4＝780 L
漂水用量(8 g/L)	780 L×8 g/L＝6540 g＝6.54 L
烧碱/纯碱/大苏打用量(0.7 g/L)	780 L×0.7 g/L＝546 g
硅油用量	780 L×5 g/L＝3900 g＝3.9 L

加水量:总液体量－漂水用量－硅油用量＝780 L－6.54 L－3.9 L＝770 L

二、退浆洗

制衣厂加工的牛仔服装面料并未经过处理,因此经纱上有浆料存在,洗水厂对于此类成衣需要进行退浆洗。牛仔面料浆料主要有淀粉类、羧甲基纤维素类(CMC)、聚乙烯醇类(PVA)、聚丙烯酸类、聚丙烯酸酯类,有的含少量浮化蜡。

生产 21 泡沫设备(退浆＋酶洗)

(1) 对退浆要求不高,即使布面上含有部分浆料也不会影响后道工序加工的产品,可采用 50~55℃热水洗涤 10 min 左右进行退浆。

(2) 含 70%以上的淀粉浆的产品则可采用退浆酶 100 g(2~4 g/L),40~50℃,30 min 进行退浆。

生产 22 酶石洗

(3) 对布面上全为淀粉浆,枧油 500 g(1~2 g/L),防染膏 300~400 g(1~2 g/L),含氨纶的面料再增加纯碱 1~2 g/L,50~55℃,10~20 min 进行退浆。

经过传统方式的退浆处理后,织物还需经过水洗环节方可进入后续加工阶段,这一过程消耗了大量能源。因此,在前处理过程中,减少操作步骤和统一工艺条件成为了必须要考虑的重要问题。酶在退浆过程中表现出温和且对特定织物具有专一性的加工特性,有助于保护织物的原有风格。鉴于清洁生产技术的不断进步以及日益严格的环保要求,越来越多的企业开始选择采用生物酶技术来处理牛仔服装的退浆工作。

目前,关于生物酶退浆的研究主要集中在两大领域:一是退浆酶的筛选与开发工作;二是将酶退浆技术应用于实际的工业生产中。在退浆前处理过程中,随着工艺温度的升高,退浆效率得到了显著提升。因此,选用耐高温的极端酶进行退浆操作显得尤为重要。研究发现,嗜热杆菌能产生一种 α-淀粉水解酶,这种酶具有出色的热稳定性和广泛的 pH 适应性,因而成为了当前退浆工艺中最常用的生物酶。其工艺流程一般为:淀粉酶退浆→水洗→酶洗→漂洗→水洗→柔软整理→烘干整烫。

【例】 企业参考工艺:退浆(1.5 g/L 淀粉酶,0.5 g/L 渗透剂,浴比 1∶30,温度 65~70℃,时间 10~15 min)→清水洗(1 次,温度室温,时间 2 min)→酶洗[酸性纤维素酶用量1.0%~1.5%(o. w. f.),pH 值 4.5~5.5,温度 45~50℃,时间 30~45 min]→漂洗(次氯酸钠,浴比 1∶10,温度 45~50℃,时间 15~20 min)→清水洗(1 次,温度室温,时间 2 min)→脱氯(2 g/L 大苏打,温度 40℃,时间 5 min)→清水洗(1 次,温度室温,时间 2 min)→柔软整理(10 ml/L 阳离子胶,温度室温,时间 2 min)→烘干整烫。

三、普洗

普洗是所有洗水方法中最简单的一种,众所周知,牛仔布在加工过程中通常要施以一些浆料,在缝制和搬运过程中,易沾到灰尘、油污等,同时在织物织造过程中存在内应力。普洗的目的就是为了去除脏污,消除内应力,从而使尺寸稳定,色光纯正。同时通过加入硅油软油,达到改善手感的目的。根据洗涤时间长短和化学药品用量,普洗又分为轻普洗、普洗和重普洗,时间分别为 5 min、15 min 和 30 min,这三种洗法没明显界限。

普洗水温可以是室温,为提高效果也可以升温洗涤,加入一定量的洗涤剂,洗涤一定时间,过清水并加入柔软剂即可。轻普洗洗涤时间约 10~15 min,特别需要的可以适当延长时间。具体视各厂的加工条件和客户样本实际需求而异。

【例】 牛仔成衣的普洗工艺及配方为(200 条裤子,每条质量约 650 g,加水量约 600 L):裤子投入洗水一体机→加入洗衣粉(800~1000 g,清洗 10~15 min)→一体机脱水→过水清洗(1 次,室温)→(如果需要提高手感,放水到 1/3~1/2 时加入柔软剂,继续运行 3~5 min,硅油2 L)→一体机脱水→吊干(7~8 成干)→烘干机烘干(每次放入 100~120 条裤子,80~85℃,10 min,具体时间以成衣尺寸为标准)→打冷风(约 10 min)→烘炉温度低于 40℃,出缸。

💡 洗水辅助小技巧

用绳子将裤耳穿起来,在洗水过程可以有效防止裤子腰头内侧外翻,影响洗水效果。

四、酵素洗（磨）

酵素洗,也称为酶洗,最初作为一种更环保的石洗方法被开发出来。该方法利用纤维素酶在特定条件下的催化能力,作用于棉花表面的纤维素纤维,实现其降解效果。通过这种方式,能够去除牛仔裤表面的杂毛以及松散的靛蓝染料颗粒,为牛仔布赋予磨损的陈旧外观,使其色泽更为柔和,手感更加柔软。

与传统的洗水方法相比,酶洗后的牛仔布对比度更为鲜明,且对织物的损伤较小,降低了设备的磨损程度。酶洗方法对人体和自然环境均不构成危害,完全符合清洁生产的要求。

在服装洗涤领域,纤维素酶的应用显著减少了浮石的用量,从而降低了生产能耗和工人的劳动强度。值得注意的是,不同类型的纤维素酶均具有专一性,用于酵素洗的酶主要对纤维素产生作用,而不会对其他材质产生效果。

在纤维素酶与纤维素反应的过程中,会造成纤维表面的轻微损伤,从而实现洗水效果,并赋予面料柔软的手感。这一独特的工艺特点使得酵素洗成为现代纺织业中备受青睐的环保洗水方法。根据酶的使用 pH 值分为酸性酵素酶(pH 4～5.5)和中性酵素酶(pH 值5.5～7);根据酶的使用温度分为冷水纤维素酶(室温到 45℃之间)和温水纤维素酶(45～55℃)。其中,酸性纤维素酶以其强大的牛仔布酶解作用而广受欢迎,它能在较短时间内实现高效的化学磨损效果,是业内使用最为普遍的酶制剂之一。该酶制剂通常在 45～55℃的温度范围内以及 pH 值为 4.5～5.5 的酸性环境下表现最佳,作用时间一般控制在 30～50 min 之间。然而,使用酸性纤维素酶进行牛仔布处理时,往往伴随着一些挑战。最显著的问题是对织物强度的损伤较大,这可能导致面料质量下降。此外,返沾现象也较为普遍,使得处理后的面料在清洁度和美观度上不尽如人意。特别值得注意的是,对于含有氨纶的高

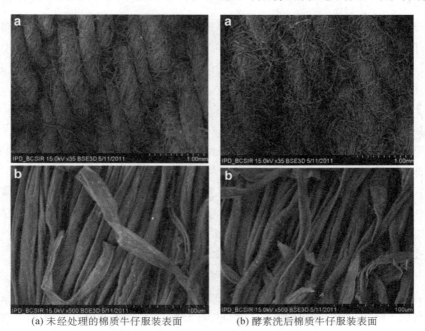

(a) 未经处理的棉质牛仔服装表面　　　　　(b) 酵素洗后棉质牛仔服装表面

图 3-53　扫描电子显微镜牛仔服装样品形态学观察(SEM:15.0 kV×35,放大 525 倍)
(注:(b)指 2%纤维素酶在 55℃下进行 40 min 的洗涤处理)

弹性牛仔面料,酶洗过程中往往容易导致弹性丧失,尺寸稳定性也受到影响。为了解决这些问题,大多数企业都根据自己的产品需求和面料特性,进行复配调整,以寻找最适合的酶制剂配方。通过不断优化工艺配方,实现既保持牛仔布的特色效果,又尽可能减少对织物性能的负面影响。

在面料加工之前,原纤维(即显著突出的纤维)及断裂现象在视觉上几乎不可察。随后,对棉质牛仔服装进行酵素处理,此过程中,纤维因水解降解作用及加工环节中洗衣机机械摩擦的双重影响,呈现出显著的松动及表面出现褶皱现象。酵素逐步渗透并分解面料表层棉纤维的纤维素结构,导致纤维表面裂纹密布。这一系列变化,不仅显著提升了牛仔面料的褪色性能、柔软触感、吸水效率及延伸能力,同时也伴随着面料拉伸强度的相应减弱。

进一步地,棉织物历经洗水与酵素双重处理后,其经向长度会明显的产生收缩,且面料的面密度相较于处理前会有所增加。

目前,市场上广泛流通的酵素产品主要有酵素水和酵素粉两种类型。酵素水因其分子链较短,摩擦力相对较小,常常与其他助剂混合使用,主要用于牛仔面料表面的除毛处理,这一工艺通常被称为酵洗。而酵素粉则更常单独使用,其分子链较长,当与含有一定水分的牛仔面料接触时,能够促使牛仔织物形成独特的起花外观效果,这一过程通常被称为酵磨。

若面料处理需求同时包含除毛和起花效果,可以将酵素水和酵素粉联合使用,以达到更为理想的加工效果。无论是酵洗还是酵磨,其过程均可概括为酶解、灭活和脱水三个阶段。

【例1】 牛仔成衣的酵洗工艺(除毛)及配方为(200条裤子,每条质量约650 g,浴比(1:5)~(1:8):

裤子预处理(定位、磨边/破洞/手擦、打枪或绑裤头等)→牛仔服装进一体机(若采用碱退浆处理,需先中和布面 pH 值到 5.5~7.0(使用醋酸和醋酸钠进行调节),防止影响酶的活性)→副缸加入酵素水(0.1%~0.3%(o. w. f),10~25 min,40~50℃,25 转/min)→灭活处理(升温到 80℃以上或 pH 值达到 9~9.5 的条件下保持 20 min 以上)→放水→清洗→放水(如果需要提高手感,放水到 1/3~1/2 时加入柔软剂,继续运行 3~5 min,硅油 2 L)→脱水

【例2】 牛仔成衣的酵磨工艺(起花)及配方为(200条裤子,每条质量约650 g):

牛仔服装退浆清洗后,将水排净,空转 1~2 min→酵素分两次加入(如 1.5 kg 就分成两份 750 g,第一次将一半均匀撒入设备,转机 3~5 min;将剩余一半均匀撒入,再运行 30~40 min),加入防染膏 250~300 g→对板→灭活处理(升温到 80℃以上或 pH 值达到 9~9.5 的条件下保持 20 min 以上)/若后道工序需要进行氯漂等强碱+氧化剂步骤的,可省去灭活处理→清洗 5 min→放水→清洗→放水(如果需要提高手感,放水到 1/3~1/2 时加入柔软剂,继续运行 3~5 min,硅油 2 L)→脱水

酵洗或酵磨过程中的注意事项如下:

①在进行酵洗或酵磨加工前,务必确保牛仔面料已经彻底退浆,以免残留的浆料对后续酵洗或酵磨效果产生不利影响。②务必对牛仔面料的 pH 值进行测试,确保其在适宜范围内。因为布面 pH 值过高会导致酵素失活,进而影响其应有的作用。③在加工过程中,酶的使用量需要精确控制,不宜过多。过多的酶会严重削弱织物的强度,可能出现烂腰头和烂脚口等不良情况。④酵洗操作时应避免在高于 55℃的环境下进行,因为在高温条件下,酵素的

活性会逐渐降低。通常情况下,酶素的使用时间不宜超过 80 min,且温度越高,酶素的有效作用时间会相应缩短。⑤如果面料特性允许,酶磨过程中可以适量加入一些石头进行辅助操作。

牛仔成衣的起花程度与织物的内部构造和纱线粗细密切相关。一般而言,纱线越粗、组织结构越紧密的斜纹类织物,在加工过程中更容易形成起花效果和骨位特征。这种起花和骨位效果的强弱程度,还需结合牛仔成衣的实际风格需求来综合考量。

有学者经过研究,纤维素酶在不同类型染料下作用,其对色光和外观效果也有显著影响(表 3-8)。

表 3-8　纤维素酶对不同染料牛仔面料色光的影响

染料类型 影响	靛蓝染料	硫化染料	直接染料	活性染料	涂料染料
色光	大	大	大	小	一般
起花位	特好	一般	好	差	好
骨位效果	特好	一般	好	差	好

此外,市场上部分面料为改善手感和提升光泽度,会在生产过程中加入黏胶、天丝等纤维素材料。然而,在酶洗或酶磨工序中,由于这些纤维素材料的化学结构相较于棉纤维更为松散,纤维素酶对其的作用更为显著。这导致这些纤维素材料更容易被水解为可溶性多糖和葡萄糖,从而造成纤维素的降解和纤维量的损失。因此,对于含有纤维素纤维的面料,在洗水工艺的选择上需要格外谨慎。特别是当面料中纤维素纤维的含量较低(如 2% 及以下)时,建议在洗水后对面料进行纤维成分测试,确保纤维成分与吊牌和洗涤标签上标注的一致。这样可以避免洗水过程中因纤维素纤维的降解而导致纤维成分发生变化,进而影响到产品的品质和消费者体验。

在实践中,严格遵循这些注意事项,不断摸索和确定最适宜的工艺配方,才能确保酶洗或酶磨工艺的有效实施,达到预期的效果,以满足市场对于牛仔成衣特定风格的需求。

五、浮石洗

石洗工艺是一种针对牛仔成衣、半成品或面料的洗水技术,其核心步骤在于在洗水过程中加入浮石。通过机械滚动作用,衣物不断与浮石进行摩擦和打磨,从而达到整体或局部颜色变浅、褪色的效果。这一过程能够有效塑造出衣物自然陈旧的外观风格,尤其适用于加速牛仔裤的褪色和软化过程。在进行石洗时,需根据衣物特性和所需效果,选择适当大小的浮石,并将其加入洗水中。随着洗水设备的运转,浮石与衣物之间不断发生摩擦,使得靛蓝等染料逐渐脱落,展现出独特的褪色效果。

浮石洗与酶素洗相比,酶素洗有很多优势,尤其在环保性方面。然而,浮石洗涤以其对面料产生的独特且不规则的影响,成为了一种难以被酶素处理完全替代的方法。浮石在牛仔服装加工过程中,通过物理摩擦作用于织物表面,实现了在不同部位上差异化的褪色效果。具体而言,这种摩擦作用直接导致织物表面经受更多摩擦的区域(如衣领、小腿、口袋、前襟及侧缝等多层面料汇聚处)出现更为显著的变色与褪色现象,而摩擦较少的区域则相对保留了更多的原始色彩。这种由浮石摩擦造成的褪色不均匀性,是酵素洗技术难以自然模拟的复杂视觉效果。它不仅丰富了牛仔服装的层次感与个性魅力,还使得每一件产品都拥有了独一无二的外观特征。因此,尽管酵素洗在多方面表现出色,但浮石洗在创造特定风格与效果的牛仔服装时,依然扮演着不可或缺的角色。

值得注意的是,为确保浮石与衣物充分接触,打磨缸内的水位需控制在低水位,使衣物完全浸透并能够在缸内自由翻滚。这样不仅能够提高打磨效果,还能更好地保护衣物纤维,避免过度磨损。根据不同的风格要求,可以采用黄石、白石、aaa 石、人造石、胶球等进行洗涤,以达到不同的外观和手感效果,洗后呈现灰蒙、陈旧的感觉,延长时间可获得更为明显的陈旧外观,有轻微至重度破损。

生产时应注意,石洗磨损过程的强度难以控制,浮石太少很难达到外观要求,太多则容易损坏面料和牛仔裤上的附件(如纽扣和铆钉等),需要提前做好保护或者加工后再安装附件。通常的洗涤条件如下:时间为 30~90 min,温度为室温至 55℃,浮石与织物的比率为(0.5∶1)~(3∶1),浮石规格为直径 1~7 cm。

【例】 工艺流程:淀粉酶退浆→水洗→浮石洗→水洗→烘干整烫。

退浆(2.0 g/L 淀粉酶,浴比 1∶10,温度 65~70℃,时间 10~15 min)→清水洗(1 次,温度室温,时间 2 min)→浮石洗(浮石粒径 2~4 cm,浮石与布质量之比 5∶1,pH 值 4.5~5.5,温度 55~60℃,时间 25~60 min)→排放后清洗(浴比 1∶10,纯碱 1 g/L,温度 80℃,时间 10 min)→加柔软剂(服装也可移入另外的机器进行柔软整理)→脱水→转笼干燥。

六、酵石洗

生产 23 雾化设备(退浆+酵洗)

酵石洗(也称为酵素石洗或酵素石磨洗)牛仔服装结合了酵素洗和浮石洗的特点,加工中大大减少了洗水设备内浮石的用量,可以增加洗衣容量和降低环境污染。以下是酵石洗牛仔服装的几个主要特点:

(1)风格:酵石洗通过酵素对纤维的温和降解和浮石的物理磨损作用,使牛仔服装表面产生自然、不规则的褪色和磨损效果,呈现出一种复古、旧化的外观。这种风格深受追求个性和复古潮流的消费者喜爱。

(2)层次感:酵石洗能够在牛仔服装上创造出丰富的层次感。酵素洗带来的细腻褪色与浮石洗造成的明显磨损相互交织,使得衣物表面呈现出多样的色彩和纹理变化,增加了视觉上的丰富性和深度。

(3)触感:酵素洗本身具有软化纤维的作用,使牛仔服装的手感更加柔软舒适。而浮石洗的适度磨损则进一步增强了这种柔软感,使得酵石洗牛仔服装在穿着时更加贴合肌肤,提升穿着体验。

(4)耐穿耐用:虽然酵石洗在牛仔服装表面产生了磨损效果,但这种磨损是均匀且可控的。它不仅不会降低衣物的耐用性,反而通过增强纤维间的交织和摩擦力,使衣物更加耐穿耐用。

(5)环保可持续:与传统的浮石洗相比,酵石洗在减少浮石使用量方面具有一定的环保优势。同时,酵素作为一种生物酶制剂,具有可降解性,对环境的影响较小。因此,酵石洗在推动牛仔服装行业向更加环保可持续的方向发展方面具有重要意义。

(6) 个性化定制:酵石洗工艺可以根据不同的需求和风格进行个性化定制。生产商可以通过调整酵素种类、浓度、处理时间以及浮石的使用量和粒度等参数,来控制褪色和磨损的程度和效果,从而满足不同消费者的个性化需求。

酵石洗加工工艺一般是将牛仔服装经过浮石打磨(同时加入一定量的酶)后,在一定部位上产生一定程度的破损,然后进行柔软处理。

【例】 牛仔成衣的酵洗工艺及配方为(200 条裤子,每条质量约 650 g,加水量约 600 L,印尼浮石 50 kg):

裤子预处理(定位、磨边/破洞/手擦、打枪或绑裤头等)→牛仔成衣、浮石放入洗水机进一体机→放水至合适水位→副缸加入酵素水→开机运转(50 ℃,20～25 min,25 转/min)→磨洗一定时间并对样板→放水→清洗→放水(如果需要提高手感,放水到 1/3～1/2 时加入柔软剂,继续运行 3～5 min,硅油 2 L)→一体机脱水→烘干机烘干(每次放入 60～70 条裤子,80～85 ℃,45～50 min,具体时间以成衣尺寸为标准)→打冷风(约 10 min)→烘炉温度低于 40 ℃可以出缸

七、漂洗

1. 氯漂

次氯酸钠只能对靛蓝牛仔面料进行漂白,对硫化染料染色牛仔面料不起漂白作用。氯漂是利用次氯酸钠的氧化作用来破坏染料结构而使织物褪色。次氯酸盐是一种强漂白剂,可以侵袭并破坏靛蓝染料结构的稳定性。在漂洗过程中,牛仔布将由于靛蓝被氧化成靛红而褪色,靛红可溶于水而被去除,达到褪色的目的。

生产 24 雾化设备(氯漂)

次氯酸钠的稳定性比较差,因此在日常的漂水中加入 NaOH 提高其稳定性,使 pH 值保持在 10～12 之间。其作用机理如下:

$$NaClO + H_2O \rightleftharpoons NaOH + HClO$$
$$HClO = HCl + [O]$$

新生态氧的氧化能力很强,把靛蓝染料的色素团破坏而漂白。在实际生产中需要对次氯酸钠有效成分进行测定,使用过程中要控制其使用量、漂白时间和漂白温度,尤其对于弹性牛仔面料,应防止次氯酸钠与聚醚型结构氨纶产生化学反应,氨纶断裂,导致面料失弹。

漂水漂完后,一定要解漂,即去除残存的氯离子,如果让过多的氯离子残留在织物上,经过一段时间的作用,会对织物产生氯损和导致织物产生黄变,且残留氯对人体有害,因此必须进行解漂,充分地去除氯离子。脱氯常用的方法是用大苏打($Na_2S_2O_3$)处理,在漂洗结束后,大苏打在热水中处理,再充分漂洗,即可去除氯;为了提升效果,双氧水可以与大苏打配合使用,进一步去除衣物上可能残留的次氯酸钠或其他氧化性物质,确保漂白过程的彻底性。

在氯漂工艺中需要加入一定量的碱对工作液的 pH 值进行调整,碱性药剂(纯碱、烧碱)加入主要是为了达到以下几个目的:

(1) 增强漂白效果:次氯酸钠是强氧化剂,在碱性条件下,其氧化性会增强,从而更有效地破坏布料上的色素分子,使漂白效果更为显著。

(2) 促进纤维溶胀:在碱性条件下,牛仔布料的纤维会发生溶胀,即纤维的直径增大,纤

维间的空隙也相应增大。这种溶胀作用有利于次氯酸钠更好地渗透到纤维内部,与纤维附着的色素分子充分接触并发生反应,从而提高漂白效率。

(3) 加速反应速率:化学反应的速率往往受到反应物浓度、温度、催化剂等因素的影响。在牛仔水洗过程中,加入一定量的碱不仅可以提高次氯酸钠的浓度(通过调节 pH 值),还可以为反应提供一个更加有利的碱性环境。这种环境有助于加速次氯酸钠与色素分子之间的反应速率,缩短漂白时间。

【例】 牛仔成衣的中度漂洗工艺及配方为(300 条裤子,每条质量约 650 g,加水量约 800 L)。裤子如果需要酵素洗和漂洗两种工艺,一般先酵素洗再漂洗。

裤子预处理(定位、磨边/破洞/手擦、打枪或绑裤头等)→牛仔成衣放入洗水一体机→放水至合适水位→副缸加入漂水(浓度 11%,7 L)、纯碱和烧碱各 500 g→开机运转(5～10 min,50℃,25 转/min)→期间对样板→放水→大苏打脱氯(2%～3%,500～1000 g,45～50℃,10 min)→清洗→放水(如果需要提高手感,放水到 1/3～1/2 时加入柔软剂,继续运行 3～5 min,硅油 2 L)→一体机脱水→烘干机烘干(80～85℃,45～50 min,具体时间以成衣尺寸为标准)→打冷风(约 10 min)→烘炉温度低于 40℃可以出缸

2. 氧漂(焦亚还原清洗后增白)

双氧水中含游离结合的氧原子,有较强的氧化性,具有漂白的作用,可以使靛蓝及硫化的色素消失。其作用机理是双氧水结构中两个氧原子之间的键结合不牢固,在一定条件下容易分解,并放出新生态的氧,具有较强的氧化能力。

$$H_2O_2 \rightarrow H_2O + [O]$$

双氧水在牛仔服装的漂白工艺用于灰色牛仔(硫化黑牛仔褪色处理)处理。为了提升生产效率和降低成本,众多企业倾向于采用高锰酸钾作为处理剂。然而,在特定场景下,如需要增强纬纱(即白纱部分)的亮度,或者对已经过手工摩擦、喷马骝处理,以及各类漂洗等物理与化学方法去除面料原有蓝色(或黑色)的部分进行增白处理时,双氧水显得尤为重要。通过使用双氧水进行氧漂,可以显著提升这些特定区域的白度,增强底色与白色之间的对比效果,从而赋予牛仔服装更加鲜明、立体的外观。氧漂对棉纤维的损伤也比次氯酸钠少,但成本相对次氯酸钠高,多用于对白度要求高的加工。在实际大生产中,用双氧水漂白注意事项:

(1) 加纯碱控制 pH 值,让双氧水释放最大氧化能力,一般在 pH 值为 10～11。

(2) 某些金属离子(如 Cu^{2+}、Zn^{2+}、Mn^{2+}、Ni^{2+} 等金属离子)会催化双氧水快速分解,容易造成局部面料过度氧化,强力损伤,如果速度过快也容易引起爆炸,因此必须加入稳定剂进行调节。

(3) 温度控制要严格,防止因为升温过快产生起泡而引起质量问题。

(4) 氧漂后要用去除剂进行后处理,防止残留的双氧水对面料进行氧化反应,过度氧化产生强力损伤。

双氧水漂洗剂只能将黑色牛仔产品漂成中灰色或中浅灰色,不能漂成很浅的颜色,也不能把黑色牛仔服漂白,一般漂后布面会略微泛红。

3. 高锰酸钾漂

高锰酸钾是唯一一种可以在室温下迅速将牛仔布上的靛蓝和硫化染料快速破坏的化学

试剂,可以在牛仔服装中产生不同的图案,并且颜色变得明亮。高锰酸钾漂白牛仔裤不需要加热,对于弹性布比使用次氯酸钠漂白风险低,并且可以迅速达到漂白效果。目前为了适应环保要求,市场上有高锰酸钾替代剂,其使用方法与高锰酸钾一样,但替代剂不会产生锰离子污染土地和水资源。

高锰酸钾漂洗后织物表面会形成一层白毛,类似雪花洗效果。经高锰酸钾处理后衣物需要加入大量草酸或焦亚磷酸钠进行还原,去除服装上残留的锰化物。

磷酸在锰漂中的主要用途是提高高锰酸钾的氧化性。使用磷酸的原因是主要是有机酸价格昂贵,而且酸性不如无机酸;无机酸中的硫酸和盐酸对织物和设备的腐蚀性太强,操作风险大。磷酸是中等强度的无机酸,而它无味且腐蚀性低,因此被广泛使用。磷酸在加工中分量应根据实际进行增减,若需要彻底去除背景色,则磷酸浓度可适当增大;若需要保留部分背景色,则可以不添加或减少磷酸分量。

1868年提出了将有色化合物的颜色和化学结构联系起来,认为颜色和不饱和性有关。1876年提出发色团学说,认为有色化合物必须含有一种可能产生颜色的基团,这些基团可称为发色基团,都是一些不饱和基团,例如:—CH=CH—,C=O,—N=O,—N=N—。靛蓝在氧化剂作用下被氧化,反应通式如下:

高锰酸钾在酸性或碱性介质中都具有氧化性,可以分解出新生氧,具有特殊的强氧化性;但在两种介质中的作用不同,在酸性介质中氧化能力更强。

$$3KMnO_4 + 4H_3PO_3 \rightarrow K_3PO_4 + Mn_3(PO_4)_2 + 2H_3PO_4 + 3H_2O + [O]$$

锰漂就是借着高锰酸钾在酸性介质中释放的新生氧,高锰酸钾与靛蓝染料发色基团反应后,会将牛仔布表面的靛蓝氧化破坏,形成不溶于水的黄褐色二氧化锰沉淀。

高锰酸钾在酸性条件下具有强氧化性,具有还原能力的中和剂能将其还原成可溶性的二价锰盐,再经水洗去除。目前企业使用较多的中和剂包括焦亚磷酸钠、草酸和除锰晶。

$$Na_2S_2O_5 + 2MnO_2 + H_2SO_4 = 2MnSO_4 + Na_2SO_4 + H_2O$$
$$2H_2C_2O + MnO_2 = MnC_2O_4 + 2CO_2\uparrow + 2H_2O。$$

焦亚硫酸钠是目前使用最为广泛的中和剂之一,它价格低,中和效果好,但在中和过程中易生成亚硫酸,所以不宜在酸性和高温条件下使用。亚硫酸的稳定性差,易分解,挥发出二氧化硫造成环境污染。草酸也曾是常用的中和剂,但处理后布面易发黄,使用量逐年减少。考虑到气味方面的因素,部分企业采用硫酸羟胺作为中和剂。

高锰酸钾可用于蓝色、蓝黑色、黑色牛仔成衣的漂白,更多用于黑色牛仔成衣的漂白。其漂白后的色光偏灰白(怀旧白)。在实际大生产中,用高锰酸钾漂白的注意事项如下:

(1)棉纤维(纤维素纤维)对酸稳定性不强,过多酸会容易造成织物的强力损伤。

(2)一般在室温下漂白,防止漂白速度过快或者氧化过度。

(3)酸过量,不利于还原清洗,降低二氧化锰去除效果(泛黄,不白)。

(4)化料后做好过滤工作,防止面料出现斑点。

(5)确定工艺,选择合适漂白时间,既要达到白度要求,也要防止面料过度氧化,造成织物的强力损伤。

(6)酸过量会造成与焦亚硫酸钠反应,产生大量刺激性气味,工人必须做好防护,并加强废气收集和通风装置。

(7)加强漂后处理,用去锰剂将高锰酸钾去除干净,防止由于去除不尽而出现的黄红斑状物。

【例】 牛仔成衣的中度漂洗工艺及配方为(200 条裤子,每条质量约 650 g,加水量约 800 L)。裤子如果需要酵素洗和漂洗两种工艺,一般先酵素洗再漂洗。

裤子预处理(定位、磨边/破洞/手擦/猫须、打枪或绑裤头等)→牛仔成衣放入洗水一体机→放水至合适水位→副缸加入高锰酸钾工作液(高锰酸钾与水按照 1∶5 配置,加入 4 L,另外加入磷酸 300~400 ml)→开机运转(5~10 min,常温,25 转/min)→期间对样板→放水→还原清洗脱锰(①草酸还原清洗 1500 g 草酸,50℃,5 min,后加双氧水 3 kg,5 min;②焦亚磷酸钠还原清洗 2000~2500 g,50℃,10 min)→清洗(2~3 次)→放水(如果需要提高手感,最后一次放水到 1/3~1/2 时加入柔软剂,继续运行 3~5 min,硅油 2 L)→一体机脱水→烘干机烘干(80~85℃,45~50 min,具体时间以成衣尺寸为标准)→打冷风(约 10 min)→烘炉温度低于 40℃可以出缸。

八、砂洗

砂洗是牛仔服装在洗水过程汇总加入一些碱性和氧化性助剂,使牛仔衣物产生部分褪色效果及陈旧感,如果与石磨搭配,面料表面会形成柔和的绒毛,从而赋予牛仔布柔软、细腻的手感。砂洗剂的成分主要包括三个部分:

1. 膨化剂

作用:膨化剂用于预处理阶段,根据纤维的类别、织物的组织结构和紧密程度来选定膨化剂、浓度、温度、时间等膨化条件。纯棉衣物砂洗时,常采用碱性膨化剂如纯碱来进行膨化处理,使纤维疏松,为后续的砂洗过程做准备。

选择依据:膨化剂的选择和用量取决于纤维类型、织物结构和预期效果。

2. 砂洗剂(砂粉)

种类:砂洗剂通常包含不同形态和硬度的砂粉,如菱形砂、多角形砂和圆形砂。

作用:衣物经膨化后,纤维变得疏松,此时通过特殊的砂洗进行摩擦,使疏松的表面纤维产生丰满柔和的绒毛。不同形态的砂粉能够产生不同的效果,如菱形砂使松散的纤维产生绒毛,多角形砂使绒面挺立,圆形砂则使绒毛更加丰满。

选择依据:砂洗剂的选择取决于期望的绒面效果和织物的特性。

3. 柔软剂

作用:柔软剂用于砂洗后的处理阶段,旨在使织物柔软带糯性,同时能增重并显著改善织物的悬垂性。这类柔软剂通常碳链较长,且具有阳离子性,能在织物上吸附,达到增重的目的。

选择依据:柔软剂的选择应基于其对织物柔软度、悬垂性和手感的提升效果。

砂洗剂通常与工业洗水机结合使用,进行膨化、砂洗和柔软处理。在处理过程中,还会使用离心泵脱水机进行脱水,以及采用针织厂烘干鹅绒的转筒烘干机进行烘干。

虽然砂洗工艺能够显著提升牛仔裤的外观和手感,但在生产过程中也需要注意一些事项。例如,需要确保砂洗剂和助剂的用量和处理条件(如温度、时间等),应根据纤维种类、纱支粗细、捻度强弱、织物组织结构、经纬密度和产品风格等因素来确定,以避免对牛仔布造成过度损伤;同时还需要控制好砂洗过程中的温度和时间等参数,以确保砂洗效果的一致性和稳定性。一般来说,纱结构织物效果优于线织物,浮线长优于浮线短、低支纱优于高支纱、低捻纱产品优于高捻纱产品。

九、化学洗

化学洗主要是通过使用强碱助剂(如 $NaOH$、$NaSiO_3$ 等)来达到褪色的目的,同时结合其他化学试剂和工艺步骤,使牛仔服装呈现出独特的陈旧感、柔软度和丰满度。如果化学洗中加入浮石,则称为化石洗。化石洗可以增强褪色和磨损效果,增加衣物破旧感,达到仿旧和起毛效果。

化学洗工艺主要分为四个步骤:

(1)预处理:在进行化学洗之前,牛仔服装通常会经过预处理,如去油、去污等,以确保洗涤效果。

(2)化学试剂添加:将强碱助剂及其他必要的化学试剂加入到洗涤液中。选择合适的化学试剂和配比,以确保洗涤效果和安全性。

(3)洗涤:将牛仔服装放入含有化学试剂的洗涤液中,通过机械搅拌或浸泡等方式进行洗涤。在这个过程中,强碱助剂会破坏牛仔布上的染料结构,从而达到褪色的效果。在化学洗过程中,需要控制洗涤工艺,包括洗涤时间、温度、搅拌强度等因素都需要进行精确控制。

(4)后处理:洗涤完成后,通常还会进行后处理,如加入柔软剂使衣物柔软丰满,或者进行其他特殊处理以达到特定的外观效果。

十、炒砂

炒砂是利用一些具有一定硬度和包容性的砂料与高锰酸钾进行混合,使衣物放入炒砂机内干磨,获得一定的褪色效果及陈旧感,尤其是骨位能形成豆角效应。根据衣物的组织厚度、经纬密度、纱支粗细和风格要求等条件选取合适的砂料和配备相应的高锰酸钾进行干磨,使织物在松弛的状态下借助机械摩擦,产品经过洗水后,布面产生绒感,手感柔软、细腻,形成特殊风格。

高锰酸钾与盐的用量比例按照白度要求,比例为(1∶2)～(1∶20),炒砂一般根据客户的风格分为三种方式:①粗盐＋高锰酸钾;②粗盐＋细砂＋高锰酸钾;③细砂或细盐＋高锰酸钾。三种工艺效果从粗犷到细腻。

【例】 推荐工艺流程:

步骤1 牛仔服装先进行退浆、酵磨洗等前处理工艺(如需漂白,先进行漂白),清洗烘干备用。

步骤2 将炒砂石加入炒砂机内,淋入适量马骝液,然后转机3～5 min,使其混合均匀(推荐马骝液淋入两次,转机混合均匀两次)。

步骤3 把步骤1处理好的衣物放入炒砂机内,转机5～8 min。

步骤4 用还原剂解漂,清洗。

步骤5 进行后续工艺处理。

图3-54 炒砂

图3-55 与高锰酸钾混合后的炒雪花浮石

图3-56 两种工艺成品对比

十一、雪花洗

雪花洗也称炒雪花,它是将预先干燥的浮石充分浸透于高锰酸钾溶液中,确保浮石完全吸收药液。随后,将这些浸透高锰酸钾的浮石置于专用的转缸内,与待处理的衣物直接接触进行打磨。通过浮石与衣物的摩擦作用,高锰酸钾被有效传递到衣物表面,并作用于摩擦点,使这些区域发生氧化反应,导致布面呈现出不规则的自然褪色效果。在原本蓝色的牛仔布面上,这些褪色区域会形成如同雪花般散落的白色斑点,这种独特的处理效果被形象地称为"雪花洗"。

雪花洗工艺是化学药剂(高锰酸钾)与物理打磨(浮石)相结合的成果,专门用于牛仔成衣的后期整理。在实施雪花洗之前,衣物需先经过普洗、退浆和脱水处理,但保留一定的湿度,不进行烘干。

【例】 推荐工艺流程:

步骤 1　牛仔服装先进行退浆、酵磨洗等前处理工艺(如需漂白,先进行漂白)。

步骤 2　将雪花石放入炒雪机内,淋入适量马骝液,然后转机 3~5 min,使其混合均匀(推荐马骝液淋入两次,转机混合均匀两次)。

步骤 3　把步骤 1 处理好的衣物放入炒雪机内,转机 5~8 min,雪花效果对样板。

步骤 4　衣物在洗水缸内清洗石尘,再用还原剂中和,清洗。

步骤 5　进行后续工艺处理。

十二、套色

牛仔成衣在最后都要做套色或脱色来达到一定的怀旧效果,如套米色有旧的效果,套灰色有脏的效果。或是在布面进行不同层次的蓝色套染,使牛仔成衣具有自然铜绿、土黄色,渲染陈旧的效果。常用染料有硫化、活性、直接染料和涂料、纳米色料等。

在牛仔服装套色工艺中,最常用的是直接染料。染色时水的温度、pH 值和工业盐的使用量都会影响上色速率。

图 3-57　套色牛仔

子任务二　认识新型牛仔服装洗水工艺

一、隐形印花洗

隐形印花是先在牛仔面料、衣片或牛仔成衣上印花,然后通过后续的洗水过程来显示特殊的花纹图案。这种显色的原理主要涉及到印花色浆的特殊性质以及洗水过程中的化学反应或物理变化。

1. 隐形印花显色原理

印花色浆的选择:隐形印花通常使用一种特殊的印花色浆,这种色浆在普通状态下可能并不显色或显色较淡,但在特定的条件下(如经过洗水处理)会发生变化,从而显露出明显的花纹图案。

2. 洗水过程的作用

洗水过程是通过特定的化学试剂和物理作用(如摩擦、温度、湿度等)对印花面料进行处理。

这些处理条件会触发印花色浆中的化学反应或物理变化,导致色浆的颜色发生变化或显现。例如,某些色浆在洗水过程中可能与洗水液中的化学成分发生反应,生成新的有色物质;或者洗水过程中的物理作用(如摩擦)可能破坏色浆表面的保护层,使内部的颜料显露出来。

3. 化学反应与物理变化的结合

隐形印花的显色过程往往是化学反应与物理变化共同作用的结果。

化学反应可能包括色浆成分与洗水液中的化学物质之间的相互作用;物理变化则可能包括色浆表面的物理状态(如溶解度、分散度等)在洗水过程中的改变。

隐形印花的显色效果受到多种因素的影响,包括印花色浆的配方、洗水工艺的参数(如温度、时间、化学试剂的种类和浓度等)以及面料本身的性质等。

因此,在实际应用中,需要根据具体的产品要求和工艺条件来选择合适的印花色浆和洗水工艺,以获得理想的显色效果。

目前市场上较多的隐形牛仔印花浆料的显色的原理是通过控制面料亲水性。浆料在织物表面同时形成具备亲水性和疏水性的两部分,当织物遇水后,未印花部分润湿速率较快,而印花部分因有拒水剂存在将不被润湿或润湿速率很慢,最终造成在同一块成衣面料表面上的含水量有极大差别,而导致亲水性部位的颜色和疏水性部位的颜色对光线的反射不一致,出现不同的颜色光泽,亲水性部分的颜色较疏水性部位颜色深很多,由于该色差的出现而花纹被显示出来,这样就达到了隐形印花的效果。

流程:印刷隐形印花浆料(烘干)→喷马骝→还原清洗→(酵洗)→脱水烘干

在进行隐形印花洗水处理时,需要根据具体的印花色浆和面料特性来选择合适的洗水方法和参数。洗水过程中需严格控制温度、时间、化学试剂的种类和浓度等因素,以确保获得理想的洗旧效果和印花显现效果。洗水处理后需进行充分的清洗和中和处理,以去除残留的化学物质和杂质,确保面料的安全性和舒适性。

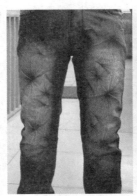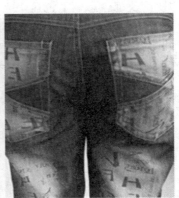

图 3-58　隐形印花洗

二、臭氧处理

臭氧(O_3)是一种由三个氧原子组成的活性气体。它通常是在上层大气中通过阳光对正常氧气的作用而产生的。在工业中,臭氧是由闪电等电荷形成的,它将正常的氧气转化为臭氧。

因为臭氧是一种氧化剂,所以它具有漂白特性。臭氧可以通过氧化过程使靛蓝染色的牛仔布褪色。臭氧比其他化学物质漂白速度更快,它有助于在 3 秒内清洁污渍。臭氧漂白的最佳时间是 15 min,而传统的漂白需要 30～50 min。因此,臭氧处理可以提升企业产量。臭氧需要两到三次冲洗过程,而使用传统的方法需要六到七次冲洗,所以它节省了大量的水。此外,用臭氧取代一些传统的处理可以减少废水,包括产生的污泥浮石。

在一个密闭的臭氧生成装置中,将具有一定温度、湿度、压力的气体通过高压电弧,完成由氧气转换成臭氧的过程,再将臭氧溶解于水中进行水洗。臭氧较强的氧化性可以氧化织物上的染料(靛蓝或者硫化染料均可),使其变色或褪色以产生怀旧效果。臭氧除了可以对染料进行氧化破坏,也能对淀粉浆料进行氧化破坏,因此是退浆和脱色一起加工,能减少加工环节和降低能耗。

另外,臭氧是气体,分子轻而小,能很容易渗透进衣物纤维里,使纤维充分伸展,恢复纤维的弹力,衣物变得更蓬松,且具有永久性的柔软手感。臭氧洗水能减少资源消耗,无污染,效率高,是一种环保的绿色洗水工艺。加工设备必须安装在独立房间,带通风装置,并对排放气体进行处理,防止工人醉氧和污染大气。

臭氧设备虽然优点众多,但一旦吸入,可能会对活细胞造成损害甚至死亡。因此,在选择这类牛仔布加工设备时,安全性和可靠性必须成为首要考虑因素。据加拿大政府报告,即使暴露于极低浓度的臭氧(百万分之一,即 ppm),也可能对眼睛、鼻子、喉咙和耳朵产生轻微刺激,甚至引发头痛。更为严重的是,当臭氧浓度达到 50 ppm 时,可能会致命。在臭氧漂白过程中,工业界通常使用 5000～7000 ppm 的浓度,这使得这一过程相较于其他方法更为危险。

为了确保臭氧的安全处理,臭氧整理设备应具备三种基本功能:填充机构、门锁和监控/报警系统。这些功能共同保障了操作过程中的安全,减少了对工人健康的潜在威胁,确保了生产的顺利进行。

臭氧加工工艺:预处理(放入衣物,衣服含水率 60%,设备通入空气,开机运转,让成衣在设备内充分舒展,布面平整)→臭氧发生器制造臭氧→通入臭氧,运行设备→停止臭氧加工,打开设备取出衣物→洗水设备进行清洗→固色处理→脱水→烘干

三、激光处理

(一)加工效果
激光雕刻技术作为牛仔服装后整理工艺的革命性创新,正在深刻改变传统洗水加工的产业格局。激光雕刻技术通过制作仿旧效果、图案个性化定制、产品破损或切割效果等替代传统工艺,实现牛仔服装的环保加工转型。

1. 仿旧效果制作
通过精准控制激光参数(功率 20～60 W,频率 20～50 kHz),可实现传统手工打磨、喷砂等工艺的仿旧效果,包括:膝盖、口袋等部位的局部褪色、自然磨损纹理的数字化模拟、猫须、蜂窝等立体褶皱效果等(图 3-59)。

2. 图案个性化定制
相比传统丝网印刷,激光雕刻可实现:复杂图案的直接刻蚀(分辨率达 1200 dpi)、渐变色

彩效果（通过能量密度调节）、即时设计修改与打样（节省 90％制版时间）等（图 3-60）。

3. 环保加工转型

激光工艺可减少 85％以上的化学药剂使用（如高锰酸钾）、60％的用水量和 75％的能源消耗。

（二）技术新发展

目前市场上新的激光技术为牛仔创新设计带来全新可能。如通过分层雕刻技术实现3D 立体浮雕效果（深度可达 2 mm）；同步完成牛仔面料与皮革、金属配饰的一体化加工，实现混合材料处理，提高加工效率；配合温变材料的激光激活处理，面料获得智能变色效果等。

1. 硬件单元

一套完整的牛仔服装激光雕刻系统应包含硬件单元如表 3-9 所示：

表 3-9　激光雕刻系统硬件单元

硬件组件	技术参数要求	功能说明
激光发生器	CO_2 激光器（30～100 W）或光纤激光器（20～50 W）	提供加工能量源
振镜系统	高速扫描振镜（速度≥5 m/s）	控制激光路径
工作平台	三维可调式真空吸附平台（尺寸通常为 1.5 m×3 m）	固定并定位服装
排气系统	双级过滤（活性炭＋HEPA）	处理加工产生的烟雾
视觉定位	CCD 相机（500 万像素以上）	图案精确定位

2. 功能模块

除了硬件单元外针对牛仔加工的特殊需求，还可能需要配置以下一些功能模块：
①旋转装置：用于裤管等圆柱部位的均匀加工；②自动送料系统：实现批量连续化生产（效率提升 40％）；③温控模块：防止面料碳化的精准温控（40～60℃）等。

3. 软件支持

激光雕刻系统需要多层次的软件支持，如设计创作软件、生产控制软件和智能分析软件等，如表 3-10 所示。

表 3-10　激光雕刻系统软件支持

软件支持	软件和功能
设计创作软件	Adobe Illustrator/Photoshop（基础设计）专业激光雕刻软件（如 LaserWorks、EzCad2）3D 效果模拟软件（如 TexEng 3D）
生产控制软件	激光路径优化算法（减少空跑时间）能量密度自动调节系统批量生产队列管理
智能分析软件	面料数据库（含 500＋牛仔面料参数）工艺效果预测 AI 模型能耗与成本计算系统

（三）关键技术

实施激光雕刻需掌握的关键技术参数包括：能量密度（通常控制在 3～8 J/cm² 范围内）、扫描速度（根据效果要求调整 0.5～3 m/s）、聚焦距离（直接影响雕刻深度，需定期校准）和脉冲频率（影响边缘光滑度 20～100 kHz）等。

【例】　牛仔服装激光仿旧加工实践的系统性调节方案(表3-11):

表3-11　仿旧加工实践系统性调节方案

效果类型	功率(W)	频率(kHz)	速度(m/s)	焦距(mm)	扫描间距(mm)	辅助气体
轻度自然褪色	25～35	30～40	1.8～2.2	127	0.15～0.20	压缩空气
重度磨损效果	45～60	20～30	0.8～1.2	254	0.25～0.30	氮气
立体猫须纹理	35～45	35～45	1.0～1.5	190	0.10～0.15	混合气体
蜂窝褶皱效果	40～50	25～35	0.5～1.0	220	0.18～0.22	压缩空气

1. 基础参数设定四步法

(1)面料基准测试:在新批次面料隐蔽处做9宫格参数测试(3×3功率/速度组合)。

(2)效果层级确认:

轻度褪色:仅表层纤维处理(能量密度3～5 J/cm^2);

中度磨损:纤维部分断裂(能量密度6～8 J/cm^2);

重度破坏:完全穿透纬纱(能量密度9～12 J/cm^2)。

(3)动态补偿调节:

深色面料:功率+10%,速度-15%;

弹力牛仔:频率+20%,间距扩大0.05 mm。

(4)环境适配:

湿度>60%时:功率+5%,气体流量增加30%;

温度<15℃时:预热面料至25℃再加工。

2. 高级效果调节技巧

渐变效果:采用功率线性衰减模式(100%→60%),配合速度递增(0.8→2.0 m/s);

3D立体感:多层雕刻技术(3～5次重复扫描,每次Z轴下降0.3 mm);

边缘自然化:随机抖动算法(振幅0.05～0.1 mm,频率5～8 Hz)。

(四)常见问题及解决方案

在日常生产中,牛仔服装激光雕刻加工常见边缘碳化或者加工不均匀等问题,其成因和解决方案见表3-12。

表3-12　激光雕刻加工常见的问题成因和解决方案

问题现象	可能原因	即时调节方案	长期解决方案
边缘碳化发黄	能量过高/速度过慢	功率↓15%+气体流量↑50%	升级铜喷嘴+氧含量监控系统
效果不均匀	焦距不准/面料不平	重新校准+加强面料固定;启用表面高度自动补偿功能	加装3D轮廓扫描仪
色差明显	面料批次差异	调用历史成功参数组+光谱仪在线校准	建立面料数据库与参数关联模型
面料收缩变形	面料张力不均匀,面料不平整	预加张力装置+局部冷却系统启动	改用低温模式(<150℃)加工

采用激光雕刻加工工艺,企业应做好以下三个方面工作:

（1）操作人员及时收集各种加工数据,加强数据化管理。

（2）设备保养:定期进行清洁光学镜片和校准光路、振镜系统精度检测（误差＜0.01 mm）和激光能量检测（衰减量＜5％）等。

（3）人员培训:掌握"参数效果关系三维模型"（功率-速度-频率关联曲线）、熟练使用"参数模拟器"虚拟调试功能和理解不同化学洗水工艺与激光参数的协同效应等。

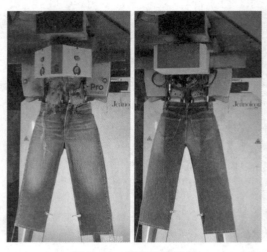

图 3-59　激光洗水效果

图 3-60　激光图案效果

子任务三　常规牛仔服装手工加工工艺

生产 25 牛仔成衣手擦工艺

一、手擦与机擦

在手工台板上用指定目数砂纸在规定位置,对牛仔面料进行反复地摩擦,使面料表面纱线损坏,露出白色纱芯,同时也便于后续加工中马骝液（高锰酸钾溶液）的渗透。

手擦的地方通常是前后裤腿和裤腰位、袖子及前后身等设计的部位,可以分为局部手擦和全件手擦。砂纸目数的选择要根据纱的粗细、布面的品质、颜色的牢度以及手擦位要求的轻重来综合选定（目数越大,砂纸越细）,手擦砂纸男装常使用 360～600 目,女装 800～1200 目。根据风格需要,可在台板上放置猫须模板,再铺上成衣,对位后用砂纸进行手擦猫须。此方法手擦散位感强,自然、有层次感,腰头等细微处均能擦到,但工人的劳动强度相对较大。

机擦则是将牛仔裤套挂在充气的橡胶人台机上,用电动的橡胶砂轮在规定位置反复地摩擦,让牛仔成衣洗水后有自然怀旧和泛白效果。机擦可大面积摩擦,适合前腿位、膝盖处、后臀部等较大面积的位置,生产效率较高,但机擦不够精细,层次感稍差,需用手工修整裤缝边缘、袋口边、裤脚的折边处等细小部位,以期达到特殊的效果。故机擦只用于需要大面积且连续磨白的部位。机擦用的擦头一般有 280 目、320 目、400 目三种规格,280 目用于粗厚牛仔布,320 目普遍用于蓝色牛仔布,400 目用于薄牛仔布或黑牛仔布。

□ 手擦位置的固定

1 先对折裤筒,在对折处作记号

3 涂上颜料粉后的效果

2 延记号线放置定位模板,并涂上颜料粉

4 经过手擦并洗水后的最终成衣效果

图 3-61　手擦

二、喷马骝

牛仔服装用喷枪把高锰酸钾和磷酸混合工作液按设计要求喷射到衣物上,通过对工作液浓度、喷射量和喷射距离等来控制化学反应程度,从而控制褪色的程度。喷完马骝后需要进行脱锰还原清洗,常使用焦亚硫酸钠作为中和剂。喷马骝可以形成多种形状,如猫须、白条等。

喷马骝和手擦牛仔服装都呈现蓝白效果,其本质区别是前者为化学作用,后者为物理作用。从效果上看,前者褪色均匀,面料里层也有褪色,而且可以达到很强的褪色效果,后者只有在面料表层有褪色。喷马骝可根据产品加工需要安排在洗水前或者洗水工序后。

喷马骝加工注意事项:

(1)马骝液配置中,磷酸能提高加工效果,但是量要进行控制,加入量太多会引起反应不稳定。

(2)调整喷枪、喷嘴和压力,防止喷嘴堵塞或者喷淋不均匀产生液滴疵点。

图 3-62　喷马骝

(3)喷马骝后不能立刻将加工衣物叠放在一起,避免表面微液滴没渗透进去纤维,衣服相互沾染形成疵点。

(4)喷马骝后,牛仔衣服表面基本自然晾干就要安排还原清洗,防止产生黄变。

(5)还原清洗常用焦亚硫酸钠和草酸,前者效果和速度较好,成本较高;后者中和后色

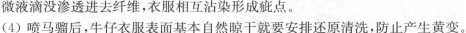

光一般偏黄,加工温度较高。

(6)加工中,高锰酸钾工作液会引起呼吸道不适或者过敏,也不能直接与皮肤接触,因此,操作员应在配备水帘和有抽风系统的工作台操作,并正确佩戴口罩、眼罩、手套和围裙等防护用品。

三、手抹

手擦(抹)是用毛巾(毛刷)蘸上配制好的高锰酸钾工作液溶液,根据客户的需求在服装上进行手工擦拭。

当需要呈现全身泛白或局部白粒明显时,也可以将牛仔服装套在能转动的胶波上,用蘸有高锰酸钾溶液的毛巾、毛绒布、弹性棉布、纱网布在牛仔成衣上进行拖扫;为了凸显骨位蓝白相间的"豆角"效果,也可用沾有高锰酸钾液的排刷、毛刷等在骨位上拖扫。

高锰酸钾工作液是一种强氧化剂,高锰酸钾和中和剂焦亚硫酸钠与皮肤直接接触时,可能会引起不适。对于眼睛,它可能会造成视力损害。因此,操作人员有必要对原料存储和使用进行安全管理和严格按照操作规程使用,加工场所需要适当的通风系统、防护装备(如护目镜、口罩和手套)和对工厂工人进行适当的程序培训。

四、磨边、烂洞

边缘磨损是破坏牛仔裤的过程,特别是在底部,口袋和腰带等一些特定的部位用锐器刮烂、磨具磨烂或者刮毛等方式,从而制成破坏的风格效果。此工序一般会安排在牛仔成衣在洗水前,洗后效果会更自然。

(1)磨边:通常用旋转的砂轮来磨裤边、袖口、腰头边、袋口边等设计要求的磨边部位。

(2)勾纱:用锋利的工具将牛仔成衣的经纱磨掉,而保留纬纱,形成磨损效果,最后把牛仔裤放入洗衣机清洗,形成自然的状态。切割时要始终保持纬向,避免洗后抽纱或破大洞。

(3)吊磨:用吊磨机在牛仔裤需要磨破的区域,轻轻地磨烂表面,再用刀割断蓝色经纱,用气管吹出白纱,所形成的破烂效果更有层次感。

生产26手工破损加工—磨边

生产27手工破损加工—吊磨

生产28手工破损加工—勾纱

图3-63 刀割经纱

图 3-64　电磨头磨损加工

图 3-65　磨具磨边加工

目前也有部分企业采用激光设备进行磨边、烂洞等加工。在这些过程中,靛蓝染料和纤维的微粒会飞起来,染料和粉尘会影响工人健康,因此,企业必须保持适当的通风集尘设施,并提供防护服、手套、口罩、护目镜等。

五、手缝

在牛仔裤需要制造皱褶痕迹的地方手缝(打胶针/捏褶),使皱褶固定。再将牛仔裤放到大型洗衣机里处理,在去除钉针后会出现永久性的皱褶。由于隐藏的部位接触机械摩擦和化学品较少,所以皱褶内部颜色更深,产生明显的阴影对比。这种效果可以应用在不同风格的衣服上,最常见的部位是牛仔裤的腰带、裤脚和口袋边角。

六、猫须

猫须是牛仔服装成衣加工中最常见也是最复杂的工序,它是通过物理或者化学加工的方式,在牛仔裤臀部和大腿部

图 3-66　手针洗水后效果

位自然摩擦形成的线条,因外观如猫须状而得名,猫须加工是模仿穿着后在关节伸曲部位产生的一种自然磨旧像猫须似的纹路。猫须纹通常出现在牛仔裤的前裤裆左右侧和后裤脚处,也可用在股腋、臂腕、膝腕等处。

猫须加工可分为普通猫须、立体猫须、手缝猫须、马骝猫须、手抓猫须和树脂猫须等。

手擦猫须属于常规猫须中的一种,它采用打砂或机刷等方式磨洗出折痕,可通过砂纸预先人为地把猫须效果创造出来。用粉笔画出猫须的位置,用600～1200目砂纸卷成圈状,在粉笔痕上擦出猫须,中间力度大,向四周散开。

生产29猫须
加工一模板
猫须

生产30猫须
加工一手描
猫须

图 3-67　手工猫须　　　　图 3-68　机擦猫须　　　　图 3-69　烫手折树脂猫须

机擦猫须把裤子套在胶波上,用高速旋转的机器在皱褶处轻轻摩擦,形成猫须。通常机打后需要再人工补擦,等于为机打猫须做阴影,这样的效果会更有层次感,也更自然。如果只用机擦,时间太久或用力太猛,都很容易损伤织物,尤其是薄的牛仔裤容易磨烂;时间过短猫须效果太细。

立体猫须一般是使用树脂整理剂,通过树脂整理剂与纤维无定形区里大分子链的交联作用。将树脂喷射在指定位置或者整条浸泡,手工折叠需要的花纹或者人体模具设置不同的人体运动状态,通过高温压机或者烘房,形成持久的特定皱折。立体猫须工艺生产步骤为:半成品前加工工艺(包括手擦、磨烂、普通猫须等工艺)→底色漂洗、烘干→按照工艺配方进行树脂浸泡或者喷涂→按要求进行烘干(一般八成干)→压皱处理→放入焗炉高温定形→如有需要可进行手擦或喷马骝。

(a) 手擦猫须　　　　　　(b) 立体猫须　　　　　　(c) 手折猫须

图 3-70　各种猫须加工效果牛仔布

在立体猫须加工中有三点应该注意:第一,大多数树脂是以甲醛为基础的,虽然行业强调使用无醛树脂,但是仍未完全消除。加工时皮肤暴露于甲醛可能导致过敏性、接触性皮炎,女性比男性更容易受到这种疾病的影响。部分国家通过国家立法,限制纺织品和牛仔产品中含有甲醛。第二,在压皱前先进行压皱测试,如果效果不佳,应及时清洗面料后重新调整工艺,防止损伤面料。第三,在压皱后送到焗炉高温定形中应注意时间和温度控制,如炉内温度是否均匀,热风循环装置是否正常运行,另外防止含氨纶面料因为温度过高而断裂。

七、扎洗/网袋洗

扎洗是在洗水过程中用绳子等将服装捆扎出各种图案的花型,再进行酵洗或漂洗,洗后布面形成印花一样的不规则图案。还可进行脱色处理,使服装的花色更加多样。

网袋洗是将牛仔成衣压紧塞进网袋,放进洗水设备进行酵洗或漂洗,因为面料紧压,各部分接触到化学药剂的量不同,洗后打开不同位置布面形成特殊的无规律图案。

图 3-71　扎花效果

八、喷砂

喷砂也称为打砂。喷砂是用混合很细的高速微粒来擦洗衣物的过程。是利用空气压缩机和喷砂装置产生的强气压而喷射出金刚砂(氧化铝)微粒,在强气流作用下,氧化铝微粒以高速喷在服装的表面使服装产生局部磨损。靛蓝染料的纤维在摩擦力作用下剥离织物表面,故可喷射出多种多样的粗化、发白的图案。采用模板喷砂还能产生猫眉纹效果。这种工艺不仅可以取代传统的石磨工艺,同时可以大大提高工作效率,每完成一条牛仔裤只需几秒钟。在喷砂过程中,牛仔被高压微粒打磨、成形和清洗。与其他方法相比,这种方法快速、廉价、磨损效果好。金刚砂可回收再添加到砂筒中继续使用。

喷砂的工作环境相对恶劣。在人工喷砂中,高压砂穿过牛仔布表面,若该过程在没有完全密封喷砂柜和通风的情况下进行,工人会暴露在硅颗粒(喷砂的微小颗粒)中。这些硅颗粒非常微小,如果工人吸入它们,结果可能导致严重的呼吸问题。二氧化硅颗粒非常微小,肉眼看不见。身体无法排出二氧化硅颗粒,从而导致硅肺病等疾病;这些颗粒会穿透肺泡和结缔组织,损害肺活量和工人的血液加氧能力。症状可能是呼吸短促,甚至是咳嗽。长期的接触可能会导致致命的疾病,如矽肺和肺癌。因此,如果工人长期接触,该程序会造成极端的健康危害,并可能在工人开始使用喷砂机工作后的数月或数年内导致死亡。有时即使在工人离开这个行业后,疾病的水平也会增加。这给心脏带来了额外的压力,最终导致死亡。然而,如果在早期阶段诊断出症状,矽肺的进展可以减慢。基于此工艺对工人健康影响大,欧盟对喷砂进行了严格的监管;目前广东地区通过纺织工程学会倡导,已经将此列入牛仔服装加工禁止使用工艺。

 小知识

工业污染源的术语及定义

工业污染源：指工业生产中对环境造成有害影响的生产设备或生产场所。它通过排放废气、废水、废渣和废热污染大气、水体和土壤，产生噪声、振动等危害周围环境。

第一类污染物：指能在水环境或动植物体内蓄积，对人体健康产生长远不良影响的有害物质，共 16 种：总汞、烷基汞、总镉、总铬、六价铬、总砷、总铅、总镍、苯并(a)芘、总铍、总银、总 α 放射性、总 β 放射性、活性氯、石棉、氯乙烯。

危险废物：指列入国家危险废物名录或者根据国家规定的危险废物鉴别标准和鉴别方法认定的具有腐蚀性、毒性、易燃性、反应性和感染性等一种或一种以上危险特性，以及不排除具有以上危险特性的固体、液体或其他形态的废物。

无组织排放：指大气污染物不经过排气筒的无规则排放，包括开放式作业场所逸散，以及通过缝隙、通风口、敞开门窗和类似开口(孔)的排放等。

排气筒高度：指自排气筒(或其主体建筑构造)所在的地平面至排气筒出口处的高度。

任务六　牛仔成衣常规理化检测

2017 年 11 月 4 日，全国人大常委会正式发布了经过修订的《中华人民共和国标准化法》，并于 2018 年 1 月 1 日起正式实施。新版标准化法不仅明确了国家标准、行业标准、地方标准和企业标准的地位，还创新性地在企业标准体系中纳入了团体标准，并赋予其法律地位。

近年来，随着牛仔布和牛仔成衣市场的蓬勃发展，人们对这些产品的环保要求日益提高。环保已成为牛仔成衣生产和销售不可或缺的条件之一。为了满足这一需求，牛仔成衣的环保标准必须贯穿整个产业链，包括染整、织造、面料后整理和成衣洗水等所有生产环节。

一、牛仔布生产的执行标准

为确保牛仔布的生产与牛仔成衣的销售符合规定标准，从染整生产到成衣监控，都需要遵循相应的规定。

✓　纺织行业推荐性标准 FZ/T 13001《色织牛仔布》

✓　国家推荐性标准 GB/T 411《棉印染布》

✓　国家强制性标准 GB 18401《国家纺织产品基本安全技术规范》

✓　纺织行业标准 FZ/T 81006《牛仔服装》

✓　国际纺织环保研究与检测协会 OEKO-TEX Standard 100。

同时，作为全国最大的牛仔服装生产加工基地，广东省为提高产品质量和规范化加工，已发布了一系列团体标准。这些标准不仅有助于提升牛仔布和牛仔成衣的质量，还推动了整个行业的可持续发展。主要包括：

- ✓ T/GDTEX 23.6—2023《纺织工业互联网标识信息规范 第6部分：牛仔布》
- ✓ T/GDTEX 22.2—2021《牛仔服装洗水工艺指南第2部分：石磨洗》
- ✓ T/GDTEX 22.1—2021《牛仔服装洗水工艺指南第1部分酵素洗》
- ✓ T/GDTEX 14—2020《高支高密牛仔布》
- ✓ T/GDTEX 07—2019《机织牛仔服装和牛仔面料断弹技术指南》
- ✓ T/GDTEX 06—2019《牛仔服装洗水操作规范》
- ✓ T/GDTEX 05—2019《牛仔服装洗水行业清洁生产评价指标体系》

二、牛仔面料常见的检测项目与标准

- ✓ GB/T 29862《纺织品 纤维含量的标识》

实验4 纤维鉴别试验方法 第2部分：燃烧法

- ✓ 水洗尺寸变化率按 GB/T 8630 规定测试，采用 GB/T 8629—2017 洗涤程序5A，并在批量中随机抽取3件成品测试，采用转笼翻转干燥，干燥温度为(50±5)℃，结果取3件的平均值。
- ✓ GB/T 14801《机织物与针织物纬斜和弓纬试验方法》
- ✓ GB/T 2912.1《纺织品 甲醛的测定 第1部分：游离和水解的甲醛（水萃取法）》
- ✓ GB/T 7573《纺织品 水萃取液 pH 值的测定》
- ✓ GB/T 17592《纺织品 禁用偶氮染料的测定》

实验5 纤维鉴别试验方法 第3部分：显微镜法（纵面观察）

- ✓ GB/T 23344《纺织品 4-氨基偶氮苯的测定》
- ✓ GB/T 5713《纺织品 色牢度试验 耐水色牢度》
- ✓ GB/T 3921《纺织品 色牢度试验 耐皂洗色牢度》
- ✓ GB/T 3920《纺织品 色牢度试验 耐摩擦色牢度》
- ✓ GB/T 8427《纺织品 色牢度试验 耐人造光色牢度：氙弧》按方法3，晒至第一阶段。
- ✓ GB/T 3922《纺织品 耐汗渍色牢度试验方法》
- ✓ GB/T 3917.1《纺织品 织物撕破性能 第1部分：冲击摆锤法撕破强力的测定》
- ✓ GB/T 3923.2《纺织品 织物拉伸性能 第2部分：断裂强力的测定（抓样法）》

实验6 纤维鉴别试验方法 第4部分：溶解法

- ✓ GB/T 21196.2《纺织品 马丁代尔法织物耐磨性的测定 第2部分：试样破损的测定》，至少两根独立的纱线完全断裂为止。

实验7 化学溶解—显微镜镜法

图 3-72　摆锤法撕破力度强仪　　图 3-73　断裂强力的测定（抓样法）　　图 3-74　马丁代尔法织物耐磨仪

图 3-75 干湿摩擦色牢度测试仪

图 3-76 耐汗渍色牢度仪

图 3-77 耐洗色牢度试验机

实验 8 甲醛的测定 第1部分 游离和水解的甲醛水萃取法

实验 9 水萃取液 pH 值的测定

实验 10 耐皂洗色牢度

实验 11 耐摩擦色牢度

实验 12 禁用偶氮染料的测定

根据 GB 18401《国家纺织产品基本安全技术规范》，纺织产品的基本安全技术指标要求具体如下（表 3-13）。

表 3-13 纺织产品理化性能基本安全技术指标

项目		A 类	B 类	C 类
甲醛含量/(mg/kg)≤		20	75	300
pH 值[a]		4.0～7.5	4.0～8.5	4.0～9
染色牢度[b]/级	耐水(变色、沾色)	3～4	3	3
	耐酸汗渍(变色、沾色)	3～4	3	3
	耐碱汗渍(变色、沾色)	3～4	3	3
	耐干摩擦	4	3	3
	耐唾液(变色、沾色)	4	—	—
异味		无		
可分解致癌芳香胺染料[c]/(mg/kg)		禁用		

[a] 后续加工工艺中必须要经过湿处理的非最终产品，pH 值可放宽至 4.0～10.5 之间。
[b] 对需经洗涤褪色工艺的非最终产品、本色及漂白产品不要求；扎染、蜡染等传统的手工着色产品不要求；耐唾液色牢度仅考核婴幼儿纺织产品。
[c] 致癌芳香胺清单见该标准附录，限量值≤20 mg/kg。

以上要求，婴幼儿纺织产品应符合 A 类要求，直接接触皮肤的产品至少应符合 B 类要求，非直接接触皮肤的产品至少应符合 C 类要求，其中窗帘等悬挂类装饰产品不考核耐汗渍色牢度。婴幼儿纺织产品必须在使用说明上标明"婴幼儿用品"字样。其他产品应在使用说明上标明所符合的基本安全技术要求类别（例如，A 类、B 类或 C 类）。产品按件标注一种类别。一般适用于身高 100 cm 及以下婴幼儿使用的产品可作为婴幼儿纺织产品。

根据 FZ/T 81006《牛仔服装》，牛仔服装理化性能应按照等级符合以下要求。

表 3-14　牛仔服装理化性能指标

项目			分等要求		
			优等品	一等品	合格品
纤维含量			符合 GB/T 29862 规定		
甲醛含量/(mg/kg)　≤			符合 GB 18401 规定		
pH 值					
可分解致癌芳香胺染料/(mg/kg)					
异味					
原色产品	水洗尺寸变化率[a,b]/%	领大	−1.5～+1.0	−2.0～+1.0	−2.5～+1.0
		胸围	−2.0～+1.0	−2.5～+1.0	−3.0～+1.5
		衣长	−2.0～+1.0	−2.5～+1.0	−3.0～+1.5
		腰围	−1.5～+1.0	−2.0～+1.0	−2.5～+1.5
		裤长、裙长	−2.0～+1.0	−2.5～+1.0	−3.0～+1.5
	色牢度/级≥	耐皂洗　变色	4	3～4	3
		耐皂洗　沾色	3	2～3	
		耐干摩擦　沾色	3～4	3	
		耐光　变色	4	3	
		耐汗渍（酸、碱）　变色	4	3～4	3
		耐汗渍（酸、碱）　沾色	3～4	3	
		耐水　变色	4	3～4	3
		耐水　沾色	3～4	3	
	断裂强力[e,f]/N≥	339 g/m² 以上织物　经向	450		
		339 g/m² 以上织物　纬向	300		
		245～339 g/m² 织物　经向	300		
		245～339 g/m² 织物　纬向	250		
		245 g/m² 以下织物　经向	200		
		245 g/m² 以下织物　纬向	150		
	撕破强力[e,f]/N≥	339 g/m² 以上织物　经向	25		
		339 g/m² 以上织物　纬向	18		
		245～339 g/m² 织物　经向	23		
		245～339 g/m² 织物　纬向	18		
		245 g/m² 以下织物　经向	15		
		245 g/m² 以下织物　纬向	11		

实验 13 织物拉伸性能第 2 部分断裂强力的测定（抓样法）

实验 14 织物撕破性能第 1 部分冲击摆锤法撕破强力的测定

实验 15 马丁代尔法织物耐磨性的测定 第 2 部分 试样破损的测定

（续表）

项目				分等要求		
				优等品	一等品	合格品
水洗产品	水洗尺寸变化率[a,b]/%		领大	−2.0～+1.5		
			胸围	−1.5～+1.0	−2.5～+1.5	
			衣长			
			腰围			
			裤长、裙长			
	色牢度/级≥	耐皂洗	变色	4	3～4	
			沾色	3	2～3	
		耐干摩擦	沾色	3～4	3	
		耐光	变色	4	3	
		耐汗渍（酸、碱）	变色	4	3～4	
			沾色	3～4	3	
		耐水	变色	4	3～4	
			沾色	3～4	3	
	断裂强力[e,f]/N ≥	$339 g/m^2$ 以上织物	经向	320		
			纬向	200		
		$245～339 g/m^2$ 织物	经向	250		
			纬向	150		
		$245 g/m^2$ 以下织物	经向	150		
			纬向	150		
	撕破强力[e,f]/N ≥	$339 g/m^2$ 以上织物	经向	18		
			纬向	16		
		$245～339 g/m^2$ 织物	经向	16		
			纬向	14		
		$245 g/m^2$ 以下织物	经向	13		
			纬向	10		
耐磨性能[e,d,f]/次≥		$339 g/m^2$ 以上织物		25 000	20 000	
		$339 g/m^2$ 及以下织物		15 000	10 000	
缝子纰裂程度[e,f]/cm ≤				0.6		
裤后裆接缝强力[f]/N ≥		$339 g/m^2$ 以上织物		180		
		$339 g/m^2$ 及以下织物		140		

（续表）

项目	分等要求		
	优等品	一等品	合格品
工字扣附着牢度[h]	200 N 定负荷下不脱落、不破损		
水洗后扭曲度[g]/cm　　≤	2.0		3.0
水洗扭曲度移动[g]/cm　　≤	1.5		2.5
洗后外观	不允许出现破损、脱落、锈蚀、变形和明显扭曲，缝口不允许脱散		

注：弹性产品指含有氨纶等弹性纤维的织物。
　[a] 领大水洗尺寸变化率仅考核立领产品。
　[b] 松紧腰围产品不考核腰围尺寸变化率，褶皱处理产品、弹性产品不考核横向尺寸变化率。
　[c] 有特殊磨损、洗烂工艺等情况的产品不考核。
　[d] 除牛仔裤外，245 g/m² 以下的织物不考核。
　[e] 缝子纰裂程度试验结果出现滑脱、织物断裂、缝线断裂、织物撕破，判定为不符合要求。
　[f] 无法取样的产品不考核。
　[g] 上装、短裤（裙）不考核。前后片宽度差异较大的特殊设计不考核。
　[h] 仅考核腰头工字扣。

三、牛仔服装扭曲度试验

牛仔服装在尺寸稳定性上相较于其他服装表现出显著的不同。这主要源于牛仔服装所使用的纱线具备较大的特数（即纱线较粗），并且其织造工艺采用强打纬的方式，使得织物具有高密度。在牛仔服装的制作过程中，无论是纤维、纱线、面料，还是缝制完成的成衣，在每一道工序中都会受到多种力的作用。因此，在经历水洗后，牛仔面料的强打纬高密度、斜纹结构、纱线退捻等情况相互交织，导致牛仔面料相较于其他面料更容易产生更大的内应力，出现更明显的扭曲和扭曲度的移动，这在业内通常被称为"扭骨"现象。

实验 16 牛仔服装扭曲度试验

1. 裤子扭曲度试验方法

第一步，大气条件：按照 GB/T 6529 的规定对试样进行调湿和试验。

第二步，水洗试验前，抓紧裤腰左、右两边，前、后、中要对准重叠，令其自然垂直向下，然后自然平放于桌上，由上裆扫平至裤脚。测量横裆线上外侧缝至端点之间的距离 A，再测量裤脚口外侧缝至端点之间的距离 B(a)。如外侧缝在前片，数值为正数"＋"，如外侧缝在后片，数值为负数"－"。距离 B 减去距离 A 即为扭曲度 T_1。

第三步，水洗试验后，再按以上方法测量水洗后的扭曲度 T_2。

第四步，左右裤管均按照以上方法进行测试，并分别报告结果。

2. 裙子扭曲度试验方法

第一步，抓紧裙腰左、右两边，前、后、中要对准重叠，令其自然垂直向下，然后自然平放于桌上，由腰缝扫平至裙底边。测量裙子腰头下口线上侧缝至端点之间的距离 A，再测量裙底边侧缝至端点之间的距离 B。如侧缝在前片，数值为正数"＋"，如侧缝在后片，数值为负数"－"。距离 B 减去距离 A 即为扭曲度 T_1。

第二步，水洗试验后，再按以上方法测量水洗后的扭曲度 T_2。

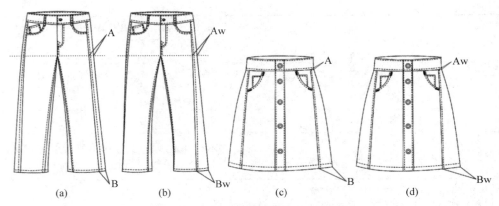

(a)   (b)   (c)   (d)

图 3-78   牛仔服装扭曲度试验方法

3. 计算

（1）水洗前扭曲度计算公式：$T_1 = B - A$

式中：T_1——水洗前扭曲度，cm；B——水洗前裤脚口外侧缝至端点之间的距离或水洗前裙底边侧缝至端点之间的距离，cm；A——水洗前裤子横裆线上外侧缝至端点之间的距离或水洗前裙子腰头下口线上侧缝至端点之间的距离，cm。

（2）水洗后扭曲度计算公式 $T_2 = B_w - A_w$

式中：T_2——水洗后扭曲度，cm；B_w——水洗后裤脚口外侧缝至端点之间的距离或水洗后裙底边侧缝至端点之间的距离，cm；A_w——水洗后裤子横裆线上外侧缝至端点之间的距离或水洗后裙子腰头下口线上侧缝至端点之间的距离，cm。

（3）扭曲度移动计算公式：$T = |T_2 - T_1|$

式中：T——扭曲度移动，cm；T_2——水洗后扭曲度，cm；T_1——水洗前扭曲度，cm。

练习题

一、单选题

1. 牛仔面料加工中，容易出现原纤化（起毛起球）的纤维是（ ）。

  A. 棉   B. 莫代尔   C. 普通黏胶   D. 天丝

2. 针对纬纱使用涤纶做原料的牛仔面料，退浆尽可能避免以下（ ）条件。

  A. 使用纤维素酶   B. 使用热水

  C. 加入枧油或者渗透剂   D. 多用碱

3. PA 是指以下（ ）纤维。

  A. 棉   B. 涤纶   C. 锦纶（尼龙）   D. 氨纶

4. 有弹力的牛仔服装面料，氨纶属于醚结构，在洗水加工时应注意（ ），以防止断裂。

  A. 洗水机温度控制   B. 退浆氢氧化钠用量控制

  C. 漂洗漂水用量控制   D. 喷马骝高锰酸钾浓度

5. 近年来牛仔面料为了制做一些大的破洞效果，纬纱常采用股线，如 $20^S/3$，此股线相当于

（　　）单纱的粗细。

    A. 20^S　　　　　　　B. 60^S　　　　　　　C. 6.7^S　　　　　　　D. 不确定

6. 面密度为 $8\,oz/y^2$ 的牛仔布面料,相当于(　　　)g/m^2。

    A. 81　　　　　　　　B. 191　　　　　　　C. 271　　　　　　　D. 301

7. 根据环保节能生产要求,目前牛仔洗水企业的洗水设备浴比要求不得高于(　　　)。

    A. 1：5　　　　　　　B. 1：8　　　　　　　C. 1：10　　　　　　　D. 1：15

8. 炒雪花工序用到的化学药剂为(　　　)。

    A. 双氧水　　　　　　B. 漂水　　　　　　　C. 高锰酸钾　　　　　　D. 纯碱

9. 激光设备进行雕刻加工产生的最大的污染是(　　　)。

    A. 废水　　　　　　　B. 废气　　　　　　　C. 固废　　　　　　　D. 以上都高

10. 牛仔服装臭氧加工不可以实现(　　　)加工。

    A. 退浆　　　　　　　B. 褪色　　　　　　　C. 去异味　　　　　　D. 增深

二、多选题

1. 牛仔服装水洗后成品挂干的作用包括(　　　)。

    A. 防回染　　　　　　B. 控缩率　　　　　　C. 节能耗　　　　　　D. 保持色彩

    E. 形状保持　　　　　F. 减少皱褶

2. 在氯漂工艺中需要加入一定量的碱(纯碱、烧碱)对工作液的 pH 值进行调整,其作用是(　　　)。

    A. 增强漂白效果　　　　　　　　　　B. 促进纤维溶胀

    C. 加速反应速率　　　　　　　　　　D. 增加织物弹性

3. 为了满足清洁生产和能耗控制的要求,新型洗水设备还应该配备(　　　)。

    A. 能耗(电/蒸汽)计量表　　　　　　B. 进水计量表

    C. 排水量计量表　　　　　　　　　　D. 废气计量表

4. 立式喷马骝操作,企业应该配备的装置或者防护用具包括(　　　)。

    A. 水帘和大容量抽风装置　　　　　　B. 手套　　　　　C. 围裙

    D. 口罩　　　　　E. 护目镜

5. 手擦工序企业应该配备的装置或者防护用具包括(　　　)。

    A. 大容量抽风和除尘装置　　　　　　B. 手套　　　　　C. 围裙

    D. 口罩　　　　　E. 护目镜

6. 次氯酸钠(漂水)下漂时达到预期的深浅度后应对机内的半成品解漂,以下可以用于解漂的化工品是(　　　)。

    A. 烧碱　　　　　　　B. 大苏打　　　　　　C. 双氧水　　　　　　D. 纯碱

7. 以下(　　　)工艺是用高锰酸钾为主要氧化剂完成的。

    A. 炒盐　　　　　　　B. 炒雪花　　　　　　C. 喷砂　　　　　　　D. 喷马骝

8. 以下(　　　)情况有可能会导致弹力牛仔面料失弹。

    A. 氯漂时水温过高　　　　　　　　　　B. 套色时加盐过多

    C. 下机货物数量过多　　　　　　　　　D. 立体猫须后进入焗炉时炉内温度过高

9. 以下（　　　）可以区分开牛仔服装是进行全喷马骝还是炒盐工艺。

    A. 腰头深面浅为全喷马骝,深浅一致为炒盐工艺

    B. 后袋口深浅分界线明显的为全喷马骝,过渡自然为炒盐工艺

    C. 布面白点颗粒感强的为炒盐工艺,白点较为平整为全喷马骝

    D. 手感较硬的是全喷马骝,手感柔软的是采用炒盐工艺

三、判断题

1. （　　　）牛仔面料用棉纤维是因为棉纤维可以获得洗水效果。

2. （　　　）在牛仔服装中常用的涤纶纤维是 PBT。

3. （　　　）牛仔成衣卧式洗水机自带了部分脱水功能。

4. （　　　）离心式脱水的顶盖属于自配装置,企业可根据需要自行选择安装或者不安装。

5. （　　　）吊篮式脱水设备可以大大降低工人的劳动操作强度。

6. （　　　）烘干机一般都是采用柴油作为能源加热。

7. （　　　）为了防止回染所以防染膏在牛仔洗水过程中的每一道工序都添加一些。

8. （　　　）树脂在牛仔洗水中不仅有定形的作用还有固色的作用。

9. （　　　）牛仔服装浮石洗加工中,天然浮石比人工的更环保。

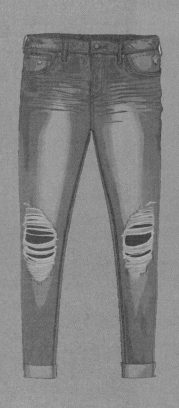

模块四
牛仔服装洗水清洁生产

课程思政 M5

　　牛仔服装产业是我国出口创汇的支柱产业,传统的牛仔浆染和服装洗水行业都是耗能、用水和排污较大的工业部门之一。产业资源消耗大、资源利用效率低、生态环境破坏严重等问题,严重制约行业、产业发展。为此,清洁生产、绿色加工、节能减排、降低消耗、减少碳排放、保护环境、循环经济将成为今后牛仔服装加工生产和技术发展的主要目标,也成为可持续发展的关键。

任务一　认识清洁生产

一、清洁生产定义

　　清洁生产(cleaner production)在不同的发展阶段或者不同的国家有不同的叫法,例如"废物减量化""无废工艺""污染预防"等。但其基本内涵是一致的,即对产品和产品的生产过程、产品及服务采取预防污染的策略来减少污染物的产生。

　　联合国环境规划署与环境规划中心(UNEPIE/PAC)综合各种说法,采用了"清洁生产"这一术语,来表征从原料、生产工艺到产品使用全过程的广义的污染防治途径,给出了以下定义:"清洁生产是指将综合预防的环境策略持续地应用于生产过程和产品中,以便减少对人类和环境的风险性生产过程而言,清洁生产包括节约原材料和能源,淘汰有毒原材料并在全部排放物和废物离开生产过程之前减少它的数量和毒性。对产品而言,清洁生产策略旨在减少产品在整个生产周期过程(包括从原料提炼到产品的最终处置)中对人类和环境的影响。清洁生产不包括末端治理技术,如空气污染控制、废水处理、固体废弃物焚烧或填埋,清洁生产通过应用专门技术,改进工艺技术和改变管理态度来实现。

　　美国环保局提出污染预防和废物最小量化。废物最小量化是美国污染预防的初期表述,现一般用污染预防一词所代替。美国对污染预防的定义为:"污染预防是在可能的最大限度内减少生产厂地所产生的废物量。它包括通过源削减(源削减指:在进行再生利用、处理和处置以前,减少流入或释放到环境中的任何有害物质、污染物或污染成分的数量;减少与这些有害物质、污染物或组分相关的对公共健康与环境的危害)、提高能源效率、在生产中重复使用投入的原料以及降低水消耗量来合理利用资源。常用的两种源削减方法是改变产品和改进工艺(包括设备与技术更新、工艺与流程更新、产品的重组与设计更新、原材料的替代以及促进生产的科学管理、维护、培训或仓储控制)。污染预防不包括废物的厂外再生利用、废物处理、废物的浓缩或稀释以及减少其体积或有害性、有毒性成分从一种环境介质转移到另一种环境介质中的活动。"

　　《中国 21 世纪议程》的定义:清洁生产是指既可满足人们的需要又可合理使用自然资源和能源并保护环境的实用生产方法和措施,其实质是一种物料和能耗最少的人类生产活动的规划和管理,将废物减量化、资源化和无害化,或消灭于生产过程之中。同时对人体和环境无害的绿色产品的生产亦将随着可持续发展进程的深入而日益成为今后产品生产的主导方向。

清洁生产的定义包含了两个全过程控制:生产全过程和产品整个生命周期全过程。对生产过程而言,清洁生产包括节约原材料和能源,淘汰有毒有害的原材料,并在全部排放物和废物离开生产过程以前,尽最大可能减少它们的排放量和毒性。对产品而言,清洁生产旨在减少产品整个生命周期过程中从原料的提取到产品的最终处置对人类和环境的影响。

清洁生产思考方法与之前不同之处是在于:过去考虑对环境的影响时,把注意力集中在污染物产生之后如何处理,以减小对环境的危害,而清洁生产则是要求把污染物消除在它产生之前。

清洁生产主要包括以下三方面内容:

(1)清洁的能源:采用各种方法对常规的能源如煤采取清洁利用的方法,如城市煤气化供气等;对沼气等再生能源的利用;新能源的开发以及各种节能技术的开发利用。

(2)清洁的生产过程:尽量少用和不用有毒有害的原料;采用无毒、无害的中间产品;选用少废、无废工艺和高效设备;尽量减少生产过程中的各种危险性因素,如高温、高压、低温、低压、易燃、易爆、强噪声、强振动等;采用可靠和简单的生产操作和控制方法;对物料进行内部循环利用;完善生产管理,不断提高科学管理水平。

(3)清洁的产品:产品设计应考虑节约原材料和能源,少用昂贵和稀缺的原料;产品在使用过程中以及使用后不含危害人体健康和破坏生态环境的因素;产品的包装合理;产品使用后易于回收、重复使用和再生;使用寿命和使用功能合理。

1993年原国家环保局和国家经贸委联合召开的第二次全国工业污染防治工作会议,明确提出了工业污染防治必须从单纯的末端治理向对生产全过程控制转变,实行清洁生产的要求;1996年国务院《关于环境保护若干问题的决定》再次明确新建、改建、扩建项目,技术起点要高,尽量采用能耗物耗小、污染物排放量少的清洁生产工艺。《中华人民共和国清洁生产促进法》(以下简称《清洁生产促进法》)由中华人民共和国第九届全国人民代表大会常务委员会第二十八次会议于2002年6月29日通过,自2003年1月1日起施行。最新修正是根据2012年2月29日第十一届全国人民代表大会常务委员会第二十五次会议《关于修改〈中华人民共和国清洁生产促进法〉的决定》修正,自2012年7月1日起施行。

从修订后的《清洁生产促进法》规定的清洁生产的定义来看,清洁生产是一种从生产源头进行控制,并且贯穿整个生产、使用过程的提高资源利用效率、污染预防措施。所谓污染预防,是指在可能的最大限度内减少生产场地生产的全部废物量,它包括通过源头削减,提高能源效率,在生产中重复使用投入的原料以及降低消耗量来合理利用资源。本法定义提出了一个重要的概念,就是从源头削减污染,这是清洁生产与"末端治理"措施的本质区别。源头削减,就是指通过设备或技术改造,工艺或流程改革,改变产品配方或设计,原料替代,以及改进内部管理、维修、培训或仓储控制手段,在进行再生利用、处理和处置以前减少进入废物流或释放到环境中的有害物质和污染物数量。因此,只有在生产和服务过程中,从源头削减污染,才是真正意义上的清洁生产。

《清洁生产促进法》清洁生产定义的范围包含了生产和服务领域。实施清洁生产主要在工业生产领域,但农业、服务业等领域也要推行清洁生产。政府的职责是支持、鼓励和促进清洁生产,对不同领域制定有针对性的引导、激励政策。实施清洁生产是个渐进的过程,在清洁生产及与之相关的清洁能源、清洁原料、清洁产品等概念中的"清洁"是一个相对的概念,指相对于当前所采用的生产技术工艺、能源、原料和生产的产品而言其所产生的污染更少、对环境危害更小。

在清洁生产概念中包含了四层涵义：一是清洁生产的目标是节省能源、降低原材料消耗、减少污染物的产生量和排放量；二是清洁生产的基本手段是改进工艺技术、强化企业管理，最大限度地提高资源、能源的利用水平和改变产品体系，更新设计观念，争取废物最少排放及将环境因素纳入服务中去；三是清洁生产的方法是排污审计，即通过审计发现排污部位、排污原因，并筛选消除或减少污染物的措施及产品生命周期分析；四是清洁生产的终极目标是保护人类与环境，提高企业自身的经济效益。

《清洁生产促进法》以清洁生产推动产业升级和结构调整。一是以清洁生产标准严格行业准入，提升产业水平。国家发改委先后发布了煤炭、火电、钢铁、氮肥、电镀、铬盐、印染、制浆造纸等45个行业的清洁生产评价指标体系。

 课程思政

"十四五"国家和行业绿色发展历程

✓ 2021年7月《纺织行业"十四五"科技、时尚、绿色发展指导意见》指出：纺织工业是责任导向的绿色产业，建立健全绿色低碳循环的产业体系，是实现整个行业高质量发展的重要标志和基础底线。要以绿色化改造为重点，以标准制度建设为保障，优化产业结构，加快构建绿色低碳循环发展体系，建立健全绿色发展长效机制，推动产业链高效、清洁、协同发展，为国内外消费市场提供更多优质绿色纺织产品，不断提升国际竞争力和影响力，引导绿色消费，推进纺织行业绿色低碳循环发展迈上新台阶。

✓ 2021年10月中华人民共和国发布了《中国应对气候变化的政策与行动》，2021年10月24日发布了国务院关于印发《2030年前碳达峰行动方案》的通知，习近平主席在第七十五届联合国大会上向全世界宣示了中国碳达峰和碳中和的目标，中央经济工作会议明确将减污降碳工作作为2021年重点任务之一，并在中央财经委员会第九次会议上提出实现碳达峰、碳中和是一场广泛而深刻的经济社会系统性变革，要把碳达峰、碳中和纳入生态文明建设整体布局，拿出抓铁有痕的劲头，如期实现2030年前碳达峰、2060年前碳中和的目标。

✓ 2021年11月国家发改委等十大部门关于印发的《"十四五"全国清洁生产推行方案》指出：到2025年，清洁生产推行制度体系基本建立，工业领域清洁生产全面推行，清洁生产整体水平大幅提升，能源资源利用效率显著提高，重点行业主要污染物和二氧化碳排放强度明显降低，清洁生产产业不断壮大。大力推进重点行业清洁低碳改造。严格执行质量、环保、能耗、安全等法律法规标准，加快淘汰落后产能。全面开展清洁生产审核和评价认证，推动能源、印染等重点行业"一行一策"绿色转型升级，加快存量企业及园区实施节能、节水、节材、减污、降碳等系统性清洁生产改造。在国家统一规划的前提下，支持有条件的重点行业二氧化碳排放率先达峰。

✓ 2021年12月国家工信部《"十四五"工业绿色发展规划》指出：推动生产过程清洁化转型。大力推行绿色设计，推动存量企业实施清洁生产技术改造，在重点行业推广先进适用的环保装备，推动形成稳定、高效的治理能力。

二、清洁生产与末端治理的比较

清洁生产的定义揭示了一种新颖、持续且富有创造性的思维方式,它聚焦于产品及其生产流程的全方位环境保护。这种策略倡导的是一种整体性预防环境问题的战略,它超越了传统生产模式的局限,将环境保护纳入产品研发、制造乃至消费的全过程之中。

从清洁生产的核心理念出发,我们可以深刻认识到其对社会各界的深远影响。它要求研究开发者、生产者及消费者乃至整个社会,共同关注工业产品从生产到使用的全生命周期对环境可能产生的影响。通过不懈努力,力求使污染物的产生、流失及治理量降至最低,同时实现资源的最大化利用。这种积极主动的态度,与末端治理形成鲜明对比,后者往往将环境责任局限于环保部门,仅关注已产生污染物的处理,显得被动而消极。

末端治理的局限性在于:

(1)生产与污染控制的脱节:在末端治理模式下,污染控制与生产过程控制未能有效结合,导致资源和能源无法在生产过程中得到充分利用。例如,染料生产中的低收率不仅严重浪费资源,还对环境构成巨大威胁。相比之下,通过改进生产工艺及控制手段,提高产品收率,既能大幅减少污染物产生,又能提升经济效益,减轻末端治理的负担。

(2)高昂的投资与运行成本:末端治理往往涉及大规模的投资用于建设污染治理设施,如污水处理场等,同时其运行费用也相当可观。这些投入往往只能带来环境效益,而缺乏直接的经济效益,给企业带来沉重的经济负担。

(3)技术局限与二次污染风险:现有的污染治理技术存在局限性,处理过程中可能产生新的环境风险。例如,废渣堆存可能污染地下水,废物焚烧会产生有害气体,废水处理则可能产生含重金属污泥等二次污染物。

然而,值得注意的是,清洁生产与末端治理并非互斥关系。尽管清洁生产力求从源头减少污染,但鉴于工业生产无法完全避免污染物的产生,即便是最先进的生产工艺也需要配合末端治理来确保环境安全。因此,两者应相辅相成,共同构成环境保护的双保险。只有全面实施生产全过程控制和污染治理过程控制,才能最终实现环境保护的宏伟目标(表4-1)。

表 4-1　清洁生产与末端治理的比较

比较项目	清洁生产系统	末端治理(不含综合利用)
思考方法	污染物消除在生产过程中	污染物产生后再处理
产生时代	80年代末期	20世纪70年代到20世纪80年代间
控制过程	生产全过程控制,产品生命周期全过程控制	污染物达标排放控制
控制效果	比较稳定	产污量影响处理效果
产污量	明显减少	间接可推动减少
排污量	减少	减少
资源利用率	增加	无显著变化
资源耗用	减少	增加(治理污染消耗)

（续表）

比较项目	清洁生产系统	末端治理（不含综合利用）
产品产量	增加	无显著变化
产品成本	降低	增加（治理污染费用）
经济效益	增加	减少（用于治理污染）
治理污染费用	减少	随排放标准严格，费用增加
污染转移	无	有可能
目标对象	全社会	企业及周围环境

三、清洁生产与环境管理体系 ISO 14000 的关系

国际标准组织定义 ISO 14000 环境管理体系是整个管理体系的一部分，管理体系的这一部分包括制定、实施、实现、评价和持续环境政策所需要的组织结构、规划活动、责任、实践、步骤、流程和资源。ISO 14000 环境管理体系旨在指导并规范企业（及其他所有组织）建立先进的体系，引导企业建立自我约束机制和科学管理的管理行为标准。它适用于任何规模的组织，也可以与其他管理要求相结合，帮助企业实现环境目标与经济目标。

ISO 14000 环境管理体系是集世界环境管理领域的最新经验与实践于一体的先进体系，它主要通过建立、实施一套环境管理体系，达到持续改进、预防污染的目的。其核心内容包括持续改进、污染预防、环境政策、环境项目或行动计划，环境管理与生产操作相结合，监督、度量和保持记录的步骤；纠正和预防行动，EMS 审计、管理层的评审；厂内信息传播及培训、厂外交流等。因此 ISO 14000 环境管理体系是企业为提高自身环境形象，减少环境污染，选择的一个管理性措施。企业一旦建立起符合 ISO 14000 环境管理体系的管理系统，并经过权威部门认证，不仅可以向外界表明自己的承诺和良好的环境形象，而且从企业内部实现一种全过程科学管理的系统行为。

清洁生产与环境管理体系 ISO 14000 之间存在着紧密而相互依存的关系，主要表现在以下五个方面：

（1）定义阐述：清洁生产，作为一种新兴的、极具创新性与前瞻性的环境战略思维，其包容性广泛且蕴含深刻的哲学理念，旨在从根本上转变生产方式，促进资源高效利用与环境友好。相对而言，ISO 14000 环境管理体系则是一套操作性强、具体明确、界限清晰的管理工具，它为组织提供了系统化的框架，以确保环境绩效的持续改进与管理。

（2）企业层次：在企业层面上，清洁生产的实施能够直接促进经济效益的提升，通过优化资源配置与减少污染排放，实现以较低的成本达成显著的环保效果。结合环境工程措施，企业能够有效控制污染物排放至法定标准以下，同时提升管理水平，全方位塑造企业良好的环境形象。在权威清洁生产指导机构及专业环境审核工程师的引导下，企业围绕经济效益、环境效益与社会效益的和谐统一，持续推动技术创新与管理进步，使之成为推动企业持续发展的不竭动力。

另一方面，ISO 14000 环境管理体系的引入，要求企业定期进行内部环境管理评审，并

接受第三方认证机构的严格审核与认证。这一过程不仅确保了企业环境管理体系的规范性与有效性，更为企业在国内外市场树立了可靠的环境形象与品牌信誉。通过获得 ISO 14000 认证，企业在贸易合作、信贷融资、产品推广及公众信任等方面获得显著优势，进而转化为实际的经济收益增长。

（3）技术内涵：企业清洁生产审计的技术范畴广泛而深远，它涵盖了从无毒原材料替代、工艺流程优化、仪器设备升级、企业管理强化到全员素质提升等多个维度，实施全面而细致的核查流程。通过这一过程，旨在提出经济合理且切实可行的替代方案并付诸实践，从而达成持续性预防污染的目标。相比之下，ISO 14000 环境管理体系的技术内涵则侧重于环境因素的深入分析与评估，其核心在于构建一套符合国际标准的规范化环境管理体系，其技术要点更多聚焦于管理体系的构建与运行机制的完善。

（4）预期目标：清洁生产审计致力于实现持续性的清洁生产目标，其追求的是节能、降耗、减污、提质、增效的全方位提升。而 ISO 14000 环境管理体系则通过构建一个高效运作的体系框架，实现对环境因素的持续监控与有序控制，并在获得第三方权威认证后，为企业提供一个向公众展示其环境管理绩效的有效证明。

（5）实施角度：清洁生产审计与 ISO 14000 环境管理体系的实施应被视为两个独立但可相互补充的过程。实施了清洁生产审计的企业，并不能直接等同于已通过 ISO 14000 认证；同样，通过了 ISO 14000 认证的企业，也不能简单地认为其已全面实施了清洁生产审计。两者可以独立进行，也可以相互依托、并行实施，但绝不可相互替代。这种区分旨在强调两者在环境保护与企业管理中的不同角色与贡献，以促进企业实现更加全面、深入的环境绩效提升。

综上所述，清洁生产和 ISO 14000 环境管理体系是从经济-环境协调可持续发展的角度提出的新思想、新措施。ISO 14000 环境管理体系是实现清洁生产思想的手段之一，清洁生产是整个经济社会追求的目的。实施清洁生产不能脱离一个完整的 ISO 14000 环境管理体系的支持与保证，同时，ISO 14000 环境管理体系支持着清洁生产持续实施且不断地丰富着清洁生产实施的具体内容。

四、清洁生产指标

清洁生产指标是在达到国家和地方环境标准的基础上，根据行业水平、装备技术和管理水平制定的，共分为三级，一级代表国际清洁生产先进生产水平；二级代表国内清洁生产先进水平；三级代表国内清洁生产基本水平。根据清洁生产的一般要求，清洁生产指标原则上分为生产工艺与设备要求、资源能源利用指标、产品指标、污染物产生指标（末端处理前）、废物回收利用指标和环境管理要求等 6 类。

五、清洁生产标准体系

为贯彻和落实《清洁生产促进法》，评价企业清洁生产水平，指导和推动企业依法实施清洁生产，根据国务院办公厅转发发展改革委等部门《关于加快推进清洁生产意见》的通知（国发办〔2003〕100 号）和《工业清洁生产评价指标体系编制通则》（GB/T 20106—2006），国家发展改革委已组织编制了 30 个重点行业的清洁生产评价指标体系。2006 年 12 月颁布了印染行业清洁生产评价指标体系(试行)。

清洁生产标准体系是清洁生产审核评估与验收的重要依据。根据国家《清洁生产促进法》以及《清洁生产审核办法》等相关规定,污染物排放超标企业、高能耗企业、有毒有害原料或物质生产企业都需要进行清洁生产审核评估和验收。而审核和验收的评价标准则是建立在清洁生产完善的标准体系实施和贯彻上。在我国,清洁生产标准体系主要分为国家推荐标准、生态环境部强制执行行业标准、生态环境部推荐行业标准、工信部推荐行业标准以及其他部门推荐的行业标准。

💡 小知识

清洁生产相关标准(节选与纺织行业相关标准):

一、清洁生产国家推荐标准

✓　GB/T 21453—2008　工业清洁生产审核指南编制通则

✓　GB/T 25973—2010　工业企业清洁生产审核 技术导则

二、生态环境部推荐清洁生产行业标准

✓　HJ/T 185—2006　清洁生产标准 纺织业(棉印染)

✓　HJ/T 429—2008　清洁生产标准 化纤行业(涤纶)

三、广东省纺织团体标准

✓　T/GDTEX 05—2019《牛仔服装洗水行业清洁生产评价指标体系》

六、清洁生产、清洁生产评价、清洁生产审核之间的联系和区别

(1)清洁生产是一种思想,是一种全新的发展战略。主要是指企业在产品的生产过程及产品的使用等各个环节采用预防措施,达到节能降耗,减污增效的目的。

(2)清洁生产评价是对企业的结论,是指在企业进行清洁生产审核过程中,通过对企业的各项指标与清洁生产审核标准的对比得到的结论。

(3)清洁生产审核是实施清洁生产最主要、最具可操作性的方法。它通过对企业生产的产品、生产过程及服务的全过程进行预防污染,提高效率的分析和评估,从而发现问题,提出解决方案,并通过方案的实施在源头减少或消除废弃物的产生。实现清洁生产"节能降耗,减污增效"的目标。

七、清洁生产评价内容

从科学性、工程性、可操作性等多方面考虑,清洁生产评价内容大致包括以下六个方面:

1. 清洁原材料评价

(1)评价原材料的毒性及有害性。

(2)评价原材料在包装、储运、进料和处理过程中是否安全可靠,有无潜在的浪费、暴露、挥发、流失等问题。

(3)对大众化原料,进一步分析原料纯度、成分与减污的关系。

(4)对毒害性大、潜在污染严重的原材料提出更清洁的替代方案或清洁生产措施。

2. 清洁工艺评价

（1）指明拟选生产工艺与国家产业发展有关政策的关系。

（2）指明拟选生产工艺的特殊性，如是否简捷、连续、稳定、高效，设备是否易于配套，自动化管理程度高低等。

（3）筛选可比工艺方案，通过对物耗、能耗、水耗、收率、产污比等指标的分析、评价，拟定工艺的先进性和合理性。

（4）通过评价，对工艺中尚存的问题提出改进意见，对主要评价单元（如车间、工段工序）的生产过程进行剖析，采用化学方程式的流程图评价包括废物在内的物流状况和特征，找出清洁生产机会以及进行闭路循环或回收利用技术措施的可行性，提出资源综合利用措施或途径及废物在生产过程中减量化的方案。

3. 设备配置评价

（1）评价主要生产设备的来源、质量和匹配性能、密闭性能、自动化管理性能。

（2）分析拟定配置方案的弹性和对原料转化的关系。

（3）从节能、节水、环保等角度评价设备空间布置的合理性。

4. 清洁产品评价

通过对产品性能、形态和稳定性的分析，评价产品在包装、运输储藏以及使用过程中是否安全可靠，评述产品在其生命周期中潜在的污染行为。

5. 二次污染和积累污染评价

（1）分析废物在处理处置过程中的形态变化和二次污染影响问题。

（2）明确废物的最终转化形态和毒害性。

（3）分析废物的最终处置方式对环境的影响。

6. 清洁生产管理评价

（1）对生产操作规范化、设备维护、物料和水量计量办法进行评述。

（2）对原料和产品泄漏、溢出、次品处理、设备检修等造成的无组织排放提出监控措施。

（3）对建立企业岗位环保责任制和审核制度提出要求。

八、清洁生产与企业管理和技术改造

清洁生产作为现代工业发展的重要理念，与工业企业管理和技术改造之间存在着密不可分的关系。它不仅是一种提升企业管理水平的战略举措，更是推动企业技术创新、实现可持续发展的关键路径。

1. 清洁生产与工业企业管理的相互促进

（1）融合生产与环保，打破管理壁垒：清洁生产理念从根本上打破了传统企业管理中生产与环保相割裂的局面。它强调在整个生产过程中持续应用预防污染的策略，将环境保护与企业经济效益提升紧密结合。通过优化生产流程、减少资源消耗和废弃物排放，清洁生产促使企业管理层和生产技术人员共同关注环境绩效，将环保责任转化为企业竞争力的一部分，而非额外负担。

（2）强化生产管理，提升综合效益：清洁生产通过实施严格的清洁生产审计程序，深入剖析生产流程中的物料流失环节,识别并改进管理不善之处。这一过程不仅有效减少了原材料浪费和污染物产生,还显著提升了企业的投入产出比,降低了生产成本。同时,清洁生产的实践促进了职工管理素质的提升,增强了全员参与管理的意识,进一步丰富和完善了企业的生产管理体系。

2. 清洁生产引领企业技术改造的方向与深度

(1)源头削减与全过程控制的技术导向:清洁生产的核心在于源头削减和全过程控制,这为企业技术改造指明了方向。通过技术改造,企业能够针对生产过程中的瓶颈环节进行精准优化,提升原材料转化效率,减少污染物生成。这种以清洁生产目标为导向的技术改造,不仅有助于提升产品质量和市场竞争力,还能显著降低环境风险,实现经济效益与环境效益的双赢。

(2)精准投资,提升技术装备水平:清洁生产要求企业在技术改造中注重高效投资,特别是针对关键生产环节和落后设备的升级换代。通过引进先进生产技术和自动化监控手段,企业能够显著提升生产效率和产品质量,同时降低污染物排放浓度和毒性。这种精准的技术改造策略,不仅有助于企业快速达到更高的清洁生产标准,还能在激烈的市场竞争中占据有利地位。

(3)对标国际,缩小技术差距:在全球化的背景下,清洁生产还鼓励企业积极对标国际先进标准和技术水平。对于部分工艺流程与国外同类行业相近但设备陈旧的企业而言,通过技术改造提升自动化监控水平和技术装备能力,是实现跨越式发展的重要途径。这不仅有助于提升企业的生产效率和市场竞争力,还能为企业带来更加显著的环境效益和社会效益。

九、牛仔服装洗水行业清洁生产

推行牛仔服装洗水行业清洁生产主要包括:采用清洁能源、采用清洁原料、实施清洁的生产过程和生产清洁的产品。其具有以下特点:

(1)生产工艺排出的"三废"少,特别是废水少,甚至无"三废"排放;排放的"三废"毒性低,对环境污染轻,或易于净化。

(2)所用原材料无害或低害。

(3)操作条件安全或劳动保护容易、无危险性。

(4)环境资源消费少或易于回收利用。

(5)加工成本低和加工质量及效率高。

(6)单位资源的附加价值高。

清洁生产是一项庞大的系统工程,涵盖的氛围很广,包括减少碳排放、保护环境、绿色加工、节能减排、降低消耗、循环经济、资源的有效利用、生产出环保绿色的产品和废弃物处理处置等,即涵盖了从原料开采、加工到最终处置的整个生命周期。清洁生产标准是《清洁生产促进法》得以贯彻和落实的基本。企业只有了解标准中规定的评价项目及指标要求,才能真正的实现绿色生产,真正实现经济与环境的可持续性发展,实现环保与经济的双赢。

任务二　认识清洁生产的关键要素与指标评价体系

清洁生产指标体系是由一系列相互独立、相互联系、相互补充的单项评价活动指标组成的有机整体，它所反映的是组织或更高层面上清洁生产的综合和整体状况。

根据广东省纺织团体标准 T/GDTEX 05—2019《牛仔服装洗水行业清洁生产评价指标体系》，清洁生产的原则要求和指标的可度量性，按照评价指标的性质分为定量指标和定性指标两类。定量指标选取了具有代表性，能反映"节能""降耗""减污"和"增效"等有关清洁生产最终目标的指标，综合考评企业实施清洁生产的状况和企业清洁生产水平。定性指标根据国家有关推行清洁生产的产业发展和技术进步政策、资源环境保护政策规定以及行业发展规划等选取，用于考核企业执行相关法律法规、标准以及相关政策的情况。

各指标的评价基准值是衡量该项指标是否符合清洁生产基本要求的评价基准。在定量评价指标中，各指标的评价基准值是衡量该项指标是否符合清洁生产基本要求的评价基准。本指标体系确定各定量评价指标的评价基准值的依据是：凡国家或行业在有关政策、规划等文件中对该项指标已有明确要求的就执行国家要求的数值；凡国家或行业对该项指标尚无明确要求的，本标准参考国内各种类型牛仔服装洗水企业的指标，选定具有代表性的指标作为各级的基准值。在定性评价指标中，衡量该项指标是否贯彻执行国家有关政策、法规的情况，按"是"或"否"两种情况来评定。

除了评价指标，评价中还有评价指数和指标体系。评价指数是一类特殊的指标，是一组集成的或经过权重化处理的参数或指标，它能提供经过数据综合而获得的高度凝聚的信息。指标体系是指描述和评价某种事物的可度量参数的集合，是由一系列相互独立、相互联系、相互补充的数量、质量、状态等规定性指标所构成的有机评价系统。

一、清洁生产评价的原则

清洁生产的评价至今还处于不断的探讨和完善过程中，并没有公认的、法定的方法。清洁生产评价的标准是若干项综合的原则，这些原则带有鲜明的政策指导性，同时也是若干个定量指标。国家环境保护总局从 2001 年开始，在全国范围内组织编制各行业清洁生产审核技术指南和各行业清洁生产技术要求，为开展清洁生产做好方法和评价的技术准备。

二、清洁生产评价的基本原则

1. 系统整合原则

评价必须具备系统的观念，必须强调生产全过程的整合及目标的统一。系统分析是正确评价生产和管理结构是否合理、设施的功能是否有效、污染控制目标和措施是否协调的基础。

2. 生产过程废物最小化原则

生产过程中的每一个相对集中的具有物质和能量转化功能的生产单元，都可以看作一个清洁生产的评价对象。每个单元以产出废物最小化为原则,对生产过程中的操作行为、工艺先进性、设备有效性、技术合理性进行评价,提出清洁生产方案。

3. 强化对污染物的源头和中间控制的原则

通过分析调整原材料利用方式或寻求废物可分离、可回收的技术方案,力争从源头或生产过程中间减少污染物的产出,以减少末端治理难度。

4. 相对性和阶段性原则

由于受生产规模、工程复杂性、科技水平、经济基础、生产者素质等各种因素的制约,清洁生产具有相对意义。清洁生产评价中树立的目标和参照的标准应把握一定的适用范围和条件;评价中提出的清洁生产措施应本着因地制宜,适时、适度低费高效的原则推荐实施。对不确定的方面或暂时不宜实行的方案应按照目标化管理的要求,提出分阶段实施的持续清洁生产对策和建议。

三、清洁生产指标体系的确定原则

1. 客观准确评价原则

清洁生产指标体系的建立应基于客观、准确的数据和事实,确保评价结果真实可靠。所选指标应能够准确反映生产过程中的资源消耗、环境影响以及生产效率等关键信息,为企业提供科学的决策依据。

2. 生命周期评价原则

在确定清洁生产指标体系时,应考虑产品的整个生命周期,包括原材料获取、生产、使用、废弃及回收等环节。指标应能够反映产品在各个阶段的资源消耗和环境影响,以帮助企业全面评估生产活动的环境影响,并实现从摇篮到摇篮的清洁生产。

3. 污染预防原则

清洁生产的核心在于污染预防。因此,在确定指标体系时,应强调污染预防措施的实施和效果评估。指标应能够反映企业在减少污染物排放、提高资源利用效率以及推广环保技术等方面的成效,以推动企业实现清洁生产的目标。

4. 定量指标与定性指标相结合原则

在建立清洁生产指标体系时,应综合运用定量指标和定性指标。定量指标能够提供客观、可量化的数据支持,如资源消耗率、污染物排放量等;而定性指标则能够反映企业的管理水平、环保意识等非量化因素。通过定量与定性指标的有机结合,可以全面评估企业的清洁生产状况,并为企业提供针对性的改进建议。

5. 重点突出,简明易操作原则

在确定清洁生产指标体系时,应注重指标的针对性和实用性。指标应能够突出反映清洁生产的关键环节和核心问题,避免冗余和重复。同时,指标的计算方法应简洁明了,易于操作和理解,以便企业在实际应用中能够快速准确地获取相关信息。

6. 持续改进原则

清洁生产是一个持续改进的过程。因此,在确定指标体系时,应注重其动态性和适应性。指标应能够随着技术进步和环保要求的提高而不断调整和优化,以反映企业清洁生产的最新水平和发展趋势。同时,企业应建立定期评估机制,对清洁生产指标体系进行定期审查和更新,确保其始终与企业的发展目标和环保要求保持一致。

综上所述,清洁生产指标体系的确定应遵循客观准确评价、生命周期评价、污染预防、定量与定性指标相结合、重点突出且简明易操作以及持续改进等原则。这些原则共同构成了清洁生产指标体系的核心框架,为企业在实施清洁生产过程中提供了科学的指导和支持。

四、清洁生产的指标

清洁生产的指标包括通用指标和验收指标。指标预期中打算达到的指数、规格、标准,它既是科学水平的标志,也是进行定量比较的尺度。

通用指标主要包括原材料的消耗、能耗、水的消耗(包括总用水量、新鲜用水量、回用水量等)、各类废水、废气和废渣的产生量和排放量、三废中各类主要污染物的产生量和排放量。

延伸指标是用以表征生产阶段以外的其他阶段的特征:①主要原材料和包装材料的环境性能:是否是高能耗、重污染物料,是否来自天然森林的砍伐,是否是受保护的动植物等;②产品的使用寿命、耐久性;③产品的可回收性、复用性以及可再循环性,产品在环境中的可降解性(表4-2)。

表4-2　常见的生态评价指标

指标名称	内容简述	备注
生态指标(Eco-indicator)	从生态周期评估的观点出发,将所排放的污染物质对环境的影响进行量化评估,并建立量化的生态指标,共建立100个指标	由荷兰 National Reuse of Waste Research Program 完成
气候变化指标(Climate Change Indicator)	污染物的排放量,所选择的标准物质包括 CO_2、CH_4、N_2O 的排放量,以及氟氯烃(CRCs)、哈龙(halons)的使用量,以上均转换为 CO_2 当量,逐年记录以评估对气候变化的影响	由荷兰开发应用
环境绩效指标[EPI_5(Environmental Performance Indicators)]	针对铝冶炼业、油与气勘探与制造业、石油精炼、石化、造纸等行业开发出能源指标、空气排放指标、废水排放指标、废弃物指标以及意外事故指标	挪威和荷兰环保局委托非营利机构(European Green Table)开发
环境负荷因子[ELF(Environmental Load Factor)]	ELF=废弃物质量/产品质量	美国 ICI 公司开发
废弃物产生率[WR(Waste Ratio)]	WR=废弃物质量/产出量	

五、清洁生产的评价方法

对环境影响评价项目进行清洁生产分析,必须针对清洁生产指标确定出既能反映主体情况,又简便易行的评价方法。考虑到清洁生产指标涉及面较广、完全量化难度大等特点,针对不同的评价指标确定不同的评价等级,对于易量化的指标评价等级可分得细一些,不易量化的指标评价等级则分得粗一些,最后通过权重法将所有指标综合起来,从而判定建设项目的清洁生产程度。

1. 评价等级

依据清洁生产理论和行业特点,将清洁生产评价分为定性评价和定量评价两大类。原材料指标和产品指标量化难度大,属于定性评价,可分为三个等级;资源指标、污染物产生指标和环境、经济效益指标易于量化,属于定量评价,可分为五个等级。

(1) 定性评价等级:

①高:表示所使用的原材料和产品对环境的有害影响比较小;②中:表示所使用的原材料和产品对环境的有害影响中等;③低:表示所使用的原材料和产品对环境的有害影响比较大。

(2) 定量评价等级:

①清洁:有关指标达到本行业国际先进水平;②较清洁:有关指标达到本行业国内先进水平;③一般:有关指标达到本行业国内平均水平;④较差:有关指标达到本行业国内中下水平;⑤很差:有关指标达到本行业国内较差水平。

为了方便统计和计算,定性和定量评价的等级分值范围均定为0~1。对定性评价的三个等级,按照基本等量、就近取整的原则来划分各等级的分值范围,具体见表4-3;对定量指标依据同样的原则来划分各等级的分值范围,具体见表4-4。

表4-3　原材料指标和产品指标(定性指标)的等级评分标准

等级	分值范围	低	中	高
等级分值	[0, 1.00]	[0, 0.30)	[0.30~0.70)	[0.70~1.00]

表4-4　资源指标、污染物产生指标和环境、经济效益指标的等级评分标准

等级	分值范围	很差	较差	一般	较清洁	清洁
等级分值	[0, 1.00]	[0, 0.20)	[0.20, 0.40)	[0.40, 0.60)	[0.60, 0.80)	[0.80, 1.00]

2. 评价方法

目前,国内外的清洁生产指标体系日趋完善,但是在清洁生产评价方法上并不明确。在实践中主要采用生命周期分析(Life Cycle Analysis, LCA)来反映评价对象对环境的影响程度。国内常用的清洁生产评价方法见表4-5。

表4-5　常用的清洁生产评价方法

评价方法	指标体系特征	数学模型	权重方法
轻工行业清洁生产评价方法	从产品生命周期全过程选取原材料、产品、资源和污染物产生四大类指标	百分制	专家打分法
综合指数评价方法	从清洁生产战略思想和内涵中选取资源、污染物产生、环境经济效益和产品清洁四类指标	兼顾极值或计权型综合指数;评估对象与类比对象指数比值求和	算术平均

（续表）

评价方法	指标体系特征	数学模型	权重方法
工业企业清洁生产评价方法	根据生产工序选取设备、能耗、物质成分含量、原料利用率、水重复利用率、废物利用率、污染物排放合格率等指标	综合指数：评估对象指数之和与指标项目数的比值	无
生产清洁度	包括消耗系数、排污系数、无毒无害系数、职工健康系数、污染物排放合格率	权重求和	专家打分
清洁生产潜力评价	包括工艺指标、技术经济指标、管理指标和环保指数四类指标	模糊评价法	层次分析法

3. 清洁生产的评价程序

（1）制定审核评估计划：在开始审核评估之前，应该制定详细的审核评估计划，包括审核的时间、地点、内容、参与人员等方面的安排。同时，还需要明确审核评估的目标和任务。

（2）收集相关资料：在审核评估开始前，需要收集相关的企业资料，包括生产工艺流程、排放口、废弃物处理情况、能源消耗情况等。

（3）现场实地考察：审核评估过程中，需要对企业进行实地考察，了解生产过程中存在的环境污染风险和潜在问题，包括原材料采购、生产工艺、产品使用、废物处理等方面。

（4）分析和评估：收集到相关资料后，需要对其进行分析和评估，确定企业的清洁生产水平，包括资源利用率、污染物排放情况、废弃物产生量等。同时，还需评估企业目前已经采取的清洁生产措施的有效性。

（5）提出改进建议：根据分析和评估的结果，需要制定改进建议，包括技术改进、管理措施、培训需求等方面，以帮助企业提升清洁生产水平。

（6）编制审核评估报告：在完成评估后，需要编制审核评估报告，将评估的结果和改进建议进行详细记录，以供企业参考和实施。

（7）跟踪和监测：审核评估的工作不仅仅是一次性的，还需要进行跟踪和监测，确保企业按照改进建议进行实施，并通过定期的审核评估进行检验（图4-1）。

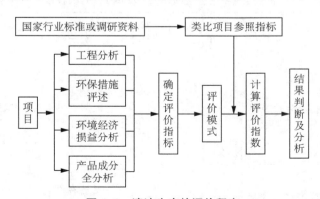

图 4-1　清洁生产的评价程序

任务三　认识纺织印染行业清洁生产评价指标体系

子任务一　学习《印染行业清洁生产评价指标体系(征求意见稿)》

根据 2019 年中华人民共和国国家发展和改革委员会关于《印染行业清洁生产评价指标体系(征求意见稿)》,机织印染布生产企业清洁生产评价指标分为两级,其中一级指标由工艺装备与生产技术指标、资源能源消耗指标、资源综合利用指标、污染物产生指标、产品特征指标和清洁生产管理指标等六项指标构成;二级指标由 26 个分项指标构成(图 4-2 和表 4-6)。

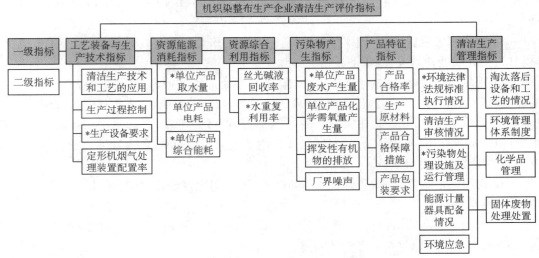

图 4-2　机织印染布生产企业清洁生产评价指标

表 4-6　机织染整布生产企业清洁生产评价指标、权重及基准值

序号	一级指标	一级指标权重	二级指标	单位	二级指标权重	评价基准值		
						Ⅰ级	Ⅱ级	Ⅲ级
1	工艺装备与生产技术指标	0.26	清洁生产技术和工艺的应用	—	0.07	所有可采用清洁生产技术和工艺的生产过程都采用了清洁生产技术和工艺	大部分可采用清洁生产技术和工艺的生产过程采用了清洁生产技术和工艺	可采用清洁生产技术和工艺的生产过程有采用清洁生产技术和工艺
2			生产过程控制	—	0.07	所有主要生产设备安装在线检测和自动控制装置	大部分主要生产设备安装在线检测和自动控制装置	主要生产设备有安装在线检测和自动控制装置

（续表）

序号	一级指标	一级指标权重	二级指标		单位	二级指标权重	评价基准值		
							Ⅰ级	Ⅱ级	Ⅲ级
3	工艺装备与生产技术指标	0.26	*生产设备要求		%	0.06	退煮漂过程大部分采用短流程设备；浸染生产用小浴比染色机占80%以上	退煮漂过程50%采用短流程设备；浸染生产用小浴比染色机占60%以上	退煮漂过程有采用短流程设备；浸染生产用小浴比染色机占30%以上
4			定形机烟气处理装置配置率		%	0.06	100	≥80	≥60
5	资源能源消耗指标	0.20	*单位产品取水量	棉织物	m³/hm	0.07	≤1.0	≤1.2	≤1.5
				化纤织物	m³/hm		≤0.8	≤1.0	≤1.2
				混纺织物	m³/hm		≤2.0	≤2.4	≤2.8
6			单位产品电耗	棉织物	kW·h/hm	0.04	≤25	≤30	≤35
				化纤织物	kW·h/hm		≤20	≤25	≤30
				混纺织物	kW·h/hm		≤30	≤35	≤40
7			*单位产品综合能耗	棉织物	kgce/hm	0.09	≤32	≤35	≤37
				化纤织物	kgce/hm		≤28	≤30	≤32
				混纺织物	kgce/hm		≤38	≤40	≤42
8	资源综合利用指标	0.10	丝光碱液回收率		%	0.05	≥85	≥60	≥40
9			*水重复利用率		%	0.05	≥55	≥45	≥40
10	污染物产生指标	0.16	*单位产品废水产生量	棉织物	m³/hm	0.05	≤0.88	≤1.06	≤1.32
				化纤织物	m³/hm		≤0.70	≤0.88	≤1.06
				混纺织物	m³/hm		≤1.76	≤2.11	≤2.46
11			单位产品化学需氧量产生量	棉织物	kg/hm	0.04	≤1.20	≤1.36	≤1.53
				化纤织物	kg/hm		≤0.94	≤1.20	≤1.36
				混纺织物	kg/hm		≤1.62	≤1.98	≤2.25
12			挥发性有机物的排放		—	0.04	符合当地环保部门规定的限值要求		
13			厂界噪声		—	0.03	符合当地环保部门规定的限值要求		

（续表）

序号	一级指标	一级指标权重	二级指标	单位	二级指标权重	评价基准值		
						Ⅰ级	Ⅱ级	Ⅲ级
14	产品特征指标	0.12	产品合格率	％	0.03	≥98	≥97	≥96
15			生产原材料	—	0.04	符合 GB/T 18885 的要求		不含致畸、致癌和致敏染料
16			产品合格率保障措施		0.03	有完备的染化助剂检测和产品质量检验设备，有相应的管理制度以及记录		有染化助剂检测或产品质量检验设备，有管理制度
17			产品包装要求	—	0.02	没有过度包装，部分包装材料实现回收再用		
18	清洁生产管理指标	0.16	*环境法律法规标准执行情况		0.03	符合国家和地方有关环境法律、法规，废水、废气、噪声等污染物排放符合国家和地方排放标准；污染物排放应达到国家和地方污染物排放总量控制指标和排污许可证管理要求		
19			淘汰落后设备和工艺的情况	—	0.02	没有国家明令限期淘汰的落后工艺和设备		
20			清洁生产审核情况		0.02	按照国家和地方要求，开展清洁生产审核		
21			环境管理体系制度		0.01	建立并通过环境管理体系认证，程序文件及作业文件齐备	拥有健全的环境管理体系和完备的管理文件	
22			*污染物处理设施及运行管理	—	0.03	污染物处理设施建立运行台账，废水处理设施运行有中控系统和在线检测	污染物处理设施建立运行台账	
23			化学品管理	—	0.01	化学品分类堆放，有明显的标示，液体化学品均有围堰，危险化学品应独立存放		
24			能源计量器具配备情况	—	0.02	能源计量器具配备率符合 GB/T 29452 三级计量要求	能源计量器具配备率符合 GB/T 29452 二级计量要求	
25			固体废物处理处置		0.01	一般固体废物按照 GB 18599 相关规定执行；危险废物按照 GB 18597 相关规定执行		
26			环境应急	—	0.01	编制环境应急预案，并开展环境应急演练		

注：在各项评价体系中，带＊项为限定性指标，即要达到某一个等级时该项指标必须达到该等级的要求。

表4-7　印染行业不同等级清洁生产企业综合评价指数

企业清洁生产水平	清洁生产综合评价指数
Ⅰ级（国际清洁生产领先水平）	——同时满足： ——$Y_I \geq 85$； ——限定性指标全部满足Ⅰ级基准值要求。
Ⅱ级（国内清洁生产先进水平）	——同时满足： ——$Y_{II} \geq 85$； ——限定性指标全部满足Ⅱ级基准值要求及以上。
Ⅲ级（国内清洁生产一般水平）	——满足 $Y_{III} = 100$。

（Y为综合评价指数得分，详细计算请参见"印染行业清洁生产评价指标体系"第5部分，评价方法）

子任务二　学习 HJ/T 185—2006《清洁生产标准纺织业（棉印染）》

为贯彻实施《中华人民共和国环境保护法》和《中华人民共和国清洁生产促进法》，保护环境，为棉印染企业开展清洁生产提供技术支持和导向，中华人民共和国生态环境部制定《清洁生产标准纺织业（棉印染）》。（表4-8）。

表4-8　纺织行业（棉印染）清洁生产指标要求

指标	一级	二级	三级
一、生产工艺与装备要求			
1. 总体要求	企业所采用的生产工艺与装备不得在《淘汰落后生产能力、工艺和产品的目录》之列，应符合国家产业政策、技术政策和发展方向		
	采用最佳的清洁生产工艺和先进设备，设备全部实现自动化	采用最佳的清洁生产工艺和先进设备，设备全部实现自动化	采用清洁生产工艺和设备，主要生产工艺先进，部分设备实现自动化
2. 前处理工艺和设备	① 采用低碱或无碱工艺，选用高效助剂 ② 采用少用水工艺 ③ 使用先进的连续式前处理设备 ④ 有碱回收设备	① 采用低碱或无碱工艺，选用高效助剂 ② 采用少用水工艺 ③ 使用先进的连续式前处理设备 ④ 使用间歇式的前处理设备，并有碱回收装置	① 采用通常的前处理工艺 ② 采用少用水工艺 ③ 部分使用先进的连续式前处理设备 ④ 使用间歇式的前处理设备，并有碱回收装置
3. 染色工艺和设备	① 采用不用水或少用水（小浴比）的染色工艺，使用高吸尽率染料及环保型染料和助剂 ② 使用先进的连续式染色设备并具有逆流水洗装置 ③ 使用先进的间歇式染色设备并进行清水回用 ④ 使用高效水洗设备	① 采用不用水或少用水（小浴比）的染色工艺，使用高吸尽率染料或环保型染料和助剂 ② 部分使用先进的连续式染色设备并具有逆流漂洗装置 ③ 部分使用先进的间歇式染色设备并进行清水回用 ④ 使用高效水洗设备	① 大部分采用少用水（小浴比）的染色工艺，部分使用高吸尽率染料及环保型染料和助剂 ② 部分使用连续式染色设备 ③ 部分使用间歇式染色设备并进行清水回用 ④ 部分使用高效水洗设备

（续表）

指标	一级	二级	三级
4. 印花工艺和设备	① 采用少用水或不用水的印花工艺,使用高吸尽率染料及环保型染料和助剂 ② 采用先进的制版制网技术及设备 ③ 采用无版印花工艺及设备 ④ 采用先进的调浆、高效蒸发和高效水洗设备	① 采用少用水或不用水的印花工艺,使用高吸尽率染料及环保型染料和助剂 ② 部分采用先进的制版制网技术及设备 ③ 部分采用无版印花技术及设备 ④ 采用先进的调浆、高效蒸发和高效水洗设备	① 大都分采用少用水或不用水的印花工艺,大部分使用高吸尽率染料及环保型染料和助剂 ② 部分采用制版制网技术及设备 ③ 部分采用无版印花技术及设备 ④ 部分采用先进的调浆、高效蒸发和高效水洗设备
5. 整理工艺与设备	采用先进的无污染整理工艺,使用环保型整理剂	采用无污染整理工艺,使用环保型整理剂	大部分采用无污染整理工艺,大部分使用环保型整理剂
6. 规模	棉机织印染企业设计生产能力≥1000 万 m/a 棉针织印染企业设计生产能力≥1600 t/a		

二、资源能源利用指标

1. 原辅材料的选择	① 坯布上的浆料为可生物降解型 ② 选用对人体无害的环保型染料和助剂 ③ 选用高吸尽率的染料,减少对环境的污染		① 大部分坯布上的浆料为可生物降解型 ② 大部分采用对人体无害的环保型染料和助剂 ③ 大部分选用高吸尽率的染料,减少对环境的污染
2. 取水量			
机织印染产品/ $(t/100\ m)^1$	≤2.0	≤3.0	≤3.8
针织印染产品 $(t/t)^2$	≤100	≤150	≤200
3. 用电量			
机织印染产品/ $(kW \cdot h/100\ m)^3$	≤25	≤30	≤39
针织印染产品/ $(kW \cdot h/t)^4$	≤800	≤1000	≤1200
4. 耗标煤量			
机织印染产品/ $(kg/100\ m)^5$	≤35	≤50	≤60

（续表）

指标	一级	二级	三级
针织印染产品/ $(kg/t)^6$	≤1000	≤1500	≤1800

三、污染物产生指标

1. 废水产生量

指标	一级	二级	三级
机织印染产品/ $(t/100\ m)^7$	≤1.6	≤2.4	≤3.0
针织印染产品/ $(t/t)^8$	≤80	≤120	≤160

2. COD 产生量

指标	一级	二级	三级
机织印染产品/ $(kg/100\ m)^9$	≤1.4	≤2.0	≤2.5
针织印染产品/ $(kg/t)^{10}$	≤50	≤75	≤100

四、产品指标

指标	一级	二级	三级
1. 生态纺织品	① 全面开展生态纺织品的开发和认证工作 ② 全部达到 Oko-TexStandard 100 的要求	① 已进行生态纺织品的开发和认证工作 ② 基本达到 Oko-TexStandard 100 的要求，全部达到 HJBZ 30 生态织品的要求	① 基本为传统产品，准备开展生态纺织品的认证工作 ② 部分产品达到 HJBZ 30 生态纺织品的要求
2. 产品合格率/% （连续 3 年）	99.5	98	96

五、环境管理要求

指标	一级	二级	三级
1. 环境法律法规标准	符合国家和地方有关环境法律、法规，污染物排放达到国家和地方排放标准、总量控制和排污许可证管理要求		
2. 环境审核	按照纺织业的企业清洁生产审核指南的要求进行了审核；按照 CB/T 24001 建立并运行环境管理体系，环境管理手册、程序文件及作业文件齐备	按照纺织业的企业清洁生产审核指南的要求进行了审核；环境管理制度健全，原始记录及统计数据齐全有效	按照纺织业的企业清洁生产审核指南的要求进行了审核；环境管理制度原始记录及统计数据基本齐全
3. 废物处理处置	对一般废物进行妥善处理，对危险废物按有关标准进行安全处置		
4. 生产过程环境管理	实现生产装置密闭化。生产线或生产单元均安装计量统计装置，实现连续化显示统计，对水耗、能耗有考核。实现生产过程自动化，生产车间整洁，完全杜绝跑、冒、滴、漏现象	生产线或生产单元安装计量统计装置，对水耗能耗有考核。建立管理考核制度和统计数据系统。实现主要生产过程自动化，生产车间整洁，完全杜绝跑、冒、滴、漏现象	生产线或生产单元安装计量统计装置，对水耗、能耗有考核。建立管理考核制度和统计数据系统。生产车间整洁，能够杜绝跑、冒、滴、漏现象

（续表）

指标	一级	二级	三级
5. 相关方环境管理	要求提供的原辅材料,应对人体健康没有任何损害,并在生长和生产过程中对生态环境没有负面影响; 要求坯布生产所使用的浆料,采用易降解的浆料,限制或不用难降解浆料,减少对环境的污染; 要求提供绿色环保型和高吸尽率的染料和助剂,减少对环境的污染; 要求提供无毒、无害和易于降解或回收利用的包装材料		

注:(1)指 100 m 布的取水量;(2)指吨布的取水量;(3)指 100 m 布的用电量;(4)指吨布的用电量;(5)指 100 m 布的耗煤量;(6)指吨布的耗煤量;(7)指 100 m 布的废水产生量;(8)指吨布的废水产生量;(9)指 100 m 布的 COD 产生量;(10)指吨布的 COD 产生量。

子任务三　学习《印染行业规范条件(2023 版)》

中华人民共和国工业和信息化部为全面贯彻党的二十大精神,加快推进新型工业化,更好发挥规范条件引领技术进步、推动绿色发展、促进转型升级的作用,对《印染行业规范条件(2017 版)》进行了修订,形成了《印染行业规范条件(2023 版)》。

一、企业布局

（一）企业应符合国家法律法规、产业政策、标准规范要求,符合本地区土地利用总体规划、城市总体规划、环境保护规划和生态环境分区管控等要求。

（二）新建印染项目应在工业园区内集中建设并符合园区总体规划、产业发展规划、环境影响评价等要求,实行集中供热和污染物集中处理。

二、工艺装备

（一）企业要采用技术先进、绿色低碳的工艺装备,禁止使用有关政策文件明确的淘汰类工艺装备,主要工艺参数应实现在线检测和自动控制。企业燃煤锅炉应实现超低排放,鼓励企业使用清洁能源供热。新建印染项目应采用助剂自动配液输送系统。鼓励企业采用染化料自动称量系统和染料自动配液输送系统。企业应配备冷却水、冷凝水及余热回收装置。企业应选择采用可生物降解（或易回收）浆料的坯布,使用符合低挥发性有机物（VOCs）含量等要求的生态环保型染料和助剂。鼓励企业采用水基(性)涂层整理剂。印染项目设计建设要执行相应的工厂设计规范。

（二）鼓励在主要印染设备主机中使用符合《电动机能效限定值及能效等级》（GB18613）规定的二级及以上能效等级的电机。连续式水洗装置要密封性好,并配有逆流、高效漂洗及余热回收装置。间歇式染色设备最小浴比应在 1:8（含）以下。定形机应配套安装废气收集处理装置、余热回收装置。涂层机应配套安装废气收集处理装置、溶剂回收装置。丝光机应配备淡碱回收装置。

三、质量管理

（一）企业要开发生产低消耗、低排放、生态安全的绿色产品,鼓励采用新技术、新工艺、新设备、新材料开发具有自主知识产权、高附加值的产品。企业应加强产品开发和质量管控,建立能进行纺织品基础物理、化学指标检测的实验室,产品质量要符合有关标准要求,产品合格率达 98％以上。鼓励企业开展实验室认可和技术中心建设。

(二)企业应实行三级用能、用水计量管理,设置专门机构或人员对能源、取水、排污情况进行监督,并建立管理考核制度和数据统计系统。

(三)企业要健全企业管理制度,鼓励企业进行质量、环境、能源以及职业健康安全等管理体系认证,支持企业采用信息化管理手段提高管理效率和水平。企业要加强生产现场管理,车间应干净整洁。

(四)企业要规范化学品存储和使用,危险化学品应严格遵循《危险化学品安全管理条例》要求,加强对从业人员化学品使用的岗位技能培训。企业应建立化学品绿色供应链管控体系。

四、资源消耗

印染企业单位产品综合能耗和新鲜水取水量要达到规定要求。企业水重复利用率应达45％以上。

表 4-9　印染加工单位产品综合能耗及新鲜水取水量

产品种类	综合能耗	新鲜水取水量
棉、麻、化纤及混纺机织物	≤28 公斤标煤/百米	≤1.4 吨水/百米
纱线、针织物	≤1.0 吨标煤/吨	≤85 吨水/吨
真丝绸机织物(含练白)	≤33 公斤标煤/百米	≤2.0 吨水/百米
精梳毛织物	≤130 公斤标煤/百米	≤13 吨水/百米

注:1. 机织物标准品为布幅宽度 152 cm、布重 10～14 kg/100 m 的棉染色合格产品,真丝绸机织物标准品为布幅宽度 114 cm、布重 6～8 kg/100 m 的染色合格产品,当产品不同时,可按标准进行换算。

　　2. 针织或纱线标准品为棉浅色染色产品,当产品不同时,可参照《针织印染产品取水计算办法及单耗基本定额》(FZ/T 01105)、《针织印染面料单位产品能源消耗限额》(FZ/T 07019)进行换算。

　　3. 精梳毛织物印染加工指从毛条经过条染复精梳、纺纱、织布、染整、成品入库等工序加工成合格毛织品精梳织物的全过程。粗梳毛织物单位产品能耗按精梳毛织物的 1.3 倍折算,新鲜水取水量按精梳毛织物的 1.15 倍折算。毛针织绒线、手编绒线单位产品能耗按纱线、针织物的 1.3 倍折算,新鲜水取水量按纱线、针织物的 1.3 倍折算。

五、环境保护

(一)印染项目环保设施要按照《纺织工业环境保护设施设计标准》(GB 50425)的要求进行设计和建设,严格执行环境保护"三同时"制度,依法开展项目竣工环境保护验收,验收合格后方可投入生产运行。印染项目应依法严格执行环境影响评价制度,环境影响评价文件未通过审批的项目不得开工建设。企业应依法申请排污许可证,并按证排污。

(二)企业应有健全的环境管理机构,制定有效的环境管理制度,获得 ISO14001 环境管理体系认证。企业要按照有关规定开展能源审计,开展清洁生产审核并通过验收,不断提高清洁生产水平。企业应制定突发环境事件应急预案,开展环境应急演练,储备必要的环境应急物资,在发生突发环境事件后,第一时间开展先期处置,并按规定进行信息报告和通报。

(三)企业废水排放应符合《纺织染整工业水污染物排放标准》(GB 4287)或者地方规定的水污染物排放标准。企业应采用高效节能环保的污泥处理工艺,一般工业固体废物的贮存、填埋处置应符合《一般工业固体废物贮存和填埋污染控制标准》(GB 18599)等标准。企业废气排放应符合《大气污染物综合排放标准》(GB 16297)、《恶臭污染物排放标准》(GB 14554)、《挥发性有机物无组织排放控制标准》(GB 37822)等标准,有地方标准的应执行地方标准。企业厂界噪声应符合国家《工业企业厂界环境噪声排放标准》(GB 12348)等标准。

(四)企业应严格执行新化学物质环境管理登记制度,严格落实《重点管控新污染物清单》有关要求,从源头避免使用列入《重点管控新污染物清单》的化学物质以及对消费者、环境等有害的化学物质。

六、安全生产

(一)企业应遵守《中华人民共和国安全生产法》《中华人民共和国职业病防治法》等法律法规,执行保障安全生产的国家标准或行业标准。企业应建立健全安全生产责任制,制定安全生产规章制度和操作规程,制定并实施安全生产教育和培训计划,保证安全生产投入有效实施,及时消除生产安全事故隐患。

(二)企业要按照《纺织工业企业安全管理规范》(AQ 7002)和《纺织工业职业安全卫生设施设计标准》(GB 50477)要求,建设安全生产设施,并按照国家有关规定和要求,确保安全设施与主体工程同时设计、同时施工、同时投入生产和使用。

(三)企业应依法落实职业病危害防治措施,对重大危险源应登记建档,进行定期检测、评估、监控,并制定应急预案,为从业人员提供劳动防护用品,监督、教育从业人员正确佩戴、使用。

七、社会责任

(一)企业应遵守《中华人民共和国劳动法》《中华人民共和国劳动合同法》等法律法规,遵循以人为本的原则,保障员工劳动权益和健康安全,为员工发展提供必要条件,促进企业与人协调发展。

(二)鼓励企业通过建立纺织服装企业社会责任管理体系(CSC9000T),全面提升企业社会责任建设和可持续发展能力。

(三)企业应按照《排污许可管理条例》《企业环境信息依法披露管理办法》等开展环境信息公开。鼓励企业主动开展社会责任和可持续发展信息披露,通过建立健全信息披露机制、提高企业信息披露质量,促进企业改善管理,提高价值链协同发展能力。

八、规范管理

(一)各级工业和信息化主管部门要加强对印染行业的管理,引导企业按照规范条件要求,加快技术改造,依法依规淘汰落后产能,规范企业管理。

(二)经企业自愿申请,省级工业和信息化主管部门核实推荐,工业和信息化部对符合规范条件的企业进行公告。

(三)有关行业协会要推动规范条件在印染行业中的落实,加强行业指导和行业自律,推进行业技术进步,协助政府有关部门做好行业管理工作。

子任务四　学习《工业用水定额:棉印染》

2020 年 12 月,为深入推进节约用水工作,水利部联合工业和信息化部制定了《工业用水定额:棉印染》的通知,并自 2021 年 3 月 1 日起施行,企业用水额定量见表 4-10。

表 4-10　棉印染用水定额

产品名称		单位	先进值	通用值
棉机织印染产品	棉及棉混纺机织物	$m^3/100\ m$	1.6	1.8
	化纤机织物	$m^3/100\ m$	0.9	1.1
棉针织印染产品	棉及棉混纺纱线、针织物	m^3/t	80	100
	化纤纱、针织物	m^3/t	65	72

注:1. 先进值用于新建(改建、扩建)企业的水资源论证、取水许可审批和节水评价;通用值用于现有企业的日常用水管理和节水考核。
　　2. 棉、化纤及混纺机织物基准染整产品为标准品,将标准品折合系数为1,标准品的百米坯布质量为(10.0 kg～14.0 kg)/100 m,布幅宽度为 152 cm 及以下。当产品不同时,可根据织物的长度、幅宽、厚度等,按照 FZ/T01104 进行换算。

子任务五　学习《牛仔服装洗水行业清洁生产评价指标体系》

2019 年广东省纺织团体标准发布了《牛仔服装洗水行业清洁生产评价指标体系》,根据清洁生产的原则要求和指标的可度量性,进行本指标体系的指标选取。根据评价指标的性质,分为定量指标和定性指标两类。

定量指标选取了具有代表性、能反映"节能""降耗""减污"和"增效"等有关清洁生产最终目标的指标,综合考评企业实施清洁生产的状况和企业清洁生产水平。

定性指标根据国家有关推行清洁生产的产业发展和技术进步政策、资源环境保护政策规定以及行业发展规划等选取,用于考核企业执行相关法律法规、标准以及相关政策的情况。

各指标的评价基准值是衡量该项指标是否符合清洁生产基本要求的评价基准。

在定量评价指标中,各指标的评价基准值是衡量该项指标是否符合清洁生产基本要求的评价基准。本指标体系确定各定量评价指标的评价基准值的依据是:凡国家或行业在有关政策、规划等文件中对该项指标已有明确要求的就执行国家要求的数值;凡国家或行业对该项指标尚无明确要求的,本标准参考国内各种类型牛仔服装洗水企业的指标,选定具有代表性的指标作为各级的基准值。在定性评价指标中,衡量该项指标是否贯彻执行国家有关政策、法规的情况,按"是"或"否"两种情况来评定(表 4-11)。

表 4-11　牛仔服装洗水企业评价指标项目、权重及基准值

序号	一级指标	一级指标权重	指标项目	二级指标权重	单位	评价基准值		
						Ⅰ级	Ⅱ级	Ⅲ级
1	生产工艺及设备要求	0.27	生产设备和工艺	0.04	—	使用臭氧等无水洗水机或自动化洗水机产量占比≥30%。所有洗水机配置水位计量和温度控制器具。	有使用臭氧等无水洗水机、自动化洗水机,80%洗水机配置水位计量和温度控制器具。	60%洗水机配置水位计量和温度控制器具。
2				0.04	—	全部滚筒烘干机均是节能型烘干机	≥50%的滚筒烘干机是节能型烘干机	滚筒烘干机部分是节能型烘干机
3			压缩空气系统	0.03	—	全部选用节能型空气压缩机,能效符合 GB 19153 中能效等级 1 级要求;合理布局供气管道,定期对供气系统等进行检修和维护。	80%选用节能型空气压缩机,设备能效符合 GB 19153 中能效等级 2 级要求;合理布局供气管道,定期对供气系统等进行检修和维护。	有选用节能型空气压缩机,设备能效符合 GB 19153 中能效限定值要求;合理布局供气管道,定期对供气系统等进行检修和维护。
4			洗水工艺	0.05	—	采用一浴法、激光雕饰等节能、节水工艺。	采用节能或节水的洗水工艺。	
5			淘汰落后设备和工艺的情况	0.04	—	不使用国家明令淘汰的设备和生产工艺。		
6			照明要求	0.04	—	实施绿色照明,合理布局灯光和开关,全部使用节能灯具。		灯光布局合理,使用节能灯具。
7			能源资源消耗计量管理	0.03	—	符合 GB/T 29452、GB 17167 和 GB 24789 要求。	能按 GB/T 29452、GB 17167 和 GB 24789 中计量器具配置要求配置计量器具。	
8	资源和能源消耗指标	0.16	*单位产品取水量	0.06	m³/万件注1	200	500	800
9			单位产品电耗	0.04	kW·h/万件	400	800	1500
10			*单位产品综合能耗	0.06	kgce/万件	1800	3000	5000

（续表）

序号	一级指标	一级指标权重	指标项目	二级指标权重	单位	评价基准值		
						Ⅰ级	Ⅱ级	Ⅲ级
11	资源综合利用指标	0.09	冷凝水回收利用率	0.04	—	洗水机和烘干机冷凝水回用≥30%,熨烫有利用乏汽	洗水机和烘干机冷凝水回用≥30%。	洗水机和烘干机配备冷凝水回收利用设施。
12			*水重复利用率	0.05	%	≥60	≥50	≥40
13	污染物产生指标	0.16	单位产废水产生量	0.05	m³/万件	170	425	680
14			*单位产品CODCr产生量	0.05	kg/万件	51	127.5	204
15			粉尘、废气和VOCs排放	0.04	—	VOCs产生工序、高锰酸钾处理、打磨等工序的废气和粉尘配备处理设施,符合当地环保部门要求。		
16			噪声	0.02	—	符合当地环保部门要求。		
17	产品特征指标	0.08	产品合格率	0.04	%	98	95	92
18			产品质量要求	0.04		符合 GB 18401 要求。		
19	清洁生产管理指标	0.24	*环境法律法规标准执行情况	0.03	—	排污许可证管理符合 HJ 861,环保设施竣工验收符合 HJ 709。		
20			*污染物排放要求	0.03		污染物排放应符合排污许可证管理要求。废水、废气、噪声等污染物排放符合国家和地方排放标准。		
21			污染物处理及设施运行管理	0.03		污染物排放监测符合 HJ 879 的要求,处理设施建立运行台账,废水处理设施运行有中控系统和在线检测。	污染物排放监测符合 HJ 879 的要求,污染物处理设施正常运行。废水处理设施有在线检测。	污染物排放监测符合 HJ 879 的要求,污染物处理设施正常运行。
22			固体废物的处置	0.02		一般固体废物按照 GB 18599 相关规定执行;危险废物按照 GB 18597 相关规定执行。		
23			清洁生产审核情况	0.03	—	按照国家和地方要求,开展清洁生产审核。		
24			创建节水型企业	0.02	—	获得节水型企业称号或通过验收。	开展创建节水型企业工作,符合 GB/T 26923 要求。	开展了创建节水型企业的活动。
25			环境管理体系制度	0.02	—	按照 GB/T 24001 建立并运行环境管理体系,环境管理程序文件及作业文件齐备。		拥有健全的环境管理体系和完备的管理文件。

（续表）

序号	一级指标	一级指标权重	指标项目	二级指标权重	单位	评价基准值		
						Ⅰ级	Ⅱ级	Ⅲ级
26			生产现场管理	0.02	—	洗水车间内地面没有积水和杂物；其他各车间物料存放有序。转运车辆停放整齐有序；没有水和蒸汽跑冒滴漏现象；生产废气和粉尘及时排出或处理，车间异味少。		
27			化学品管理	0.02	—	化学品分类存放，有明显的标识，液体化学品均有围堰，危险化学品应独立存放。		
28			环境应急	0.02	—	编制系统的环境应急预案并开展环境应急演练。		

注1：以 800 g/件作为标准进行换算；
注2：带"*"的指标为限定性指标。

子任务六 学习广州增城牛仔洗漂印染企业进行改造升级完成情况评审指标体系

2019 年到 2022 年，广东省广州增城区根据国家和省市对行业发展的管理要求，对牛仔洗漂印染企业进行改造升级，经过三年的修改和完善，制定了洗漂印染企业改造升级完成情况评审指标。该评审指标体系共 13 项一级指标、22 项二级指标、75 项三级指标，总分 1000 分，900 分为达标，其中环境管理的 5 项三级指标与设备管理的 3 项三级指标均为一票否决项（未计入总分内）。与清洁生产相关的分数为 760 分，另外加分项（未计入总分内）共 5 项 30 分均与清洁生产直接相关，以下节选与清洁生产相关部分（表 4-12）。

表 4-12 洗漂印染企业改造升级完成情况评审指标

序号	一级指标	二级指标	检查方式	三级指标			二级分项评价意见	企业提供资料清单建议
				评分标准	分数	评分		
一	环境管理	一票否决项	发现一项就否决	1. 未按照要求办理排污许可证等环保手续；废气排放口低于 15 米；				1.1 环评申报资料、环保验收记录； 1.2 排污许可证正副本； 1.3 近一年的定期环保检测报告； 1.4 行政处罚通知书、整改验收文件（或撤销行政处罚的通知文件），或者列入负面清单后撤销的凭证； 1.5 各类环保台账； 1.6 公司各类环境保护的相关制度文件。
				2. 未按照相关要求落实"三同时"，没有验收相关记录材料，环保设施未能有效运行的；				
				3. 被行政处罚且没有通过主管部门的验收的，或被政府列入负面清单没有被撤销的；				
				4. 没有专门的环保档案专柜，环保档案管理不规范，没有清晰可信的台账的；				
				5. 没有专业环保应急管理预案。				

（续表）

序号	一级指标	二级指标	检查方式	三级指标			二级分项评价意见	企业提供资料清单建议
				评分标准	分数	评分		
二	设备管理	一票否决项	发现一项就否决	1. 设备台数超过排污许可证数量的,设备型号随意变更的;				2.1　排污许可证(全); 2.2　设备台帐; 2.3　先进设备占比及计算依据。
				2. 未淘汰 15 年(国产)、20 年(进口)以上设备,或有国家工信部2019年颁布的淘汰落后产能目录中的设备的;				
				3. 主机设备先进率达不到70%以上的。				
三	环境治理(165分)	水污染治理(40分)	现场＋文件	1. 企业有相关污水处理外包合同;有定期缴纳污水处理费的缴费凭证;有专人管理;污水收集管道有定期清理,保持畅通,无污水外溢到收集管路(或渠道)之外的情况;没有任何污水管路的暗管和旁路。占20分,凡缺失一项(处)扣3分,扣完本项所占分数为止。	20			3.1　企业清浊分流系统图及验收合格证明等; 3.2　企业排污口污水检测报告; 3.3　污水处理合同、全年污水处理缴费凭证; 3.4　污水沟渠清理制度和清理记录;
				2. 所排污水集中排放到污水处理园区,企业有污水暂存池。没有污水暂存池计0分。	10			
				3. 企业厂区建立了清、浊分流的排水系统,并经验收合格。占10分,清浊分流图占5分,验收合格5分。	10			
		大气污染治理(60分)	现场＋文件	1. 废气排放口设置符合排污许可证规定(10分);有合乎要求的采样口(10分);有最近一年的达标检测报告(10分)。占30分,每项10分,凡一处(个)不符合扣2分,扣完本项所占分为止。	30			3.5　废气处理设施设计方案及运行方案; 3.6　废气处理设施运行台账,包括定期采购药剂、用水量、用电量、设备运行维修维护的记录表,要求有相关责任人签名; 3.7　有药剂采购发票等凭证,或者其他的佐证材料; 3.8　定期环境检测报告(至少每季度1次);
				2. 有废气处理设施运行台账,运营方案中涉及的药剂采购的凭证等佐证材料完整(10分);废气收集管道为负压,无任何"跑冒滴漏"的情况(10分)。占20分,每项10分,凡一处(个)不符合扣2分,扣完本项所占分为止。	20			

序号	一级指标	二级指标	检查方式	三级指标			二级分项评价意见	企业提供资料清单建议
				评分标准	分数	评分		
三	环境治理（165分）	大气污染治理（60分）	现场＋文件	3. 废气收集管路没有任何不符合规范要求的暗管和旁路。占10分，有计0分，没有计10分。	10			3.9 涉及浆染车间、整经车间应提供整个车间的废气收集和粉尘处理详细方案，并与实际相符；
				说明：执行标准及数据：处理后粉尘废气、挥发性有机物达到浙江省《纺织染整工业大气污染物排放标准》（DB 33/962—2015），颗粒物≤15 mg/m³，最终通过排气筒15 m高空排放。处理后臭气浓度达到《恶臭污染物排放标准》（GB 14554—93）二级标准，即臭气浓度≤2000（无量纲）。处理后通过排气筒15 m高空排放。				
		固废治理（含危废）（50分）	现场＋文件	1. 危险废物管理规范，所有危险废物均交由具备处理资质单位处置，签订有危险废物处置合同，具备危险废物转移联单，档案材料齐全，台账清晰可信。占10分，缺失0分，发现一处问题扣1分，扣完本项占分为止。	10			3.10 危险废物产生与存储、转运的记录表； 3.11 与相关资质单位签订的危险废物处理处置合同； 3.12 危险废物转移联单； 3.13 有固废管理的培训记录和照片档案； 3.14 有固废管理制度文件； 3.15 企业垃圾分类制度；
				2. 有有效期内的危险废物和固废处理处置合同。占5分，有计5分，无计0分。	5			
				3. 厂区设置有专门的固废、危险废物仓库，有专人管理，车间设置固废、危险废物暂存空间，车间固废、危险废物及时放入固废、危险废物仓库。占10分，发现一处问题扣1分，扣完本项占分为止。	10			
				4. 危险废物仓库地面进行防腐防渗处理、包装容器完好无泄漏、设置有围堰或导流沟。占5分，发现一处问题扣1分，扣完本项占分为止。	5			

（续表）

序号	一级指标	二级指标	检查方式	三级指标			二级分项评价意见	企业提供资料清单建议
				评分标准	分数	评分		
三	环境治理（165分）	固废治理（含危废）（50分）	现场＋文件	5. 企业实行垃圾分类管理，不同垃圾设置不同垃圾桶，并有清晰的指引。危险废物进行分区、分类放置，仓库内、外和危险废物容器等按照危险废物管理要求有清晰完善的标识。现场设置有完善应急物资（如消防沙、吸附棉、空桶、防护套装等）。占10分，发现一处问题扣1分，扣完本项占分为止。	10			
				6. 抽查企业员工3名或以上，是否能辨别一般工业废物和危险废物。占10分，凡一项不能辨别扣1分，扣完本项占分为止。	10			
		厂界噪声（5分）	现场＋文件	1. 厂界噪声达标且经过监测验收；有符合规范的噪声管控措施；没有噪声投诉或者有噪声投诉，但是通过增加设施已经处理完成整改并获得验收。占5分，符合评5分，不符合评0分。	5			3.16　厂界噪声排放检测报告； 3.17　噪声控制设施设计方案和运行管理方案； 3.18　其他佐证材料。
		环保档案（10分）	文件	1. 按照要求办理了排污许可证等环保手续。占2分。	2			3.19　有环保档案专柜或档案盒或集中管理存贮位置； 3.20　环评申报资料、环保验收记录； 3.21　排污许可证正副本； 3.22　近三年的定期环保检测报告； 3.23　环保税申报表及完税证明； 3.24　各类环保台账； 3.25　公司各类环境保护的相关制度文件。
				2. 按照相关要求落实了"三同时"，有验收相关记录材料，环保设施运行良好。占2分。	2			
				3. 按照要求申报了环境保护税。占2分。	2			
				4. 有专门的环保档案专柜，环保档案管理规范，台账清晰可信。占2分。	2			
				5. 有专业环保应急管理预案。占2分。	2			
四	节能管理（110分）	能耗水耗指标达成情况（25分）	计算、检查文件	1. 与 T/GDTEX 05—219《牛仔服装清洁生产评价指标体系》中的单位产品取水量、综合能耗、电耗指标对比情况。占25分，达到一级水平评25分，二级水平评20分，三级水平评10分，三级以下水平评0分。	25			4.1　今年以来各项指标分月统计表； 4.2　今年以来各项指标与标准对照表； 4.3　改造前后各项指标对照表；

（续表）

序号	一级指标	二级指标	检查方式	三级指标			二级分项评价意见	企业提供资料清单建议
				评分标准	分数	评分		
四	节能管理（110分）	节能节水措施（85分）	现场+文件	1. 车间设置两套供水管道，一套供应清水，一套供应回用水，厂区设有回用储水池，每台洗水机都有安装专门的回用水管。占30分，没有设置回用水系统，计0分。	30			5.4 提供车间给排水管网图；5.5 水平衡图；5.6 水重复利用率及计算依据；5.7 采用洗水新工艺的佐证材料或成果证书。
				2. 蒸汽冷凝水全部回用于生产，白天充分利用自然采光，采用吊挂式节能灯具，洗水机和烘干机采用自动温控、自动水位控制，采用多种循环热利用技术的高效烘干机，充分利用自然能的吊挂式晾干等。占15分，每缺失一项扣2.5分，扣完本项占分为止。	15			
				3. 水、电、汽分车间分工序计量管理核算（三级计量）。占20分，少一级（项）扣4分，扣完本项占分为止。	20			
				4. 车间采用除以上措施以外的节能减排新工艺（两项或以上），达到节水、节能、减少用人等效果。占20分，两项以上评20分，少一项扣10分。	20			

（注：总分1000分），900分为达标，节选与清洁生产相关部分）

任务四 牛仔清洁生产关键技术及应用

　　传统的牛仔产业链包括整经、经纱染色、上浆、织造、后整理、制衣和牛仔服装洗水等环节，其中牛仔浆染、退浆、后整理和牛仔服装洗水等工序需要使用大量的染料、助剂和化学品，需要消耗很多的能源，需要大量的水及化学助剂去除面料上浆料和染料浮色，不仅产生了大量的废水，浆染过程中还会产生 H_2S 恶臭气体，对环境造成不利影响，同时导致成本较高。这些工序是清洁生产的关键工序。牛仔加工清洁生产工艺是可持续发展的要求，亟需推进牛仔行业低碳环保绿色工艺、清洁生产工艺体系建设，进一步完善牛仔行业清洁生产评价体系,推动牛仔印染、化纤等重点行业清洁生产审核。这里就以上述对清洁生产影响最大的几道工序,从原辅材料、浆染、后整、洗水、节能减排设施等五大部分简单介绍其清洁生产关键技术及应用推广情况。

一、选用绿色生态的原辅材料

1. 选用绿色生态的纤维原料

如选用靛蓝色来赛尔纤维,染色牢度高,经纱不需要染色,可节省大量的能耗、水耗和染化料消耗,大幅度减少废水和 H_2S 恶臭气体的排放。

2. 选用靛蓝天然植物染料

靛蓝天然植物染料可以自然降解,无毒性和副作用,不污染环境。靛蓝是一种中草药,因而其提取出来制作的染料具有较强和持久的的抗菌、抗病毒和消炎的功能,对人体和生态均不会造成危害。

3. 选用生物基染料

选用天然植物基还原系类抗菌染料染色时,优选环保复合还原剂替代保险粉和硫化碱。生物基染料所生产的色纱具有耐久抗菌,染色工艺简单、安全性高,产品多次水洗后仍有稳定的抗菌能力。与靛蓝和硫化黑所加工的牛仔服装面料相比较,其色牢度更高,色彩更丰富。

4. 选用无苯胺靛蓝染料

无苯胺靛蓝染料结构中不含苯胺,发色基团中不含偶氮结构,染料在还原或氧化过程中不会分解产生苯胺,因此牛仔服装上和废水中不存在有毒有害的苯胺,有利于使用者和员工的安全健康,也有利于环境保护。

5. 选用安全环保的还原剂代替保险粉

采用安全环保的还原剂替代保险粉,可以解决保险粉作为还原剂时易自然分解、降低有效成分的问题,同时规避其易燃性及生产过程中释放有毒有害的 H_2S 恶臭气体的风险。保险粉使用后的废水中,硫化物含量常常易超标,对环境构成威胁。相比之下,安全环保的还原剂不仅稳定性更高,不易自然分解破坏,而且在生产过程中不会释放有毒有害的 H_2S 气体,更加符合环保要求。

6. 选用绿色环保浆料

优选纯天然的浆料或变性浆料全部代替难以生物降解的 PVA 等合成化学浆料,退浆容易,废水处理工艺简单,容易稳定达标排放。

二、选用绿色环保的后整理设备和工艺

1. 臭氧退浆的应用

臭氧技术应用在牛仔面料后整理过程中可以显著的减少大量水和化学品的使用,同时可以在面料厂和服装厂中节省成本(图 4-3)。这种技术使得面料更具稳定性和一致性,并且使得面料更适合其他技术的应用,比如镭射。

经过臭氧退浆处理后的布具有以下优势:

(1)可以提高该布的色牢度,根据不同的品种和布的实际情况,干摩擦牢度可以提升

节省： 💧 水 70%～95%   🧪 化学品 80%～100%   ⚡ 能源 60%～80%

进布 → IN

图4-3　环保臭氧退浆设备

1级左右,湿摩擦牢度可以提升0.5级左右。

（2）可以缓解布表面的沾色现象,特别在棉/涤、纯涤纶的面料中,臭氧处理是目前能够较好解决涤棉沾色现象的工序。

（3）经过臭氧退浆处理后的牛仔布可以减少或者清除红光等现象。

（4）经过臭氧处理后,牛仔布上的浮色会大大减少,这非常有利于后道工序中服装水洗工序中的激光速度,效率提升约7%～15%。这样可以减少激光工序时间,减少水洗时间,降低服装水洗的综合生产成本,也是品牌较为认可的臭氧处理的优点。

（5）可以降低对环境的污染。

臭氧退浆和传统退浆后的牛仔布经过相同水洗后,两种排放污水中主要数值（COD/BOD）的对比见表4-13。

表4-13　样品理化性能比较

参数	单位	臭氧处理样品	普通处理样品
pH 值	—	7.19±0.05	7.12±0.05
传导性	μS/cm	1080±10	2270±10
悬浮固体	mg/L	39.5±10	364±10
浊度	FAU	58±3	340±4
SV30	ml/L	0±1	9±1
总 COD	mgO_2/L	176±7	1897±10
可溶性 COD	mgO_2/L	162±5	1590±2
总 BOD_5	mgO_2/L	90±20	240±20
总 COD/总 BOD_5	—	1.95	7.90

2. 臭氧处理在白牛前处理上的使用

随着牛仔品种的不断发展,白色牛仔（简称"白牛"）的需求不断增加,随之带来的白牛的前处理,俗称"半漂布"越来越多,目前"半漂布"大部分都是在普通的印染厂的前处理车间,利用长车、蒸箱等传统方法进行退煮漂前处理,而利用先进的臭氧机技术和工艺完全可以达到传统前处理对于白度、毛细管测试等技术指标。

利用臭氧机进行坯布的前处理工艺,能够大大减少用水量、蒸汽量,降低前处理生产成本40%以上,以及减少大量碳排放,特别是在双碳减排的国家政策下,有着更加实际的意义。

经过前处理的布在活性染色前一般要进行丝光处理,而反映丝光效果是否充分,是通过测量布匹的钡值来获得相关丝光效果数据,一般丝光后钡值在130～150,150为比较充分丝光后的钡值数据。

经过测试,经过臭氧前处理的布,它的相关钡值会比传统前处理的钡值有明显提高。

用臭氧机做坯布前处理,能够减少后道丝光机所需烧碱的浓度和烧碱使用量,减少量最大可达50%。如一个实验测试显示,采用传统前处理,面料的钡值为87.4;而相同品种经过臭氧前处理,它的钡值达到127.5,这意味着经过臭氧前处理的布匹已经有部分的丝光效果。

3. 选用生物酶退浆工艺

牛仔上浆一般采用淀粉或变性淀粉浆,其生物降解性能很好。生物酶是具有生物活性的蛋白质,酶制剂是一种生态型的高效催化剂,具有高效、安全、生态、环保、节能降耗的特点。与传统工艺相比,生物酶工艺具有温和性、高效性、选择性(专一性)和环保性等优势和特点。采用酶法退浆,与传统工艺相比具有工艺成熟、退浆效率高、退浆率高、不损伤纺织材料、节能降耗、废水pH值低、退浆废水可生物降解,且无毒无害等特点。如用淀粉酶代替碱去除坯布上的淀粉浆料,退浆时,使用淀粉酶能将淀粉分解成可溶性低分子糖,而且用酶处理产生的分解物无毒性,需注意的是这些分解物必须经处理后再排放,否则会提高退浆废水中的BOD(生物需氧量)。

4. 定形机废气热能的回收利用

利用定形机排出的高温废气采用国际上最新的高新技术,通过定形机废气余热高效回收装置吸收40%～70%的热量回补进定形机,达到节约能源的效果及排放废气除油效果。实施后每台定形机可回收热量25万kcal/h,可节约煤365 t/年。锅炉烟气,包括蒸汽锅炉烟气和热载体锅炉烟气,是品位较高、产生较大的余热源。蒸汽锅炉烟气温度在130～230℃,热载体锅炉烟气温度在230～280℃。利用锅炉烟气余热可以产生蒸汽、热水、热风。用冷凝水池热水用作供导热油锅炉余热蒸汽发生器用软水,锅炉烟道气余热通过交换器产生蒸汽,每台蒸汽发生器可产生蒸汽0.6 t/h,每年可产生蒸汽3600 t。

5. 定形机废气治理:"水喷淋处理＋湿式高压静电装置"工作原理

定形机产生的高温废气进入废气净化器,在导流区经缓流、均流、扩散后进入喷淋区,烟气在喷淋区与高压水雾紊流接触,废气中的有害气体、纤维、尘、油雾等物质被水雾捕集后经净化器底部排水口流入油水分离水箱中。经喷淋净化、降温后的气体由喷淋区进入高压静电吸附区,经高压静电吸附后的洁净气体由净化器顶部通过排风管道排入大气。污水经两级过滤后,其中的中长纤维和较大体积的杂质被滤除。细碎纤维、尘在自然沉降作用下积聚于箱底。细小油珠则依靠自身浮力上浮到水面聚成浮油层,浮油积聚到油槽后经排油管排入预置的油桶内。经沉淀、浮油后的水(洁净水)再通过循环水泵供入净化器循环利用。油水分离水箱的碳钢材质及顶部敞开式结构有利于循环水充分降温。

6. 选用绿色环保的洗染设备和工艺

(1)生物酵素洗的应用:生物酶可用于纤维的后整理,如纤维素酶(包括酸性纤维素酶和中性纤维素酶)可用于纤维素纤维的生物抛光、减量处理、水洗和石磨处理等。这些后处理具有高效性、整理效果显著、纤维失重小及强力损伤小、保色效果好和稳定性高等特点。

纤维素酶对棉织物的光洁柔软整理又叫抛光处理、食毛处理、蚀毛处理、烧毛处理等,其目的是去除纱线表面伸出的小纤维末端和小球,经过这种光洁柔软整理后,可改善织物的手感、柔软性、弹性和悬垂性,还可以减少纤维或织物表面的绒毛、小球,提高织物的光洁性,使织物的纹理更加清晰。因整理后增大了纤维的比表面积,自然也可以改善织物的吸湿和吸水性能。事实上,只要条件控制得当,利用纤维素酶处理还可以使纤维素(如 Tencel 等)表面原纤化,达到表面起绒的效果。

(2)臭氧洗水的应用:使用臭氧设备对牛仔服装进行臭氧漂白作用。臭氧设备能在牛仔服饰退浆酵洗后用此设备做一个漂洗的功能,可减少次氯酸钠漂白剂、氢氧化钠、碳酸钠的使用,有利于环境保护;相对于传统臭氧机高温分解臭氧的缓慢方式,臭氧机为化学式催化处理残余臭氧,更加安全稳定,并配有环境监测紧急制动功能,对操作人员的身体及环境安全起到一个全面的保护。

目前布的硫化染色、牛仔布的套染后的水洗一般通过多个水洗槽或者是通过蒸箱加上多个水洗槽的方法。一些臭氧机设备和工艺,可以实现低温硫化,不使用蒸箱的生产方式来完成硫化后的水洗的作用。使用新型的硫化染色和洗水方式比传统的生产方式节约用水89%,节约能源46%,减少碳排放32%。

(3)湿法上浆在牛仔浆染生产中的应用:牛仔在浆染联合机上使用湿法上浆,即染色后的纱线,不烘干直接进行上浆,从而起到减少蒸汽、节能减排的目的。

湿法上浆的优势主要包括:

①节约能源:节省蒸汽,每万米纱线约减少40%高温蒸汽用量。②提高效率:缩短浆染流程,减少上浆前的烘干工序,减少烘筒,提高浆染效率,节省纱的用量。③降低成本:能以较低的上浆率,保证较高的织造效率,节省更多的浆料。

(4)选用全自动智能洗水生产线、小浴比立式洗脱一体机:浴比由原来的1:20以上变为现在的1:4～1:8,工艺输入后自动控制洗法、自动温控、自动水位控制、进水、出水、蒸汽电磁智能阀控制等,操作员可直接从控制系统调取设置好的工艺即可生产,操作简单,并能减少操作误差。与传统的洗衣机工艺相比节约用水50%～70%;与喷射喷涂机器相比,节约用水30%;与其他前端装载机相比,它可节省50%的化学药品和15%的染料;与其他前置式装载机相比,可以装载多30%的产品,另外,设备具有可调转速、自动脱水、翻转、卸载功能,降低工人的劳动强度。可自由设定每道洗水工艺要求,人性化设计控制程序,可自动和半自动操作(图4-4)。

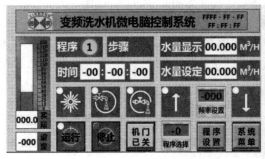

图4-4 节能牛仔服装洗水、成衣染色设备

（5）选用雾化水洗和干氧漂（干粉）洗水方式：目前新升级的洗水设备配备有 ECO 雾化装置。此设备的功能主要是将化工产品加入雾化机中，使用压缩气体将化工料以纳米级的方式喷进水洗设备中，让含水量 100% 的牛仔服饰在没有水的情况下进行带化工产品洗水。

生产 31 泡沫加工设备

干氧漂洗水方式采用氧漂剂加入一定比例的碳酸钙粉末，经充分搅拌后，使用全密闭的水洗设备，将含水 60% 牛仔服饰按传统工艺的数量放入缸中，加入 6 kg 的氧漂剂混合粉剂进行干洗。此过程中不产生噪音，无挥发性气味，化学品基本无残留在设备中，对操作人员起到职业卫生保护。可完全替代传统的炒砂、炒盐、炒雪花工艺，免去了高锰酸钾的使用，解决了浮石危废，设备运行时噪音大、气味浓等问题。

（6）选用环保浮石代替火山石进行石磨洗水：牛仔服装的洗水使用天然浮石，由于结构疏松，耗用量大，极易磨损产生石泥而淤塞沟道。环保浮石又叫人造浮石，用于牛仔服装的洗水时，耐久性好，损耗量低。

（7）应用牛仔服装激光（镭射）工艺代替牛仔洗水：利用激光雕刻印花设备产生的激光束的密集高能量而产生的局部高温对牛仔服装表面进行碳化的作用，通过这种作用使牛仔服装表面产生可见图案。同时还可以灵活调整激光束在牛仔服装表面的深度，造成立体图案的效果。其优点是标记速度快，字迹清晰；非接触式加工，污染小，无磨损；操作方便，防伪功能强；可以做到高速自动化运行，生产成本低；花纹精细，加工精度可达到 0.1 mm；成本低廉，不受加工数量的限制，对于大小批量牛仔裤加工服务，激光工艺都适合；节省材料，减少 90% 以上的粉尘产生及排放；不再使用高锰酸钾喷涂；花型的重现性好；降低劳动强度，减少 63% 的手工工艺用工人数。目前一些专业生产镭射设备的企业已经采用了新的图案软件，实现了高速运算与硬件完美兼容，效率大大提高。

（8）应用数码印花工艺代替牛仔洗水：首先在练漂后的织物半制品（机织、针织均可，平纹即可）上浸轧催化剂（改性剂，非阳离子改性剂），使纤维上增加几倍的活性基团（如羟基和氨基、酰胺基等），以提供更多的"染座"；自主研发生产的新型活性染料含多异活性基，染料与纤维既可以通过氢键和范德华力结合，更可以通过共价交联的方式结合，使染料和纤维成为有机的、不可分割的整体，两者的结合更加牢固。由于染料含有多个不同活性基的"协同增效"和"加和效应"，形成多个"触手"与纤维结合，形成的共价键既耐酸又耐碱，不易水解，由于色浆、墨水不含碱剂，染料不易水解。

染料上染后，通过烘干（125℃，2 min，或 120℃，3 min），使活性染料能与纤维素纤维中的羟基、蛋白质纤维及锦纶纤维中的氨基等基团发生共价交联反应，从而提高了染色牢度。其特点如下：

①印花工序实现废水零排放，由于工艺路线缩短（特别是省去了焙烘、汽蒸、皂洗、水洗等工序），大大节省了能源消耗；②印染相同颜色染料用量比常规工艺减少 50% 左右，相同的染料用量颜色至少深 30%；该工艺只使用催化剂和固色剂，无需添加碱剂、中性盐、渗透剂、匀染剂、尿素、防染盐 S 和皂洗剂等化学药品；③染料不易水解，染料利用率高，染色深度深；④染料色谱范围广，各项染色牢度高；⑤减少工序、减少人工、降低成本；⑥大幅度减少印染设备的投入和厂房面积；⑦印染产品达到生态纺织品的要求；由于减少许多高温高湿工序，能显著改善工作环境；⑧采用活性染料数码印花仿牛仔洗水效果逼真。该工艺生产流程短，用水量极低。另外数码印花工艺生产中不使用硫化染料或靛蓝染料，也不需要使用烧碱、硫

化碱或保险粉、高锰酸钾等化学药剂,也不需要使用浮石加工,因此能有效减低废气排放,无恶臭气体产生。所有工序均是机械化、智能化生产,生产效率高、劳动强度低、工作环境好、产品花型的重现性好。数码印花整个加工过程均采用机械化、智能化生产,生产效率高、劳动强度低、工作环境好、产品花型的重现性好,能获得比常规方法更好的外观效果(如砂洗、酵素洗、蜡洗、喷马骝、喷砂、炒雪花、手擦、手抹、割破、猫须、冰裂纹、龟裂纹、扎染、压皱、"新蓝天白云效果"、镭射雕刻印花效果等),均可根据客户要求进行设计和生产,甚至个性化定制,也可通过数码印花的方法印制常规洗水方法无法生产的特殊彩色图案效果(图4-5)。

图4-5　数码印花牛仔裤

(9) 采用节能减排的设施:

①提高水的重复利用率:包括冷凝水和冷却水的回用、浆染联合机的逆流水洗、丝光淡碱的回用等。②牛仔废水的深度处理及回用:牛仔废水通过深度处理,回用率可高达80%以

图4-6　蒸汽节能疏水阀

上,甚至做到近零排放。③应用蒸汽节能技术:广东某企业将蒸汽节能疏水阀应用在印染行业的定形机上,基本做到了只排冷凝水,蒸汽近零排放(国际标准允许蒸汽泄漏率为3%,该公司控制在0.3%以下),获得了巨大的成功,节能率最高接近40%,最低也达到10%以上,而且升温更快、温度更稳定。现在该技术也应用在浆染联合机和烘干机等设备,不用外加压力将冷凝水通过闪蒸重新变为饱和蒸汽,可大大降低蒸汽能源消耗量。

(10) 废热水热量的回收利用:将牛仔服装加工企业各道工序高于室温的废水(设备排出的废热水温度一般在60～80℃之间,冷凝水的温度更高)集中过滤处理,再经过高效热交换器将其热量加以回收,重新加热染整净水,一方面可减少加热水的时间,从而提高生产效率,另一方面可最大限度地充分利用废弃的能源。由于降低了废水的温度,更有利于印染废水的生化处理(温度太高会造成细菌的死亡),因此有着很好的经济效益和环境效益。

(11) 蒸汽管道及高温设备的保温:减少热损失的办法主要是加强绝热保温,使表面温度不高于40℃,如蒸汽管道全部保温,可减少90%以上的热损失。

表4-14　涂层厚度与隔热后表面温度及蒸汽节约率关系

隔热层厚度(mm)	隔热前温度(℃)	隔热后温度(℃)	节约蒸汽比率
10	135	59.7	15.4%
20	135	52.6	18.8%
30	135	46.8	22.9%

(12)粉尘及喷马骝废气的收集与处理:

①加强粉尘的处理,烘干尾气除尘系统,采用水幕除尘;②手工破烂和手擦除尘:每工位半封闭及局部吸风收集,管道送入专用的布袋除尘处理装置处理,除尘率达98%;③马骝除味:采用水帘柜+水雾喷淋处理塔方式,循环用水,中和还原自动加料,使高锰酸钾气味达标排放。

牛仔产品的清洁生产是一项涉及多方因素的综合性工程,它不仅与国家和地方的法律法规、标准、行业政策、整体规划与设计密切相关,还与企业管理、原材料选择、染化料和设备的应用,以及新工艺、新技术和新设施的应用紧密相连。这一系统工程贯穿牛仔产品的整个生命周期,从原材料采购到生产加工,再到最终的产品销售和使用,每一个环节都需要精心规划和实施。

要实现牛仔产品的清洁生产、节能节水、降耗减排,需要全体员工的积极参与和全面配合。同时,这也是一个全过程的管理,从绿色生态纺织纤维的选用开始,到在制品、半制品的生产,再到染料和助剂的选择,以及节能节水、降耗减排的牛仔生产设备和纺织染整新技术的应用,都需要进行全面的规划设计和实施。

通过综合性的方法,我们可以实现牛仔产品的清洁生产、节能节水、降耗减排,从而带来良好的经济效益、环境效益和社会效益。这不仅有助于提升企业的综合竞争力,还能为企业的可持续健康发展奠定坚实的基础。

任务五　了解持续清洁生产

清洁生产是一项长期工作,一轮清洁生产审核工作的结束并不意味着企业清洁生产工作的停止,而应看作是持续清洁生产工作的开始。持续清洁生产不仅是清洁生产理念的核心体现,更是实现环境保护与经济发展双赢的关键策略。

1. 清洁生产的意义

(1)环境保护与资源节约:持续清洁生产强调在生产全过程中减少污染物的产生和排放,通过优化工艺、更新节能设备、选用环保材料等方式,最大程度地降低对环境的破坏。这不仅有助于维护生态平衡,还能有效节约资源,促进资源的可持续利用。

（2）经济效益提升：通过持续清洁生产，企业能够降低生产成本，提高产品质量和竞争力，从而获得更大的市场份额和利润空间。这种经济效益的提升，既能够增强企业的盈利能力，也有助于其在市场中保持领先地位。

（3）企业社会责任履行：持续清洁生产是企业履行社会责任的重要体现。通过减少污染、保护环境，企业不仅能够造福社会，还能够树立良好的企业形象，提升品牌价值和公众认可度。

（4）技术创新与产业升级：持续清洁生产需要企业不断进行技术创新和产业升级。这种创新不仅有助于提升企业的技术水平，还能够推动整个行业的进步和发展，为社会带来更多的经济效益和环境效益。

（5）员工健康与安全保障：清洁生产有助于改善工作环境，降低工作场所中的污染物浓度，从而保障员工的健康和安全。这对于提高员工的工作满意度和忠诚度，以及维护企业的稳定运营都具有重要意义。

综上所述，持续清洁生产不仅是企业实现可持续发展的必要途径，也是其履行社会责任、提升竞争力和塑造良好形象的重要手段。因此，企业应从多方面、多角度制定持续清洁生产的保障措施，确保清洁生产工作能够在企业内部持续有效地开展。

2. 清洁生产的保障措施和体系

企业持续清洁生产是企业清洁生产审核的延续和深化，是实现审核成果，同时扩大成果的有效手段和必要途径。为此，应制定相应的保障措施和体系，使持续清洁生产工作高效、顺畅地进行下去。

（1）明确目标与责任：设定清晰的持续清洁生产目标，并将其纳入企业的长期发展规划中。明确各级管理层和员工在持续清洁生产中的职责和角色，确保责任到人。

（2）强化培训与宣传：定期开展持续清洁生产相关的培训活动，提升员工对清洁生产理念、技术和方法的认知。通过内部宣传、案例分享等方式，营造良好的清洁生产文化氛围，鼓励员工参与和改进。

（3）制定管理制度和操作规程：建立完善的持续清洁生产管理制度，包括激励机制、考核机制等，确保各项工作有章可循。制定详细的操作规程，规范生产过程中的每一个环节，确保清洁生产的要求得到有效执行。

（4）加强技术研发与创新：投入研发资源，推动清洁生产技术的创新和应用，不断提升企业的清洁生产水平。与高校、科研机构等建立合作关系，引进先进的清洁生产技术和经验。

（5）建立监测与评估机制：设立专门的监测机构或委托第三方机构，对持续清洁生产的实施效果进行定期监测和评估。根据监测结果，及时调整和完善清洁生产计划和措施，确保实现预定目标。

（6）投入资金支持：确保持续清洁生产所需的资金投入，包括技术改造、设备更新、员工培训等方面的费用。探索多元化的资金来源，如政府补贴、绿色金融等，降低企业的资金压力。

（7）建立信息共享与沟通平台：建立企业内部的信息共享平台，及时发布持续清洁生产的最新动态、经验分享和成果展示。加强与政府部门、行业协会、上下游企业等的沟通与合作,共同推动行业的清洁生产水平提升。

通过制定和实施这些保障措施和体系,企业可以确保持续清洁生产工作的高效、顺畅进行,从而实现清洁生产审核的成果扩大,并不断提升企业的综合竞争力和可持续发展能力。

练习题

一、单选题

1. 清洁生产指标是在达到国家和地方环境标准的基础上,根据行业水平、装备技术和管理水平制定的,共分为(　　)级。

　A. 二　　　　　　　　B. 三　　　　　　　　C. 四　　　　　　　　D. 五

2. 清洁生产指标中,一级是代表(　　)。

　A. 国际清洁生产先进生产水平　　　　　　B. 国内清洁生产先进生产水平

　C. 国内清洁生产基本水平　　　　　　　　D. 地方清洁生产基本水平

3. 印染企业应实行(　　)级用能、用水计量管理。

　A. 一　　　　　　　　B. 二　　　　　　　　C. 三　　　　　　　　D. 四

4. 清洁生产中经常要进行 VOC 的控制,请问它是指(　　)。

　A. 生化需氧量/生化耗氧量　　　　　　　B. 化学需氧量

　C. 挥发性有机化合物　　　　　　　　　　D. 清洁用水量

5. 企业为了方便生产,通常将一些化学药剂称量后用塑料袋装好,工人按照使用量领取需要的数量。请问使用后的塑料袋属于(　　)。

　A. 生活垃圾　　　　B. 一般工业废物　　　C. 危险废物　　　　D. 不确定

二、多选题

1. 《中华人民共和国清洁生产促进法》中明确清洁生产是从生产源头进行控制,并且贯穿整个(　　)的提高资源利用效率、污染预防措施。

　A. 原料采购　　　　B. 生产　　　　　　　C. 运输　　　　　　　D. 服务

2. 清洁生产评价分为(　　)。

　A. 定性评价　　　　B. 定量评价　　　　　C. 指标评价　　　　　D. 政府评价

3. 清洁生产的内容包括(　　)。

　A. 清洁的原料　　　　　　　　　　　　　B. 清洁的能源

　C. 清洁的生产过程　　　　　　　　　　　D. 清洁的产品

4. 以下关于 ISO 14000 环境管理体系与清洁生产的关系正确的是(　　)。

　A. 两者相同,都是属于环境绩效的持续改进与管理手段

　B. 企业经过清洁生产,比实施 ISO 14000 环境管理体系在国际上更具有竞争力

　C. 与清洁生产技术相比,ISO 14000 环境管理体系的技术内涵更多聚焦于管理体系的构建与运行机制的完善

　D. 清洁生产审核与 ISO 14000 环境管理体系的实施应被视为两个独立但可相互补充的过程

5. 根据广东省洗漂印染企业改造升级完成情况评审指标中关于设备使用方面,国产设备
   使用(　　)年、进口设备使用(　　)年,或设备被国家工信部 2019 年颁布的淘汰落后
   产能目录中列入的均应淘汰。
   A. 10,15　　　　　　　B. 15,20　　　　　　　C. 20,20　　　　　　　D. 20,25

三、判断题

1. (　　)《中华人民共和国清洁生产促进法》由中华人民共和国第九届全国人民代表大会
   常务委员会第二十八次会议于 2002 年 6 月 29 日通过并施行。

2. (　　)清洁生产是一种从生产源头进行控制,并且贯穿整个生产、使用过程的提高资源
   利用效率、污染预防措施。

3. (　　)清洁生产是一种"末端治理"措施。

4. (　　)清洁生产的主要内容是污水处理。

5. (　　)在牛仔服装洗水加工中,企业只要使用激光雕刻和臭氧设备,就可被认定为清洁
   生产企业。

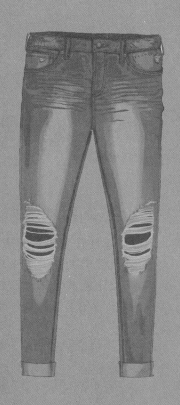

模块五

牛仔服装可持续发展

任务一　掌握可持续发展基本概念

课程思政 M6

一、可持续性发展概念

可持续性发展概念的来源可以追溯到 1987 年,在世界环境与发展委员会(WECD)发表的报告《我们共同的未来》中首次提出。该报告定义了可持续性发展为"既满足当代人的需求,又不对满足子孙后代需求的能力构成危害的发展"。这一定义强调了在满足人类需求的同时,必须保护地球生态系统和自然资源,以实现长期的、可持续的经济、社会和环境发展。

经济发展的最终目标和社会制度改进的终极追求,是引导人类向着更高素质的方向转变,同时确保这一过程不对自然资源和人类居住环境产生负面影响。这一定义系统地阐述了可持续发展的核心理念,成为了最具权威性和影响力的可持续发展定义之一。自此之后,学者们所提出的大部分可持续性定义都是在此基础上进行演绎和拓展的。

二、可持续发展的内涵

可持续发展是一个多维度、深层次的概念,它横跨人口、经济、社会、资源及环境等多个关键领域。尽管各学科在阐释这一概念时各有侧重,但核心共识均指向"人"作为可持续发展的核心驱动力与受益者。确保人口增长与自然环境承载能力之间的和谐共生,是实现可持续发展的根本基石。这一过程中,保障全球人民公平获取资源,并精妙地平衡人口、资源、环境与发展之间的动态关系至关重要。人口作为发展的核心要素,经济则为发展提供坚实的物质基础,而环境则是经济持续增长不可或缺的先决条件。

在中国,可持续发展的理念自 1992 年联合国环境与发展大会后迅速升温,并得到了政府的高度重视与积极响应。中国政府不仅将可持续发展纳入国家发展战略的核心框架,还通过制定一系列政策与规划来推动其实施。1994 年发布的《中国 21 世纪议程——中国 21 世纪人口、环境与发展白皮书》,标志着中国成为世界上首个制定并公布本国 21 世纪可持续发展行动方案的国家,此举将可持续发展战略深植于中国经济社会发展的长远蓝图中。

随后,《中共中央关于制定国民经济和社会发展"九五"计划和 2010 年远景目标的建议》明确提出了经济与社会协调并进,可持续发展的目标。面对环境问题的日益严峻,中国已深刻认识到环境保护与经济发展并重的紧迫性,追求的不仅是经济的快速增长,更是人与自然和谐共生的美好愿景。

进入新时代,党的十九大将生态文明建设提升至前所未有的高度,明确了其作为中华民族永续发展的千年大计的重要地位,并部署了艰巨的生态建设任务。中国正不断完善生态文明制度体系,深化生态环境治理改革,积极倡导和践行绿色发展理念。同时,通过立法手段强化环保力度,《中华人民共和国环境保护税法》的实施便是其中标志性的一步,它不仅有效解决了传统排污费制度的不足,还激励企业转型升级,走绿色、低碳、循环的发展道路,推动中国环保事业迈向新的发展阶段。

三、可持续发展与绿色发展的联系

在可持续发展中,"可持续"与"发展"紧密相连,不可分割。单独提及其中一个概念都是不完整的。作为一个统一的整体,我们需从各个维度进行全面解读。在分析可持续发展的侧重点时,应持有全面和整体的视角,将"可持续性"与"发展"这两个独立概念有机结合,并在其间找到平衡。绿色发展与可持续发展息息相关,作为后者的一种创新性的经济发展方式,绿色发展有效促进了可持续目标的实现。这两者相辅相成,共同推动了社会的和谐与进步。绿色发展与可持续发展的比较见表 5-1。

表 5-1　可持续发展与绿色发展的异同点

特性	可持续发展	绿色发展
定义概念	指满足当前人类需求的同时,不危及后代满足其需求的能力的发展模式。它强调经济、社会、环境三大系统的协调发展,追求长期利益和整体利益的最大化。	指在可持续发展理念指导下,通过采用环保技术和生产方式,实现经济、社会和环境的协同发展。绿色发展注重减少资源消耗和环境污染,推动经济社会向更加绿色、低碳、循环的方向发展。
经济社会发展	强调经济发展与社会进步的同时,注重环境的保护和资源的可持续利用。它追求的是经济、社会、环境的综合效益最大化。	在经济发展中更加注重生态环境的保护和资源的节约利用,推动产业结构优化升级,发展绿色产业和循环经济。
生态环境保护	关注生态环境的保护和修复,强调在发展中保护、在保护中发展,实现经济与环境的协调发展。	将生态环境保护作为发展的核心目标之一,通过采用环保技术和环保的生产方式,减少对环境的污染和破坏,促进生态系统的平衡和稳定。
资源利用方式	注重资源的合理利用和节约利用,推动资源循环利用和废弃物的减量化、资源化、无害化处理。	强调资源的节约利用和高效利用,通过采用先进的生产技术和生产方式,减少资源的消耗和浪费,提高资源利用效率。
长期目标	致力于实现经济、社会、环境的长期稳定和持续发展,保障人类未来的生存和发展权益。	追求经济社会的绿色化、低碳化、循环化发展,实现生态环境与经济社会发展的和谐共生。
实施路径	通过政策引导、科技创新、公众参与等多种手段,推动经济、社会、环境的协调发展。	通过推广绿色技术、发展绿色产业、加强生态环境保护等措施,推动经济社会的绿色转型和发展。
相同点	两者都强调经济、社会、环境的协调发展,注重资源的节约利用和环境的保护,追求长期利益和整体利益的最大化。	
不同点	可持续发展更加注重经济社会的整体发展和综合效益的最大化,而绿色发展更加注重生态环境的保护和资源的节约利用,推动经济社会的绿色转型和发展。同时,绿色发展更加强调采用环保技术和生产方式,实现经济社会的低碳化、循环化发展。	

综上所述,可持续发展与绿色发展都是人类面对环境危机和资源压力所提出的重要理念和发展模式。它们既有相同点也有不同点,但都致力于实现经济、社会、环境的协调发展,保障人类未来的生存和发展权益。

四、循环经济

循环经济在我国各项发展中还处于萌芽阶段,可持续发展经济逐渐遍布社会大众生产生活的各个阶段。所谓循环经济就是把清洁生产和废弃物的综合利用融合为一体的经济,本质上是一种生态经济,它要求运用生态规律来指导人类社会的经济活动。

传统经济与循环经济在经济增长方式、资源利用模式、环境影响、经济发展目标、产业结构特点、科技创新作用、政府角色定位以及社会参与程度等方面存在显著的异同点(表5-2、表5-3)。

表5-2 传统经济与循环经济的异同

特性	传统经济	循环经济
经济增长方式	通常依赖线性的经济增长方式,即"资源—产品—废弃物"的模式,注重短期的经济增长速度和数量扩张,往往忽视资源节约和环境保护。	采用闭环式的经济增长方式,强调"资源—产品—再生资源"的循环流程,注重资源的循环利用和废弃物的减量化、资源化,旨在实现经济的可持续发展。
资源利用模式	资源通常被一次性利用后即被废弃,资源利用效率较低,浪费现象普遍。	资源被循环利用,废弃物被转化为再生资源,提高了资源的利用效率,降低了对原生资源的依赖。
环境影响	对环境的影响较大,通常伴随着大量的污染排放和资源消耗,导致生态环境恶化。	以减少对环境的负面影响为目标,通过循环利用和减少废弃物的产生,降低环境污染,促进生态环境的改善。
经济发展目标	产业结构以高能耗、高排放的重化工业为主,对资源和环境的压力较大。	产业结构以低能耗、低排放、高附加值的绿色产业为主,注重发展循环经济产业链和循环经济体系。
科技创新作用	科技创新主要服务于提高生产效率和降低成本,对环境保护和资源循环利用的推动作用有限。	科技创新在推动资源循环利用、减少环境污染、提高资源利用效率等方面发挥重要作用,是循环经济发展的重要支撑。
政府角色定位	政府通常扮演监管者的角色,主要关注经济增长和就业等问题,对环境保护和资源节约的干预相对较少。	政府扮演着引导者和推动者的角色,通过制定相关政策和法律法规,引导企业和公众积极参与循环经济活动,推动循环经济的发展。
社会参与程度	社会参与程度相对较低,主要由企业和政府主导经济活动,公众的环保意识和参与度有限。	强调公众参与和多元共治,鼓励企业、政府、公众等各方共同参与循环经济活动,提高社会整体的环保意识和参与度。

表5-3　我国与欧盟地区循环经济政策一览表

国家/地区	政策法规
中国	✓ 2006年:商务部等六部委联合发布《再生资源回收管理办法》(商务部等部门令2007年第8号),这是我国第一部全国性规范性文件,明确了再生资源回收行业的发展和运行路径(自2007年5月起施行)。 ✓ 2008年:《中华人民共和国循环经济促进法》公布实施,该法以"3R"循环经济三个原则为立法理念,是推动和开展循环经济的基本法(2009年实施,2018年修订)。 ✓ 2013年:国务院印发《循环经济发展战略及近期行动计划》(国发〔2013〕5号),这是全球首个有关循环经济的国家专项规划。 ✓ 2017年:发展改革委会同有关部门制定了《循环发展引领行动》(发改环资〔2017〕751号),加快中国废旧纺织品等回收产业的发展。 ✓ 2021年:《"十四五"循环经济发展规划》(发改环资〔2021〕969号)发布,标志我国大力发展循环经济,构建资源循环型产业体系和废旧物资循环利用体系,推动实现碳达峰、碳中和,促进生态文明建设。 ✓ 2022年:国家发展改革委等七部门联合印发《关于加快废旧物资循环利用体系建设的指导意见》(发改环资〔2022〕109号)发布;《关于加快推进废旧纺织品循环利用的实施意见》(发改环资〔2022〕526号)发布。建立健全废旧物资循环利用体系,对提高资源循环利用水平、提升资源安全保障能力、促进绿色低碳循环发展、助力实现碳达峰碳中和具有重要意义。
欧盟地区	✓ 2019年:欧盟推出《欧洲绿色协议》,将"调动企业发展清洁循环经济"作为具体政策实施要点。 ✓ 2020年:新《循环经济行动计划(CEAP)》,用于全面推进欧盟循环经济的发展。 ✓ 2022年:《可持续产品倡议(SPI)》,使可持续产品成为规范和常态。 ✓ 2022年:《欧盟可持续和循环纺织品战略》,考虑纺织品的整个生命周期,提出行动以改变我们生产和消费纺织品的方式。2024年:《可持续产品生态设计法规(ESPR)》通过优化产品设计,减少产品全生命周期对环境的影响,促进资源的高效利用。

循环经济作为一种新型的发展模式,旨在实现经济、社会和环境的协调发展,具有重要的现实意义和深远的社会影响。

五、可持续性纺织服装概念

可持续性纺织服装的概念是指在整个生命周期内,包括生产、加工、运输、销售、使用和废弃等阶段,对环境影响小、能源消耗低、资源利用效率高,同时满足人类健康和社会经济需求的纺织服装产品。这一概念强调了纺织服装产业在经济发展、环境保护和社会责任之间的平衡。在纺织服装领域,可持续性发展的应用主要体现在以下几个方面:

(1)环保材料的使用:推广使用环保、可再生、可循环的材料,减少对环境的污染和破坏。致力于保护地球生态系统,减少对自然资源的破坏和污染,维护生物多样性和生态平衡。

(2)节能减排:优化生产工艺,减少能源消耗和废水排放,降低对环境的负担。

(3)循环经济:推动废旧纺织品的回收、再利用和再生,实现资源的循环利用。强调经济发展的同时,注重环境保护和社会公正,实现经济、社会和环境的协调发展。

(4)社会责任:关注劳动者权益,保障公平贸易,促进人类社会的全面发展,包括减贫、消除社会不平等、提高人民生活水平等,推动产业的社会责任实践。

近年来,随着消费者对环保和社会责任的关注度不断提高,越来越多的纺织服装品牌和企业开始关注可持续性发展,积极采取措施推动产业的绿色转型。同时,政府和社会各界也在加强监管和倡导,推动纺织服装产业的可持续性发展。

任务二 了解牛仔服装行业发展现状

在我国服装产业猛势发展的背后,服装生产所产生的"三废"问题,以及资源消耗问题日益体现出来。其中中国的牛仔服装行业在快速发展过程中,更是消耗了大量的能源,部分企业并没有真正重视清洁生产,导致产生了一些没必要的碳排放。

一、种植加工

服装产业中,消费者对服装消费的需求随着全球人口的增长而不断增加,服装行业总体上是一个需要大量资源的行业,这些资源通常是不可持续使用的。要完成一件衣服,从作物生长到生产,生产链的所有阶段均需要大量的水,通常需要 7000 到 30 000 升水制作一件成衣。服装产业已成为全球第二大污染产业,服装产业的循环发展亟待解决。2009 年,哥本哈根时尚峰会探讨了与时尚行业相关的环境、道德和社会问题;2016 年,为了敦促品牌方加强对供应链透明度的提升,时尚革命组织发布了《时尚透明度指数》;2018 年 5 月,时尚革命组织公布了时尚透明度报告,进一步把品牌供应链等问题透明化;2018 年 12 月,来自 40 多个行业的品牌与组织方,签署了时尚行业气候行动宪章。

牛仔服装最常用的纺织纤维是棉花,种植棉通常需要的大量的水。棉花种植过程中,获取 1 kg 棉花需要给棉花浇 20 000 L 淡水,棉花的用水量可能会根据温度和棉花的质量而变化。1 kg 棉花与一条牛仔裤的消耗水量基本相同。在棉花生长阶段使用农药、杀虫剂和化肥,既影响棉花工人的健康,也影响附近的环境。如果使用的化学物质难以处理其产生的废水,土地和地下水将受到污染。世界自然基金指出,缺乏监管所使用的杀虫剂通常会对附近地区的生物多样性构成短期和长期的威胁。

许多正在使用的杀虫剂通常含有有机磷等化学物质,它会对神经系统产生负面影响。据估计,全球每年棉花生产造成的死亡人数在 2 万至 4 万之间,使用杀虫剂的农民中有一半报告因使用杀虫剂而生病和中毒。在印度,棉农、在棉田工作的低收入妇女和童工,长时间在田地工作,因杀虫剂而生病和中毒经常发生(世界自然基金会,2013 年)。

部分国家和地区,因为要种植棉花获取经济效益,大量种植棉花,棉花种植生产会导致居住权益的减少,如 2013 年世界自然基金会报告指出,中美洲一些地区因为要种植棉花作物,砍伐了红树林森林;在中美洲阿穆达里亚盆地地区,为了给棉花种植让路,超过 80% 的森林已经被移走。

二、浆染、洗水加工

牛仔面料大多数采用靛蓝染料染色,传统是用天然染料,而目前几乎都是使用合成染料,一条牛仔裤染色需要大约 150 升水,浆染会产生大量碱性有色废水,影响环境。

在使用染料的过程中,主要原料的利用率只占 30%～40%,剩余的 60%～70% 的原料废弃物将以排放物的形式直接流入到自然环境中。据中国棉纺织协会统计,纺织行业废水排放总量约 18 亿吨,其中纺染行业印染废水排放量在 13.5 吨左右。牛仔面料的生产是一套环节繁冗的系统作业,涉及纺织、退浆、清洗、印染、后整理等工序,这些加工的用水量、废水量巨大,排放污染物在废水中的浓度较高,并且在工序中使用的化学试剂和重金属等导致水源和土壤污染的有害化学成分不占少数。在牛仔面料打磨和烧毛织物过程中产生的粉尘,最终会变为废气,容易导致生产工人吸入口鼻中,从而引发肺病、肾病、胃病等疾病。

牛仔服装要获得特殊的风格效果,则需要额外的化学品和水资源。在加工的时候因为需要进行仿旧风格处理,如石洗、破洞等,这些经过特殊加工的产品,与其他常规服装相比,其生命周期更短。研究表明,喷砂加工的操作工人容易暴露在危险的硅尘中,硅尘从沙子喷射过程中释放出来,在通风不足的情况下,硅尘弥漫于整个加工的区域。沙子中通常含有二氧化硅,含有二氧化硅的灰尘会导致呼吸问题,工人长期接触可能导致矽肺或肺癌。因此,英国禁止使用二氧化硅,在欧盟和美国,二氧化硅的使用也受到限制。实施的限制类型通常考虑到喷砂时应使用的砂的类型,通常包括大量减少硅砂的使用。

牛仔服装洗水加工使用的天然浮石石洗会增加二氧化碳排放量。这是因为天然浮石是通过开采火山岩而获得,当它们被开采出来时,二氧化碳就会被释放出来。天然浮石在工业洗衣机工作过程中要不断与面料相互磨损,被磨损下来的灰尘通常会与废水一同排放,污染河流和湖泊。天然浮石石洗的另一个问题是,磨损下来的粉尘中含有二氧化硅,它们晾干后被释放到空气中,这些颗粒被工人吸入,会影响工人的健康。

由于缺乏安全设备,工人们通常会面临风险。如在喷马骝加工中,部分企业在安装水帘装置和抽排气系统上不到位,另外缺少为操作者配备相关的防护装置,如护目镜、口罩、手套和围裙等,操作工人的眼睛、皮肤或呼吸道会直接暴露在化学物质中,直接影响他们的健康。

服装面料在裁剪过程中大约要损耗3‰～5‰,损耗的部分变成了边角料。并且由于在后续的运营过程中出现的失误或技术不当,可能会引发库存供需数量上无法平衡的弊端,产品销售缓慢,使得大量过季产品沦为固体"垃圾"。此外,工人在生产车间所产生的生活垃圾,生产后所排放的污泥等都直接形成了大量的固废。

三、消费者购买使用

牛仔服装产业链面临的最大问题之一是大量生产的服装最终会造成大量污染。被消费者抛弃的牛仔服装通常会被焚烧或最终被倾倒在垃圾填埋场。根据一项针对瑞典消费者的调查,瑞典消费者大约每年消耗14 kg衣服,在这14 kg中,平均每人每年扔掉7.5 kg。中国每年大约有2600万吨旧衣服被废弃,但旧衣服的回收与循环利用率却不足1％,导致严重的环境污染问题。燃烧中,面料中的部分化学物质会被释放,伴随产生的气体具有致癌成分,增加生态系统风险;填埋在土地的服装,因为上面有大量化学物,也会污染土地或者水资源。

2017年,全球服装行业温室气体的排放量已超过全球飞机与海运的总排放量。近年来,全球都在积极推动服装的循环回收理念,但是目前的服装行业是线性的,即在生产或制造阶段之后,服装被消费后,通常被丢弃。研究还表明,被扔掉的衣服有一半没有磨损,而且有可能继续使用。最高层次的循环回收是整件衣服的面料回收,服装被回收后分解成碎片,再抽取纤维,回收的纤维可以用于生产低质量产品或者按照一定比例与新纤维结合使用。对于高层次循环回收项目最大的挑战之一是现在服装面料成分复杂,通常是不同类型纤维混合,回收后因为成分复杂难以利用。低层次的回收则只是回收服装上的辅料配件,如拉链和由金属制成的纽扣,剩下部分则不会循环使用。牛仔服装上的皮革或人造皮革标牌很难回收利用。根据欧盟的指示,北欧国家目前正在对纺织废物进行分类。根据一项调查,在被

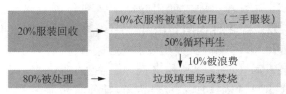

图 5-1　欧洲废旧纺织品回收调查

回收的服装中有一半在进行提取纤维循环再生利用,而约四成服装会通过二手商店被重复使用(图 5-1)。

消费者在购买服装后还面临着社会责任,如服装护理需要能源消耗和对环境产生影响。在一条牛仔裤的生命周期中,大约有 1650 升的水被用来清洗牛仔裤,牛仔服装的洗涤次数也会对它的使用寿命产生影响;同时各地区清洗习惯不同,当使用热水和烘干等模式清洗,还会增加二氧化碳排放量。

关于旧服装回收方面,另一个要面临的问题就是许多从高收入国家捐赠或者回收的衣服最终会出现在低收入国家的旧货店里,这可能会摧毁当地的纺织企业,因为回收服装出售的价格比当地加工的纺织品和服装更便宜,在某种意义上远离了联合国可持续发展目标的目的,即它需要可持续发展,同时促进经济增长。因此,过多的回收利用可能会适得其反。

我国是牛仔服装生产和销售大国,每年都有大量的牛仔产品被废弃,最后对废旧牛仔服装回收进行创意设计可以最大化的达到保护环境的作用,并且从社会发展的角度出发,可以有助于社会经济发展以及遵循社会可持续发展原则,并且对促进国家社会循环经济的发展体现出了极其深刻的意义(表 5-4、图 5-2 和图 5-3)。

表 5-4　牛仔布行业的可持续性问题

原材料(棉)	水管理	能源消耗监控	环境污染	社会可持续性
1. 杀虫剂 —人类健康危害 —致癌性、遗传毒性等。 —环境危害 —污染、温室气体排放、气候变化 2. 转基因棉花 3. 生物多类状态 4. 气候变化 —棉花的生产会导致气候变化,进而影响棉花的生产。 —占全球温室气体(GHG)总排放量的 0.3%~1% —棉花废料被燃烧,向大气中排放二氧化碳和其他温室气体	1. 棉花种植 —2 万升(灌溉常规作物) 2. 染色及其他带水加工 —100~150 L —消费者洗涤服装 1650 L(每公斤棉花制品消耗) —牛仔布生产的用水包括纺纱织造加工、浆染、后整理和成衣洗水,以及消费者清洗服装。在耗水纺织品的金字塔中,牛仔浆染和后整理生产占据了榜首的位置。 —每条牛仔裤生命周期需要消耗约 11 000 升水。	1. 棉花灌溉 2. 牛仔制造链 —棉花种植以电力或化石燃料的形式消耗能源。它包括灌溉泵、拖拉机、收割机等。用于棉花生产的 90% 的能源用于农场,10% 用于轧棉过程。 —随后的纺纱、染色、织造、后整理和缝纫、洗水等过程也会消耗大量能源。	1. 染色废水 2. 后整理加工 —牛仔布经纱染色采用靛蓝染料和硫化染料。如果废水中含有高浓度有害物质,它们将具有遗传毒性。 —牛仔成衣后整理漂洗使用大量化学物质,如次氯酸钠。大量的次氯酸钠会对人体健康有害,废水中含有氯化有机物,会对环境造成严重的污染。 —带氨纶的弹性牛仔布会带来处理和回收等问题。氨纶不可生物降解,并会导致污染。	1. 雇用童工 2. 工人健康与安全 3. 消费者最终健康问题 —一些国家雇用童工在棉田从事各种工作,如使用农药。儿童往往是农药中毒的第一批受害者,居住在棉田附近的居民也是受害者。 —工作者也缺乏相关使用知识和缺乏防护装置。 —长期穿紧身牛仔裤和下蹲姿会损害腿部的肌肉和神经纤维,导致行走困难。

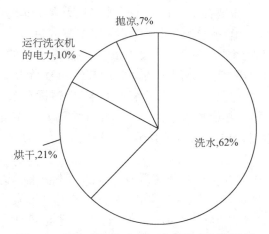

图 5-2　牛仔成衣洗水加工中的温室气体排放

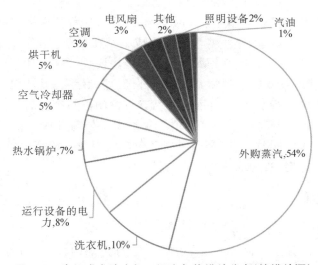

图 5-3　牛仔成衣洗水加工温室气体排放分布（按排放源）

任务三　掌握牛仔服装可持续发展策略

　　历经数年的沉淀与演变，牛仔产品已在时尚界铸就了不朽的传奇地位。然而，伴随其广泛普及的脚步，生产过程中的污染问题逐渐浮出水面，成为公众关注的焦点。消费者热爱那些充满传统韵味与个性魅力的经典款式，但同样对环保问题保持敏锐的洞察力。为了满足消费者日益多元化的消费习惯，牛仔服装生产企业不断提升生产效率，这也间接导致了资源浪费问题的加剧。近年来，在国际大环境的影响下，牛仔服装行业开始深刻认识到绿色低碳对于企业未来可持续发展的重要性。牛仔服装的独特魅力在于其时尚耐穿的特点,然而,整个生命周期中持续释放的二氧化碳已经对环境造成了沉重的负担。有国外资源数据管理公司曾对一条100％聚酯纤维制成的裤子进行了生命周期能源消耗的计算。这条裤子从中国采购原料,在印尼完成制造,最终在英国销售。假设其使用寿命为2年,期间经历了数十次的水洗、熨烫和烘干。在这一过程中,洗涤所消耗的水量,熨烫和烘干产生的电能和热能的总和,足以供应一台电冰箱一年的用电量。这一数据无疑为我们敲响了警钟,牛仔服装行业需要在保持产品经典魅力的同时,积极探索环保可持续的生产方式,以减轻对环境的压力,实现真正的绿色发展。

类比其他产业,牛仔服装在生产与使用阶段产生的污染影响尤为突出。从原料筛选、成衣制作,直至废旧衣物的处理,整个生命周期内,牛仔服装总计释放约32 kg的温室气体。这意味着牛仔服装的碳排放量贯穿于其整个存在过程中。与此同时,伴随服装行业的快速扩张,牛仔服装传统生产模式及其使用后不当处置所引发的一系列环境问题,正日益引发社会的高度关注。据不完全统计,在回收的服装或纺织品中,牛仔服装占比不足20％。值得注意的是,在纺织品领域中,牛仔服装作为单一品类商品,具有显著的规模体量优势、纤维构成相对简单以及适用性广泛等特点,这些特性共同构成了其在循环经济框架下实施可持续发展项目的良好基础。因此,在牛仔服装领域推行循环经济模式,不仅有助于该品类的资源优化与环境保护,也将为整个纺织行业探索和实践循环经济发展路径提供有力推动。

为了捍卫牛仔服饰的行业地位,并契合消费者日益增长的绿色消费偏好,各大品牌与生产商正积极寻求技术革新与产业升级。他们不仅致力于更新环保设备,还积极探索新型的节能减排牛仔染整技术。同时,这些企业也积极向广大消费者传播绿色、环保的价值观念,期望通过全社会的共同努力,为地球的未来贡献力量。

一、品牌企业策略

1. 回收与租赁

现代服装品牌正迅速适应循环经济的潮流。全球范围内,许多知名服装品牌已经开始采用含有循环再利用纤维的新型面料,并不断扩展这一环保产品线。例如,瑞典的一家领先品牌通过向消费者提供礼品卡或新产品折扣,鼓励他们上交旧款服装。这些回收的产品经过处理后,可被转化为清洁抹布或绝缘纤维。另一家美国品牌则与专业的回收公司合作,将回收的可用旧衣通过二手商店进行再销售。对于那些无法再穿的牛仔布及其废料,他们则将其转化为绝缘材料,如建筑墙体之间的填充物。在荷兰和德国,一种新兴的租赁模式逐渐兴起。消费者可以租赁牛仔裤使用一段时间,到期后可选择续租。租赁期间,若牛仔裤需要维修,费用由品牌方承担。租赁期结束后,消费者可选择不续租,此时牛仔裤可以转租给其他消费者,或经过回收后碎化处理。

品牌企业的这些积极举措不仅有助于推动整个产业链的绿色发展,还能引导消费者形成更为环保的消费习惯。这种创新策略对于整个服装行业的可持续发展具有重要意义。

2. 推广绿色生活理念

为了鼓励消费者采取更环保的生活方式,品牌店积极向顾客传达可持续生活的概念。他们提倡通过改变使用牛仔产品的方式来减少对环境的负担,例如减少洗涤次数,这不仅能延长衣物的使用寿命,还能节约水资源。同时,他们还建议消费者改变清洗方式,如采用冷水清洗并自然晾干,这样既可以节能又可以保护衣物的质地。

二、生产企业策略

牛仔服装流行百年,经济波动下,客户对牛仔裤的兴趣只增不减。全球越来越关注环境变化,发达国家和发展中国家的制造商也越来越重视可持续发展的理念。主要从以下方面进行提升:

1. 生物酶技术的广泛应用

在牛仔服装的洗水过程中,生物酶技术展现出巨大的潜力和优势。凭借其高效的分解能力,生物酶可以有效地去除污渍和有机物质,从而使牛仔服装恢复原有的清洁度和质感。与传统的洗涤方法相比,生物酶技术不仅更为环保,还大大提高了洗涤效率,为牛仔服装的清洁工作提供了新的、更加可持续的解决方案。

2. 无水洗涤技术的兴起

面对日益紧缺的水资源,无水洗涤技术成为了牛仔服装行业的重要发展方向。这种技术通过采用特殊的洗涤剂和工艺,能够在不使用水的情况下完成牛仔服装的加工,如激光和臭氧在牛仔服装上创造出独特的视觉效果。这种方法不仅显著降低了水资源的消耗,还减少了洗涤过程中的能源消耗和化学污染,为牛仔服装行业的可持续发展提供了有力支持。

3. 纳米技术在牛仔服装领域的创新应用

纳米技术在牛仔服装的制造和洗涤过程中具有广泛的应用前景。利用纳米技术,可以开发出具有特殊功能的牛仔面料,如防水、防污、抗菌等,这些功能极大地提升了牛仔服装的实用性和舒适性。此外,纳米技术还可以用于改进洗涤剂的性能,使其更加高效、环保,减少对环境的负面影响。

4. 清洁能源的广泛采用

在响应环保与可持续发展的全球倡议下,众多牛仔洗水企业正积极采取行动,推动清洁能源的广泛应用。这些企业纷纷告别传统的锅炉发电方式,转而采用清洁、可再生的能源。其中,光伏发电因其高效、无污染的特点而受到众多企业的青睐。光伏系统的安装使得企业能够充分利用太阳能,转化为清洁电力,不仅减少了对传统能源的依赖,也大大降低了温室气体的排放。在车间内,为了进一步节约能源和提高效率,这些企业还采取了多项创新措施。自然采光被最大化利用,通过合理设计窗户和采光设备,使车间在白天时能够获得充足的自然光。这不仅有助于降低电能的消耗,还创造了一个更加明亮、舒适的工作环境。此外,水帘降温技术也被广泛应用于车间内。与传统的空调降温方式相比,水帘降温更为节能、环保,而且效果出色。它利用水蒸发吸热的原理,通过水帘的循环流动,有效地降低车间内的温度,为员工创造一个凉爽的工作环境。在照明方面,这些企业同样注重节能和智能化。车间内的照明灯通过传感器进行智能调节,根据光线强弱和人员活动情况自动调节亮度,既保证了足够的照明需求,又避免了不必要的电能浪费。在设备采购方面,这些企业更是注重环保和能效。他们选择具有热能回收、中水回用功能的设备,将洗涤过程中产生的热量和水资源进行有效回收和再利用,针对一些有热量散失的设备都增加了保温层,尽量降低损耗。这种循环利用的方式不仅减少了废水的排放和资源的浪费,还为企业节约了大量的运营成本。

牛仔洗水企业通过采用清洁能源、节能技术和环保设备,不仅降低了对环境的负面影响,还提高了企业的运营效率和竞争力。他们的实践为整个行业树立了榜样,推动了牛仔洗水行业的绿色转型和可持续发展。

5. 环保材料革命

传统的牛仔工艺主要依赖棉质面料,但这一生产过程往往伴随着一定的环境负担。随着环保意识的崛起,众多品牌纷纷转向使用可持续和环保的材料替代品,如有机棉和再生纤维。这些新型材料不仅显著减少对环境的负面影响,还保持了牛仔服装的经典质感和风格。在牛仔洗水过程中,大多数企业已经采用新型浮石来替代传统的天然浮石,从而减少二氧化碳排放和粉尘的产生,优质的人工浮石可以重复使用,并能大大降低用于清洗服装的水资源消耗。

6. 科技创新与绿色工艺

作为全球牛仔服装生产的领军者,许多中国企业正加速研发先进的牛仔成衣洗水设备和其他替代性产品,以满足绿色生产的要求。例如,新一代国产牛仔成衣洗染设备采用了喷射、雨淋、泡沫、纳米洗水等创新技术,不仅节水50%以上,还能降低30%以上的能源消耗。这些设备在中水回用率方面也达到了国家标准,极大地减轻了工人的劳动强度。这些技术通过"一带一路"的传播,其他国家的企业也能分享到中国技术发展的成果。

7. 严守生态红线

印染行业长期以来都是环境污染的主要源头之一,尤其是印染化学品的使用。然而,由于商业利益的驱使,一些印染企业可能忽视了环保责任。为了改变这一现状,相关行业必须严格控制生态阈值,确保生产过程中使用的化学品对环境的影响最小化。这包括选择低毒、低污染的化学品,优化工艺流程,以及加强废物处理等。同时,政府、行业协会和消费者也应共同发挥监督作用,推动印染行业走向更加绿色、可持续的未来。

8. 寻求生态友好的替代品

印染企业应避免使用含有有毒有害成分的化学品,并积极寻求对生态更友好的替代品。企业有义务要求化学品生产商提供产品的生态毒性数据,确保所使用的化学品对环境影响最小化。同时,改进废水处理工艺,选择有效降低出水生态毒性的方法,确保废水在达标排放的同时,减轻对淡水生态系统的压力。尽管当前标准和法规尚未对此作出明确规定,但印染企业应积极采取可持续的生产模式。我国定期更新《优先控制化学品名录》,并推出相应的印染化学品替代产品推荐标准,以引导企业实现绿色发展。

9. 智能化生产革新

传统的牛仔服装生产线多依赖人工操作。为应对这一挑战,自动化和智能制造技术的应用成为关键。通过引入机器人缝纫、自动化裁剪、自动配料送料系统等,不仅可以减少对人力的依赖,还能显著提高生产效率和产品质量。更重要的是,智能制造还能支持个性化定制和小批量生产,满足市场日益多样化的需求。此外,智能化生产系统还能降低能源消耗和减少废弃物产生,从而推动牛仔服装行业实现更绿色的未来发展。

10. 智能化供应链管理的革新

传统的供应链管理多依赖于人工操作和纸质文档,效率较低且容易出错。为应对这一挑战,智能化供应链管理技术的应用变得至关重要。通过运用物联网、大数据等先进技术,可以实现对供应链的实时监控和优化,确保原材料采购、生产、销售等各环节的高效协同。这不仅可以大幅提升供应链的响应速度和灵活性,还能有效降低库存和运营成本,为企业创造更多价值。

三、消费者策略

牛仔服装的生命周期涵盖了从原料采集、生产加工到消费使用和最终处理等多个阶段。在这些阶段中,尽管生产阶段的能源使用量和温室气体排放量较高,但消费者使用阶段同样对环境产生显著影响。因此,消费者的行为和选择对于减少牛仔服装的环境影响至关重要。

1. 改变选购习惯

对于消费者而言,在面对牛仔服装等产品的选择时,采取一系列环保策略能够显著减少资源浪费和环境污染。首先,减少购买新衣服的频率是减废的关键。这并不意味着要完全放弃购买新衣服,而是在购买时要更为审慎,选择质量更好、设计更经典、可以长久穿着的衣物。这样不仅能够延长衣物的使用寿命,减少浪费,还能培养个人的审美和穿衣风格。

2. 改变购买方式

购买二手衣服、交换衣服或租借衣服是另一种减少环境负担的有效方式。二手市场和衣物交换平台提供了丰富多样的衣物选择,而租借服务则使得人们可以在不拥有衣物的情况下享受时尚的乐趣。这些方式都能够延长衣物的使用寿命,减少生产新衣物的需求。

3. 延长衣服生命周期

当衣物损坏或不再被需要时,消费者可以选择将其修改或再设计,以延长其使用寿命。同时,捐赠到慈善机构、转赠亲友或送到回收点。回收再造可以将旧衣物转化为新的制衣原料,重新投入生产线制成新的衣物,从而实现资源的循环利用。

4. 改变清洗方式

根据数据,牛仔服装的消费者使用阶段在能源使用量和温室气体排放量上可能超过其他阶段。这意味着消费者在日常使用中采取环保措施对于减少环境影响尤为重要。除了减少清洗次数和选择节能洗涤方式外,消费者还可以考虑延长牛仔服装的穿着时间,通过搭配不同的服饰,改变不同的风格来增加其使用率。与每周清洗牛仔裤相比,每两周清洗牛仔裤可以减少 50% 左右的碳足迹,每月清洗可以进一步减少 50%。将牛仔服装穿着 10 次后清洗,比穿着 2 次后清洗,可以减少更多的能源使用,对气候变化和水使用量的影响高达 80%。

此外,选择节能洗衣机和冷水清洗也是降低牛仔服装碳足迹的有效方法。节能洗衣机在洗涤过程中能够减少能源和水资源的消耗,而冷水清洗则避免了加热过程中产生的额外能源消耗,这些简单的改变可以在很大程度上减少牛仔服装的碳足迹。有数据显示,用节能洗衣机清洗牛仔裤比用传统洗衣机的碳足迹降低了约 30%;与英美国家消费者相比,中国消费者在清洗牛仔裤方面处于领先地位,因为他们大多用冷水清洗和风干法晾干,穿着 4 次后清洗 1 次。美国和英国消费者习惯穿着 2 次后用热水清洗,美国消费者会采用烘干方式,而英国消费者则习惯风干。因此,适当减少清洗次数是一种简单而有效的环保行为。用冷水清洗牛仔裤的碳足迹进一步减少了 30%。

四、行业策略

为了提升牛仔服装的可持续发展,行业协会应该从内部和外部两个方面制定策略,实现牛仔服装的可持续性发展。

1. 内部策略

(1) 制定行业标准:制定并推广关于环保材料、节能减排和废物处理等方面的行业标准,确保牛仔服装企业在生产过程中遵循这些标准,从而减少环境污染和资源浪费。

(2) 推广环保理念:通过各种渠道和平台,如研讨会、展览会和线上宣传等,向牛仔服装企业和社会公众普及环保理念,提高他们对可持续发展的认识和重视程度。

(3) 建立合作机制:与其他相关行业协会、政府机构和科研机构等建立合作关系,共同推动牛仔服装行业的可持续发展。通过合作,可以共享资源、交流经验、开展联合研究和项目等。

(4) 提供技术支持:鼓励和支持牛仔服装企业采用先进的环保技术和设备,如环保染料、节能机械和废物处理设备等。同时,提供技术指导和培训,帮助企业提高生产效率和产品质量。

(5) 建立监督机制:对牛仔服装企业的生产过程进行监督和检查,确保其符合行业标准和环保要求。对于不符合标准的企业,可以采取相应的惩罚措施,如警告、罚款或取消会员资格等。

(6) 推动循环利用:建立废旧牛仔服装的回收和再利用体系,鼓励企业开展旧衣翻新、再生纤维等循环利用项目。通过循环利用,可以减少资源浪费和环境污染。

(7) 加强国际合作:与国际上的牛仔服装行业协会、企业和科研机构等建立联系,共同推动全球范围内的牛仔服装可持续发展。通过国际合作,可以共享经验、技术和资源,促进全球牛仔服装行业的绿色发展。

2. 外部策略

行业协会外部策略主要针对行业协会与政府之间的合作。以下是一些合作方式:

(1) 政策制定与执行:政府部门负责制定相关的环保政策和法规,而行业协会则可以提供行业内的专业意见和建议。通过合作,可以确保政策的科学性和有效性,并使其更加贴近行业实际。同时,政府部门应负责政策的执行和监管,确保企业遵守相关法规。

(2) 资金支持与税收优惠:政府部门可以通过提供资金支持、税收优惠等激励措施,鼓励牛仔服装企业采取环保措施和技术创新。行业协会可以协助政府部门识别和支持那些具有环保创新潜力的企业,确保资金和资源得到有效利用。

(3) 信息共享与平台建设:行业协会和政府部门可以共同建立信息共享平台,发布最新的政策、技术进展和市场动态等信息。这有助于企业及时了解政策要求和市场变化,作出相应的调整和创新。

(4) 培训与宣传:行业协会可以组织培训课程和宣传活动,向牛仔服装企业普及环保知识和技术。政府部门可以提供必要的支持和指导,确保培训和宣传活动的顺利进行。

(5) 监督与评估:政府部门应加强对牛仔服装企业的环保监管,确保企业遵守相关法规和标准。行业协会可以参与监督评估工作,提供行业内的专业意见和建议,帮助政府部门更好地履行职责。

(6)国际合作与交流:行业协会和政府部门可以共同推动国际合作与交流,与国际上的牛仔服装行业协会和政府部门建立联系。通过分享经验、技术和资源,促进全球范围内的牛仔服装可持续发展。

广东省对纺织服装行业的发展给予了极高重视,并决心推动其向更加绿色、可持续的方向转型升级。为此,广东省纺织工程学会与地方政府紧密合作,针对牛仔服装产业采取了一系列创新举措。为了明确生产活动的标准和指导,行业协会联合众多领先企业,组织专业团队精心制定了广东省牛仔服装洗水标准车间评分方案,制定了牛仔服装洗涤行业清洁生产评价指标体系。广东省纺织协会发布和实施团体标准《牛仔服装洗水操作规范》,将有助于控制和促进牛仔服装的清洁生产和环境友好型发展之间的平衡关系。制定标准化的管理可以提高工作效率,同时确保员工的人身安全。公司的内部和外部环境是持续链接的。基于规范化的文件提出有利于牛仔服装供求关系与牛仔质量的协调关系,将牛仔服装行业稳扎稳打的向高端化发展,对牛仔服装相关产品及衍生品的销售起着带动作用。这些方案不仅为行业内的生产活动提供了清晰的方向,确保了产品质量,而且极大地推动了牛仔服装行业向更加环保、绿色的生产方式转变。通过这些努力,广东省为牛仔服装行业的可持续发展奠定了坚实基础。

五、可持续发展展望

在全球纺织业中,牛仔产业作为一个重要分支,其可持续性发展对于整个行业的未来至关重要。确保牛仔产业的可持续性不仅要求生产阶段采用环保措施,还需要整个供应链中的各利益相关者(原料供应商、品牌企业、生产加工企业、消费者)的共同努力和合作。

为了实现可持续性,品牌企业和生产加工企业需要深入理解并实践可持续生产的理念。这包括使用环保材料、优化生产工艺、减少能源消耗和废弃物排放等,并做好工人职业健康和安全保护。此外,他们还需要与供应链中的其他合作伙伴紧密合作,确保可持续性措施在整个供应链中得到有效实施。

1. 消费者教育与参与

消费者是牛仔产品生命周期的最终环节,他们的使用和处置方式对产品的可持续性产生直接影响。因此,教育消费者了解可持续的使用和处置方式至关重要。例如,通过减少清洗次数、选择环保洗涤方式、延长衣物使用寿命以及参与回收计划等方式,消费者可以为环保做出贡献。

2. 关键要素与技术创新

在可持续的牛仔产品生产中,回收利用、产品升级循环、避免使用有害物质以及节约水和能源是关键要素。为了实现这些目标,技术创新和研发是关键。例如,开发新的环保材料、优化生产工艺、提高能源利用效率、设计适合生产场景的符合人体工学的生产设备等都是推动牛仔产业可持续发展的重要手段。

3. 全球纺织业的机遇与挑战

在全球纺织业一体化进程加速的背景下,我们面临着巨大的机遇和挑战。一方面,全球范围内的合作与交流为纺织业的发展提供了广阔的空间；另一方面，如何在追求经济效益的同时确保社会效益和环境保护的平衡成为了一个紧迫的问题。因此，坚持安全、绿色、低碳、循环的发展理念，推动纺织印染业的转型升级至关重要。

4. 双赢策略与国际合作

实现经济效益与环境保护的双赢是纺织业可持续发展的核心目标。通过加强技术研发、优化产业结构、提高资源利用效率等措施，我们可以在推动产业发展的同时保护环境。此外，加强国际合作与交流也是应对全球纺织业发展挑战、推动可持续发展的关键途径。

牛仔服装产品的生命周期过程是从获得原材料到包装、分配、运输、使用、处置、再利用的生产以及提供服务的所有阶段，因此将视角增大，除了行业引导，品牌和生产企业共同努力，消费者共同参与以外，牛仔服装研发者的可持续发展理念，产品的运输方式和销售方式也有很大的发展空间。总之，可持续性牛仔产业的发展是一项长期且复杂的任务，需要供应链中各利益相关者的共同努力和合作。通过协同合作、技术创新和国际合作与交流，我们可以抓住机遇、应对挑战，推动全球纺织业的可持续发展。

 课程思政

大 国 担 当

中国纺织品服装的国际贸易规模占全球比重超过 30%。自"双碳"目标提出以来，中国绿色低碳经济发展日趋提速，纺织服装外贸行业在这一领域的发展有望成为稳定全球供应链的重要核心力量。"积极开展双碳工作，并不是纺织服装企业面对国际市场的被动选择，而是我们在激烈的市场竞争中打造行业核心竞争力的关键一环，更是守护绿水青山理念、惠及子孙后代、坚定践行高质量发展的沉甸甸的责任。"作为全球最大的纺织服装生产国和出口国，中国纺织服装行业肩负着为全球消费者提供纺织服装产品和实现双碳目标的双重使命。在可持续发展趋势下，纺织服装行业企业需要积极转型，塑造竞争新优势。全行业需要积极贯彻绿色发展理念，实践绿色发展模式，推动产业链上下游各环节、市场端和供应端各利益方协同合作，实现纺织服装行业的可持续和高质量发展。

在"十四五"的规划中，绿色可持续发展是一个重要的课题，各行各业都在加快可持续发展的转变。从政府角度来看，在欧洲，欧盟在可持续发展方面推行了很多政策，例如《十年可持续消费与生产行动框架》等；在中国，党的十九大报告中明确提出：中国要推进绿色发展，加快可持续政策的建立。

在联合国第七十五届会议高级别会议上，习近平总书记表示"中国将秉持人类命运共同体理念，采取更加有力的政策和措施，为应对气候变化做出更大努力和贡献"。行业内的上下游企业纷纷开始行动。从产业链上游开始，在材料、生产、销售和回收等方面展开行动，减少行业带来的负面影响。

练习题

一、单选题

1. 牛仔服装行业中,(　　)做法最能直接促进可持续性发展?

A. 使用传统高污染染料　　　　　　　B. 增加生产过程中的能源消耗

C. 推广可生物降解的牛仔面料　　　　D. 缩短产品生命周期

2. 以下某(　　)品牌因其在牛仔服装可持续性方面的努力而广受赞誉。

A. 销量多的知名快时尚品牌　　　　　B. 使用环保再生纺织材料的品牌

C. 专注于一次性服装的品牌　　　　　D. 主要生产非环保面料的品牌

3. 牛仔服装生产过程中,(　　)环节对环境影响最大。

A. 设计阶段　　　　　　　　　　　　B. 原料提取与染整加工

C. 运输阶段　　　　　　　　　　　　D. 销售阶段

4. 牛仔服装行业推动可持续性的一个重要里程碑是(　　)。

A. 引入自动化生产线

B. 推出限量版联名产品

C. 成立蓝色标志(Blue Sign)等环保认证体系

D. 扩大生产规模以满足市场需求

5. 下列(　　)技术有助于减少牛仔服装生产中的水资源消耗。

A. 激光雕刻代替水洗工艺　　　　　　B. 增加染色次数以获得更深的颜色

C. 使用更厚重的面料以减少磨损　　　D. 引入更多的人工缝制环节

二、多选题

1. 以下(　　)措施有助于牛仔服装行业的可持续性发展。

A. 使用可再生资源生产牛仔面料　　　B. 提高生产过程中的能源效率

C. 推广旧衣回收与再设计　　　　　　D. 减少包装材料的使用。

2. 牛仔服装可持续性发展的关键因素包括(　　)。

A. 消费者意识的提升　　　　　　　　B. 政府政策的支持

C. 技术创新与研发　　　　　　　　　D. 行业标准的制定与执行

3. 牛仔服装行业实现可持续性的多元策略包括(　　)。

A. 推广使用有机棉等可持续原材料

B. 优化染色和整理工艺以减少化学品使用

C. 加强消费者教育,提升环保意识

D. 引入循环经济模式,如旧衣回收再利用

4. 牛仔服装品牌在实现可持续性方面可能面临的挑战包括(　　)。

A. 环保材料成本较高

B. 消费者对可持续产品的认知不足

C. 供应链中各环节协调难度大

D. 环保法规和标准的不统一

5. 以下哪些措施可以促进牛仔服装供应链的可持续性?(　　)。

A. 与供应商建立长期合作关系,共同推动环保生产

B. 定期进行供应链环境审计,确保合规性

C. 鼓励使用清洁能源和可再生能源

D. 引入区块链技术,提高供应链透明度

三、判断题

1. (   )牛仔服装生产过程中使用的传统染料通常对环境无害。

2. (   )推广可生物降解的牛仔面料是牛仔服装行业实现可持续性发展的重要途径之一。

3. (   )牛仔服装的可持续性发展仅仅依赖于生产企业的努力,与消费者无关。

4. (   )废旧牛仔服装的直接丢弃、掩埋或焚烧是当前处理废旧纺织品服装的主要方式,这种做法对环境无害。

5. (   )牛仔服装行业的可持续性发展需要政府、企业和消费者三方的共同努力。

附录一　常用英语名称对照表

表1　纺织纤维材料

纤维原料	Raw Materials	纤维原料	Raw Materials
棉花	Cotton	莫代尔	Modal
羊毛	Wool	竹纤维	Bamboo Fiber
蚕丝	Silk	大豆纤维	Soybean Fiber
亚麻/苎麻	Flax/Ramie	涤纶	Polyester
黏胶	Viscose	锦纶	Polyamide
天丝	Tencel	氨纶	Spandex

表2　纱线分类

纱线分类	Yarn Classification	纱线分类	Yarn Classification
环锭纺纱	Ring Spinning	精梳纱	Combed Yarn
气流纺纱	Air Spinning	普梳纱	Carded Yarn
紧密纺纱	Compact Spinning	竹节纱	Slub Yarn
赛络纺纱	Sirospun Yarn	包芯纱	Core Yarn

表3　面料结构

面料结构	Fabric Structure	面料结构	Fabric Structure
针织面料	Knitted Fabric	方格组织	Checks/Grid
机织面料	Woven Fabric	提花组织	Jacquard Weave
斜纹组织	Twill Weave	双层组织	Bilayer Structure
平纹组织	Plain Weave	衬纬组织	Weft Insertion Stitch
条纹组织	Stripes		

表4　染料类型

染料	Dyes	助剂	Auxiliaries
靛蓝染料	Indigo Dyes	纺织助剂	Textile Auxiliaries
硫化染料	Sulphur Dyes	染色助剂	Dyeing Auxiliaries
酸性染料	Acid Dyes	分散剂	Dispersing Agent
阳离子染料	Cationic Dyes	漂白剂	Bleaching
活性染料	Reactive Dyes	生物抛光剂	Bio-polishing

（续表）

染料	Dyes	助剂	Auxiliaries
直接染料	Direct Dyes	高锰酸钾替代剂	Bleaching(alternative to potassium permanganate)
分散染料	Disperse Dyes	甲醛	Formaldehyde
偶氮染料	Azo Dyes	多合一产品	All in One
涂料染色	Coating/Paint Dyeing	促进剂	Catalyst

表5 印染加工

印染方式	Printing and Dyeing Method	整理方式	Finishing Method
经轴染色	Beam Dyeing	丝光整理（碱丝光/液氨丝光）	Mercerizing Finish (Alkali Mercerizing/Liquid Ammonia Mercerizing)
球经染色	Ball Warp Dyeing	磨毛/磨花整理	Brushed/Softening Finish
印花	Printing	柔软整理	Softening Finish
数码印花	Digital Printing	轧光/轧花整理	Calender/Embossing Finish
激光印染	Laser Printing	树脂整理	Resin Finish
拔色印花	Discharge Printing	涂层整理	Coating Finish
涂料印染	Coat Primting	烂花整理	Burnout Finish

表6 常用化学药剂

化学药剂	Chemical Agent	化学药剂	Chemical Agent
高锰酸钾	Potassium Permanganate	退浆剂	Desizing Agent
次氯酸钠（漂水）	Sodium Hypochlorite	酵素粉/水	Enzyme Powder/Water
双氧水	Hydrogen Peroxide	氨纶保护剂	Dispersing Agent To Protect Elastane Fiber
氢氧化钠（烧碱）	Sodium Hydroxide(caustic soda)	防染剂	Resist Agent
硫酸	Sulfuric Acid	漂洗剂	Bleaching Agents
醋酸	Acetic Acid	柔软剂	Softener
磷酸	Phosphoric Acid	发泡剂	Foaming Agents
碳酸钠（纯碱）	Sodium Carbonate(soda ash)	pH调和剂	Agent With Buffering Properties For Ph Correction
硫代硫酸钠（大苏打）	Sodium Thiosulfate	固色剂	Fixing Agent
焦亚硫酸钠	Sodium Pyrosulfite	催化剂	Catalyst
乙二酸（草酸）	Oxalic Acid;Ethanedioic Acid	不含重金属	Heavy Metal-free
树脂	Resins	不含卤素（氯）	Halogen-free
涂料	Coatings	不含甲醛	Formaldehyde-Free

表7　洗水加工工序

工序	Process	工序	Process
退浆	Desizing	氯漂	Chlorine Bleach
清洗	Washing	酵漂	Enzyme Bleach
普洗	Garment Wash/Rinse Wash	高锰酸钾漂	Potassium Permanganate (PP)Bleach
酵素洗	Enzymatic Wash	吊漂	Dip Bleach
石洗	Stone Wash	猫须	Moustache Effect/ Whisker
火山浮石	Pumice Stone	立体褶皱	3D Whisker
酵石洗	Enzyme Stone Wash	手擦	Hand Brush
砂洗	Sand Wash	磨边/磨烂/勾纱	Grinding
扎洗	Tie Wash	有毛须感的磨损	Fray
雪花洗	Acid Wash(moon wash/snow wash/marble wash)	手针(打枪)	Tacking
喷马骝	Monkey Wash/ PP Spray	脱氯	Dechlorination
喷砂	Sand Blast	还原清洗	Reduction Cleaning
碧纹洗	Pigment Wash	增白	Brightening
化学洗	Chemical Wash	喷色/抹色	Color Spray
化石洗	Chemical Stone Wash	套色	Tinting
破坏洗	Destroy Wash	成衣染色	Garment Dye
漂洗	Bleach Wash	臭氧加工	Ozone Treatment
氧漂	Oxygen Bleach	激光加工	Laser Treatment

表8　牛仔洗水加工工艺单与操作过程

工艺配方	Process Recipe	工序	Operating Procedure
织物质量	Fabric Weight	加入(衣服/浮石)	Loading(Clothing/Stones)
用水量	Water	取出(浮石)	Unloading(Removing Stones from the Garment)
浴比	Liquor ratio	冲洗	Rinse
温度	Temperature	浸泡衣服	Soak Clothes
时间	Time	转机	Roll
调 pH 值	Adjust the pH Value	排水	Drainage
升温	Increase/Raise the Temperature	脱水	Dehydration
降温	Decrease / Lower the Temperature	出机	Extracting
纱支	Yarn Count	烘干(滚筒)	Dying(tumbling)

(续表)

工艺配方	Process Recipe	工序	Operating Procedure
经纬纱密度	Ends and Picks per Inch, EPI/PPI	晾凉	Cooling
面密度	Areal Density	柔软处理	Softening

表9 面料和服装理化检测项目

测试项目	Type of testing	测试项目	Type of testing
断裂强力	Breaking Strength /Breaking Force	色牢度（变色/沾色）	Colorfastness(grade for changing/ grade for staining)
撕破强力（经向/纬向）	Tearing Strength(Warp/Weft)	耐洗色牢度	Colorfastness to Wash
顶破强度	Burst Strength	耐皂洗色牢度	Colorfastnessto Soaping
耐磨性测试	Wear ResistanceTest	摩擦色牢度（干/湿）	Colorfastness to Rubbing(dry/wet)
钩丝测试	Hook Test	耐汗渍色牢度	Colorfastness to Perspiration
外观疵点评定	Evaluation of Appearance Defects	pH 值	pH Test
尺寸变化率	Dimensional Change Rate	可分解致癌芳香胺染料	Decomposable Carcinogenic Aromatic Amine Dyes
水洗后扭曲度	Distortion after Washing	甲醛含量	Formaldehyde Content
缩水率（长度方向/宽度方向）	Shrinkage Percentage(length wise/ width wise)	异味	Peculiar Smell
弹性恢复能力测试	Resilience Test	回沾	Back-staining
纤维成分	Fiber Composition	变色	Shade Change

表10 牛仔服装洗水常用加工设备和防护装备

设备名称	Types of Machines	防护装备	Protective Equipment
洗水机	Washing Machine	口罩	Facemask
立式洗水机	Instant Garment Washing Machine	防尘式口罩	Dust Mask
卧式洗水机	Horizontal Garment Washing Machine	活性炭过滤口罩	Activated Carbon Filter Mask
脱水机	Hydro Extractor	手套	Gloves
离心式脱水机	Centrifugal Dehydrator	护目镜	Goggles
喷马骝设备	Monkey Spray Equipment	围裙	Apron
烘干机	Dryer	洗眼器	Eye Bath
臭氧设备	Ozone Equipment	淋浴装置	Shower Installation

（续表）

设备名称	Types of Machines	防护装备	Protective Equipment
激光设备	Laser Equipment	灭火器	Extinguisher
成衣染色机	Garment Dyeing Machine	应急灯	Emergency Light
泡沫发生器	Foam Generating Equipment	防爆灯	Explosion-proof Light
雾化系统	Nebulization System	急救箱	First-aid Kit

附录二　模块学习卡

学习卡 1

知识目标	1. 系统掌握牛仔服装从起源到现代的发展历史脉络,清晰认知国际牛仔服装在不同时期的流行趋势、风格演变以及市场格局变化。 2. 全面了解我国牛仔服装行业的整体发展情况,深入分析国内产业在生产规模、区域分布、品牌建设等方面的状况,熟悉国内技术从传统到现代的发展历程与创新成果。 3. 详细知晓广东省牛仔纺织服装行业的发展阶段划分,精准把握其产业链从起步到完善的各个关键节点与特色。
知识难点	1. 深入剖析国际牛仔服装发展过程中,不同文化、经济背景对其风格演变和市场格局的复杂影响机制。 2. 准确解读我国牛仔服装产业在转型升级过程中,面临的技术创新瓶颈、品牌竞争力提升等问题,并分析相应的解决策略。 3. 清晰梳理广东省牛仔纺织服装产业链完善历程中,各环节协同发展的内在逻辑以及面临的挑战。
教学方式	1. 讲授法:系统讲解牛仔服装发展的历史、现状等理论知识,构建完整的知识框架。 2. 案例分析法:引入国际知名牛仔品牌发展案例、我国牛仔产业集群发展实例以及广东省典型牛仔企业案例,增强学生对知识的理解与应用能力。 3. 多媒体教学法:通过图片、视频等多媒体资源,展示不同时期、不同地区牛仔服装的款式、生产工艺等,丰富教学内容。 4. 小组讨论法:针对知识难点和行业热点问题,组织学生分组讨论,激发学生的思维碰撞,培养学生的团队协作和分析问题的能力。
课时建议	本模块建议安排 4—6 课时
推荐学习方法	1. 资料收集法:通过网络、图书馆等渠道,收集国内外牛仔服装发展的相关资料,包括行业报告、学术论文、品牌故事等,拓宽知识面,加深对知识的理解。 2. 对比分析法:对国际、国内及广东省牛仔服装发展状况进行对比分析,找出异同点,总结发展规律和特点,提升分析问题的能力。 3. 实践调研法:有条件的情况下,实地走访牛仔服装生产企业、市场等,直观感受行业发展现状,将理论知识与实践相结合。
技能目标	1. 能够运用所学知识,对不同地区牛仔服装发展数据进行收集、整理和分析,形成专业的行业分析报告。 2. 具备根据市场调研和行业发展趋势,对牛仔服装企业的发展战略提出初步建议的能力。 3. 掌握通过案例分析,总结牛仔服装行业成功经验和失败教训的方法,并应用于实际问题解决。
素质目标	1. 培养学生对牛仔服装行业的兴趣和探索精神,激发学生的创新意识和创业思维。 2. 提升学生的团队协作能力、沟通表达能力和问题解决能力,增强学生的职业素养。 3. 引导学生树立正确的行业价值观,培养学生关注行业可持续发展、注重环保和社会责任的意识

（续表）

思政目标	1. 筑牢文化自信,破立西方时尚话语权(中国牛仔从代工贴牌(OEM)到自主品牌(OBM)的逆袭之路)。 2. 践行产业报国,科技自强担制造使命(核心技术攻坚与绿色转型)。 3. 秉持开放共赢,锚定人类命运共同体(全球化产业链协作与责任)。

思维导图

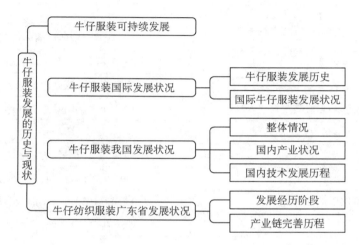

课前预习指导:

搜集我国 3 个牛仔服装品牌资料,其产品类型(如服装、箱包等)、定位人群、价格、主要纤维材料、色彩和产品风格特点。

课后任务卡:

1. 通过学习模块内容,你最想了解的问题是。

2. 对于出现的问题如何评估或应对? 如:广东省牛仔产业发展如此蓬勃,为何会出现产业逐渐向周边省份甚至国外转移?

广东省牛仔产业转移原因评估量表

评分标准:
10 分:该因素对产业转移产生极强推动作用　　　　1—3 分:微弱推动作用
7—9 分:显著推动作用　　　　0 分:无影响 4—6 分:中等推动作用

维度一:成本压力(权重 30%)

指标	评分(0—10)	说明
1. 劳动力成本涨幅		广东月均工资较内陆高 40%—60%
2. 工业用地租金		珠三角地价是江西/湖南的 3—5 倍
3. 环保合规成本		污水处理的吨成本超东南亚 2 倍
4. 能源价格		广东工业电价高于云贵地区 20%＋

（续表）

维度二：政策与环境约束（权重25%）		
5. 环保法规严厉度		广东2020年后关停15%未达标染厂
6. 土地供应限制		工业用地指标向高新产业倾斜
7. 碳排放管控		牛仔产业属"两高"受限行业
8. 地方政府产业升级导向		政策资源向电子信息等产业倾斜
维度三：产业链变化（权重20%）		
9. 配套企业外迁程度		面料、五金辅件厂商向广西转移
10. 东南亚供应链完善度		越南纺纱—织布—成衣链成熟度
11. 内陆物流条件改善		中欧班列降低湖南出口成本
12. 广东本地产业链断裂风险		中小企业倒闭导致工序断层
维度四：市场竞争与需求（权重15%）		
13. 东南亚成本竞争力		越南人工成本仅为广东1/3
14. 外贸订单转移速度		快时尚品牌订单转向孟加拉
15. 内陆市场PROXIMITY效应		湖南基地辐射华中消费市场
16. 产品同质化压力		低端牛仔布产能过剩率达35%
维度五：技术升级瓶颈（权重10%）		
17. 自动化改造难度		水洗/打磨工序自动化率＜20%
18. 研发投入占比		规上企业研发强度仅0.8%
19. 专业人才缺口		服装工程技术人才缺口率40%
20. 技术外溢效应		设备商在内陆设服务点加速转移

　　结果应用指南：1. 诊断优先级：单个维度总分＞25分（满分40）即为关键推力；2. 转移风险值：总评分×权重后累加≥80分：产业转移趋势不可逆；60—79分：3—5年内加速转移；＜60分：局部优化可延缓转移

　　数据来源参考：广东省服装行业协会2022年度报告、中国纺织工业联合会产能迁移研究、联合国贸发会议（UNCTAD）全球价值链数据库。此量表已在佛山均安牛仔城、新塘产业园区进行实地验证，企业反馈诊断匹配度达89%。建议每季度更新评分，动态跟踪转移进程。

学习卡2

知识目标	1. 掌握安全生产概念、法规标准体系及事故致因理论 2. 理解生产车间/仓储/通道的设计规范与标识系统 3. 熟知劳动防护标准及安全事故预防流程 4. 运用PDCA/6S/5W2H等管理方法解决现场问题
知识难点	1. 法规标准与实际生产的动态适配 2. 安全设计中的效率与合规平衡 3. 风险控制措施优先级的判定（消除＞工程控制＞管理） 4. 精益工具与安全生产的融合应用

（续表）

教学方式	1. 法规案例解读（对标《安全生产法》） 2. 管理工具沙盘推演（如 6S 定置定位实战）
课时分配	本模块建议安排 12—16 课时
推荐学习方法	1. 情境任务驱动：以牛仔洗水车间为背景完成全流程项目 2. 虚实对照：使用化学实验室虚拟仿真安全系统提高化学品安全意识 3. 法规转化训练：将国家或者行业标准转为自查清单 4. 管理工具迭代：PDCA 循环改进安全方案
技能目标	1. 设计合规的生产车间布局 2. 规范设置安全标识与防护装备 3. 执行 LEC 风险评估与应急预案 4. 应用 5W2H 分析流程问题并实施 6S 管理
素质目标	1. 形成风险预判的思维习惯 2. 培养依法依规的职业素养 3. 建立持续改进的管理意识 4. 强化团队协作的应急能力
思政目标	1. 生命权是最基本人权：防护用品穿戴考核 2. 规则意识筑牢社会根基：安全标识自查 3. 资源节约呼应生态文明：精益浪费削减

思维导图

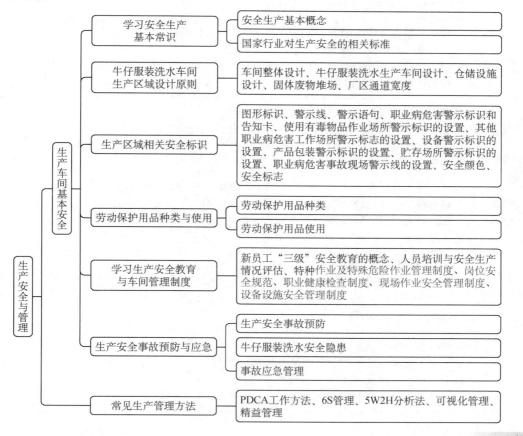

课前预习指导：

任务	具体要求	成果形式
安全标识"侦查员"	1. 查找 10 个教材中提到的安全标识； 2. 用手机拍摄校园/实习车间内的同类标识； 3. 对比差异并思考：颜色/形状是否符合标准？—设置位置是否合理？	标识对比照片＋差异说明（手写/电子文档）

课后任务卡：

1. 通过学习模块内容，你最想了解的问题是。

2. 对于出现的问题如何评估或应对？如：洗水车间出现了烫伤事故，怎样运用 5W2H 法分析事故→PDCA 制定改进方案→6S 规范操作现场

学习卡 3

知识目标	1. 原料认知：掌握牛仔纤维（棉/涤纶/氨纶）特性及面料计算方法（如盎司换算） 2. 设备原理：理解洗脱烘设备、艺术加工设备（激光/臭氧机）的操作逻辑 3. 化学品特性：熟常用无机化学品（次氯酸钠/高锰酸钾等）及助剂（生物酶/柔软剂）的作用机理 4. 工艺体系：掌握 12 种常规洗水工艺（酵洗/漂洗/雪花洗）与 6 种手工工艺（喷马骝/猫须）的操作要点 5. 质检标准：熟悉牛仔面料物检项目（色牢度/扭曲度）及国标
知识难点	1. 化学品配比计算（如次氯酸钠浓度与脱色效率关系） 2. 工艺叠加效果预判（酵洗＋炒砂的色光变化） 3. 设备参数调节（激光能量对猫须纹理的影响） 4. 面料扭曲度校正的工艺干预点
教学方式	1. 案例分析：工艺设计与产品评定结果分析 2. 真产实练：实训室根据面料和客户需求制定工艺并加工
课时分配	本模块建议安排 20—28 课时
推荐学习方法	1. 工艺变量对照表：记录同一面料不同工艺组合效果（如酵洗时长 vs. 面料磨损度） 2. 微操视频拆解：慢放激光雕花/手擦猫须关键动作 3. 配方计算 APP：动态调整化学品浓度与水温参数 4. 缺陷溯源训练：分析色差/扭曲等问题的工艺归因
技能目标	1. 能独立操作洗水实验：完成普洗/酵洗/漂洗工艺链 2. 能根据设计需求调配化学品（如控制次氯酸钠控制弹力面料加工效果） 3. 能运用手工工艺（喷马骝/磨边）实现特定艺术效果 4. 能检测并校正面料扭曲度
素质目标	1. 养成安全防护习惯（危化品操作规范） 2. 培养工艺敬畏心（0.1%配比误差导致的色差） 3. 建立绿色生产意识（替代高锰酸钾） 4. 形成技术创新思维（传统工艺与数字技术结合）

（续表）

思政目标	1. 匠艺传承:通过手工擦色/扎洗工艺体验非遗技艺匠心 2. 科技自强:以激光设备国产化案例激发技术突围信念 3. 生态责任:对比传统洗水(污染)与臭氧工艺(环保),践行"双碳"战略 4. 标准话语权:学习广东省纺织行业主动组织并制定牛仔服装洗水团体标准,引导行业发展,树立产业自信

思维导图

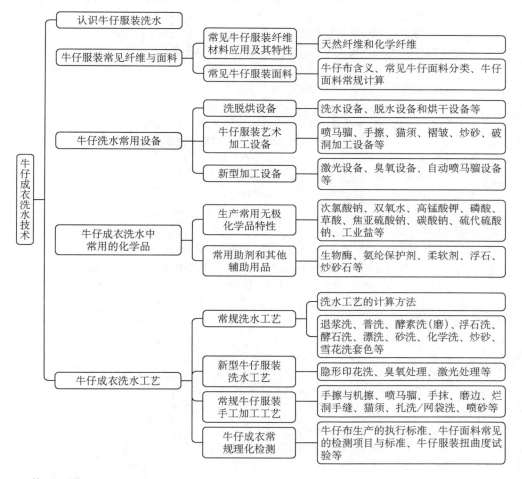

课前预习指导:

任务	具体要求	成果形式
化学品小实验	用可乐模拟高锰酸钾溶液: ①将牛仔布片浸泡 1/5/10 分钟;②对比褪色程度; ③思考时间与浓度的关系	实验布片＋褪色对比图

课后任务卡：

1. 通过学习模块内容，你最想了解的问题是。

2. 对于出现的问题如何评估或应对？如：①分析洗水加工中弹性面料出现失弹的情况，提出 3 种工艺改进措施。②将扎染技艺融入牛仔洗水，制作一件产品并配备加工说明书（这种风格是否有更环保的加工方式）。

学习卡 4

知识目标	1. 概念体系：掌握清洁生产定义、评价指标（吨布水耗/COD）、与末端治理的本质差异 2. 标准框架：理解纺织印染行业清洁生产评价体系的层级结构 3. 技术路径：识别原辅料与工艺设备（闭环水洗系统）的绿色替代方案 4. 实施机制：明确持续清洁生产的组织保障（ISO14001 融合）
知识难点	1. 清洁生产评价方法（权重赋值法）的应用逻辑 2. 指标量化转化：如浴比低于 1∶8，对应设备选型参数 3. 技术改造的效益平衡：环保投入 vs 成本增量 4. 牛仔洗水的特殊指标冲突：如高锰酸钾去污效果 vs 重金属污染
教学方式	1. 案例推演：对标广东新塘牛仔集群改造（吨布节水 50%实例） 2. 仿真决策：清洁生产评级系统（动态调整材料/工艺参数得星级）
课时分配	本模块建议安排 6—10 课时
推荐学习方法	1. 对标诊断法：选取真实牛仔企业数据（水/电/化学品消耗），用相关标准评级 2. 技术替代沙盘：测算生物酶替代高锰酸钾的经济环境效益（成本与污染变化率） 3. 绿色宣言设计：编写企业清洁生产承诺书（含量化目标/KPI）
技能目标	1. 能根据企业数据完成清洁生产初评（判定达标/未达标等级） 2. 能制定三项可行改造方案（如中水回用＋臭氧工艺） 3. 能编制持续清洁生产实施路线图（组织架构/监测机制） 4. 能运用碳足迹工具计算工艺改进的减碳量
素质目标	1. 形成全周期责任意识（从染料选择到废水处理） 2. 建立量化决策思维（数据驱动的技术替代论证） 3. 培养可持续领导力（推动团队实施清洁生产）
思政目标	1. 生态文明践行：通过我国牛仔从粗放型加工到深化"绿水青山就是金山银山"发展之路 2. 科技伦理担当：以无毒染色剂研发案例（如广东溢达植物靛蓝成衣染色和残液回用染色技术），破除"污染换发展"思维 3. 国际责任认同：解读中国纺织业清洁生产标准对"全球时尚产业 2030 减排目标"的贡献 4. 制度自信培育：对比国内外标准，凸显中国方案的产业适配性

思维导图

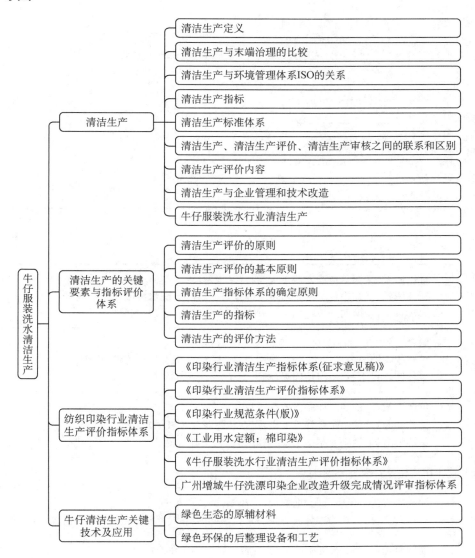

课前预习指导：

任务	具体要求	成果形式
污染地图绘制	①标注 2 种主要污染物（如高锰酸钾残留）；②推测对生态环境的影响	污染链条思维导图

课后任务卡：

1. 通过学习模块内容，你最想了解的问题是。

2. 对于出现的问题如何评估或应对？如：

清洁生产评级表

1. 模拟企业数据填空：
   - 吨布水耗：_____吨（国标≤80 吨）
   - COD 排放：_____mg/L（国标≤100）
2. 根据数据判定等级：□一级（国际先进）□二级（国内先进）□三级（基本要求）

技改提案

1. 针对传统浮石洗的粉尘和固废污染，提出：
   √替代方案：_____（如酶洗）
   √预期减污率：≥_____%
2. 成本效益账：
   - 计算臭氧设备投入（50 万）vs 5 年节约：
   √废水处理费：原_____元/年→新_____元/年
   √环境罚款减少：_____元/年

学习卡 5

知识目标	1. 理论体系：掌握可持续发展三大支柱（环境/经济/社会）、循环经济原则（3R） 2. 行业图景：认知牛仔全链条可持续痛点（种植耗水/洗水污染/废弃填埋） 3. 解决方案：理解四维策略框架（品牌/生产/消费/行业）及国际倡议
知识难点	1. 绿色发展 VS 可持续发展的逻辑关联与差异 2. 可持续策略的内部冲突：如环保面料（成本↑）与消费平价需求（价格↓） 3. 牛仔回收技术瓶颈：混纺面料（棉＋氨纶）分离再生的技术可行性
教学方式	1. 价值思辨：辩论快时尚是否兼容可持续发展 2. 链式溯源：追踪一条牛仔裤的碳足迹（从棉花到垃圾场） 3. 策略沙盘：模拟企业制定 ESG（环境、社会、治理）计划
课时分配	本模块建议安排 4—8 课时
推荐学习方法	1. 绿色决策树：评估不同企业规模（中小微）的适用策略 2. 可持续宣言：为虚构牛仔品牌撰写责任声明（含量化承诺如"2025 年再生棉占比 30％"）
技能目标	1. 能解析企业 ESG 报告中的关键可持续绩效（如单位产品水耗） 2. 能制定分级策略（如大型企业：闭环回收系统；小微工厂：化学品减量） 3. 能设计消费者教育方案（如保养指南延长牛仔裤寿命） 4. 能预判行业技术趋势（数码技术/中水回用技术）
素质目标	1. 形成全链责任观（从设计到废弃） 2. 建立辩证决策力（统筹环保/经济/民生矛盾） 3. 培育未来领导力（推动产业跨域协作）
思政目标	1. 中国方案担当：解读"双碳"目标下牛仔产业转型路径（如"无废城市"试点） 2. 文化自信：推广广绣修补＋牛仔再造的可持续非遗模式

思维导图

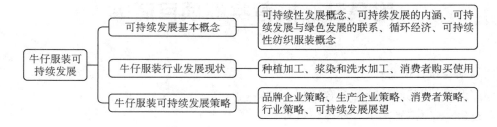

课前预习指导:

任务	具体要求	成果形式
品牌责任墙	对比两个品牌策略: ① 各找出 1 项可持续举措(如回收计划);② 评价有效性(1—5 星)	品牌策略对比卡(图文)

课后任务卡:

1. 通过学习模块内容,你最想了解的问题是。

2. 对于出现的问题如何评估或应对?

消费者角色卡:可持续购物指南设计

1. 制定 3 条牛仔选购标准:
   √ 环保标签:□ OCS 有机棉认证 □ GRS 回收标准　　√ 工艺标识:□ 臭氧洗水 □ 激光雕花
2. 编写保养贴士:
   √清洗频率:≤_____ 次/月　　　　　　　　√修补建议:破洞处用_____(广绣/拼布)修复

企业经理卡:ESG 速赢计划

- 为中小牛仔厂制定 1 年内可落地的措施:
  ① 环境(E):安装_____(太阳能板/中水回用)设备 → 减碳_____吨;
  ② 社会(S):开展_____(洗水工安全培训/社区旧衣回收);
  ③ 治理(G):建立_____(化学品追踪系统/碳排放台账)。

行业分析师卡:技术突围路线图

预测技术趋势

技术方向	突破点	中国优势举例
新材料		
替代化学品(技术)		
回收再生		

附录三　推荐实训项目清单

实训项目设计理念：

循序渐进：从基础技能到综合应用。

贴近生产：模拟真实工厂环境与流程。

问题导向：包含常见问题和故障排除。

管理融合：技术与生产管理紧密结合。

安全环保：强调安全操作规范和环保意识。

各院校和企业单位可根据实验条件和岗位培训目标选择合适的实验实训项目。

一、核心洗染技术实操类

项目一：基础牛仔布样识别与预处理工艺实训

目标：能准确识别不同成分、结构（如环锭纺、气流纺、弹力布）和颜色的坯布，掌握退浆、预定型等预处理工艺的关键参数（温度、时间、助剂浓度）设置及效果评估。

内容：收集不同坯布样块；实操退浆工艺（酶退浆/氧化退浆）；实操纤维定型；评估处理后布样手感、毛效及后续吸湿性变化。

项目二：手工工艺技法实训（猫须/手擦/喷砂/破洞）

目标：熟练掌握常见手工工艺的操作技巧、工具使用和安全规范，并能根据设计稿要求独立完成操作，理解不同技法对成衣外观效果的影响。

内容：在指定牛仔成衣上进行猫须压烫成型（含定型参数调整）、手工打磨（猫须边、口袋、膝盖等部位）、喷砂机操作（控制压力、距离、覆盖范围）、破坏性工艺（锉刀、砂纸、电磨等）实操。

项目三：工业水洗机标准洗水工艺模拟实训

目标：掌握工业洗水机的操作流程、程序设定（洗涤、漂洗、脱水）、基础洗水工艺（普洗、石洗、酶洗）的参数控制（时间、温度、助剂投放、载荷量）及效果评估。

内容：模拟操作工业洗水机控制面板；设计并执行一次普洗、一次酶洗工艺；记录参数变化；比较工艺处理后成衣的颜色、手感、缩率、强度变化。

项目四：漂白/染色技术实训（高锰酸钾喷/炒雪花、吊漂、套染）

目标：掌握常见漂白和套染方法的操作技巧、浓度控制、安全防护及效果把控。

内容：高锰酸钾溶液配制与喷制/炒制雪花效果（浓度、喷量、中和处理）；双氧水吊漂控制（时间、温度、浓度监测）；牛仔成衣套染靛蓝活性染料实验（时间、温度、助剂对色泽影响）。

项目五：弹力面料洗水化学药剂与弹性变化效果影响因素分析实训

目标：理解不同化学药剂（退浆剂、漂白剂、酶制剂、柔软剂）对氨纶弹性的作用机制。

掌握弹力面料在洗水过程中弹性损失（回弹性下降、永久性形变）的关键控制点。学会通过调整药剂种类、浓度、温度、时间等参数，在实现目标洗水效果（如做旧、褪色）的同时，最大限度保留面料弹力。

内容:选用标准弹力牛仔面料(含氨纶 8%—12%,区分纬弹/双弹结构)。固定基础洗水流程(如氯漂),仅改变特定化学药剂变量,制作对照样本组,分析各因素的效应。

项目六:酶处理技术应用实训(纤维素酶抛光、生物石洗)

目标:理解生物酶作用机理,掌握不同酶制剂(抛光酶、石洗酶)的应用场景、工艺参数(温度、pH 值、时间、酶用量)及中止方法。

内容:设计并执行一次纤维素酶抛光工艺,评估成衣表面毛羽减少、光洁度提升效果;对比生物石洗与传统石洗在效果和布面损伤上的差异。

项目七:后整理工艺实训(柔软、树脂定型、特殊手感处理)

目标:掌握常见后整理助剂(柔软剂、树脂、特殊手感剂)的选用、添加方法及效果控制。

内容:对比不同类型柔软剂(硅油类、软片类)的软滑度、蓬松度差异;实操树脂添加进行尺寸稳定性定型;尝试添加特殊手感剂(如润湿感、油蜡感)。

项目八:洗水小样制作与工艺单制定

目标:能根据客户要求或设计稿,独立完成洗水小样的制作,并能精准编写相应的工艺操作单,包含所有步骤、参数、助剂用量。

内容:给定设计目标效果图(如"中度做旧、略带蓝灰色调、中等柔软");学生设计洗水流程组合;在小样机或工业机上制作确认样;编写详细的工艺单。

二、生产管理与品质控制类

项目九:牛仔洗水生产周期编排与模拟优化

目标:理解订单要求(数量、颜色、工艺复杂程度、交期),掌握利用设备能力表编排生产计划的方法,并能根据急单、设备故障等情况模拟调度优化。

内容:给定多个模拟订单;利用模拟软件或表格,安排各订单在洗水机、烘干机、手工工位上的加工顺序和时间;插入紧急订单,调整原计划,评估影响。

项目十:洗水工艺单审核与分解下发

目标:学会审核工艺单的准确性和可执行性,理解如何将复杂工艺分解为各工段(机洗、手工、后整)的具体操作指令。

内容:提供存在若干潜在问题(如参数冲突、漏工序、安全风险)的工艺单让学生审核并修正;将一份复杂工艺单分解成机洗组、手工组、后整组的详细操作任务卡。

项目十一:洗水车间化学品管理实训(称量、安全存储、MSDS)

目标:掌握化学品的精确称量、规范存储(酸碱隔离、危化品管理)、MSDS 理解及应急处理措施。

内容:设定配方要求,精确称量各种粉体、液体化学品;模拟化学品入库、存储(分区、标识);查阅 MSDS,识别关键理化性质和安全操作要点;模拟化学品泄露应急处理。

项目十二:洗后成衣质量检验(AQL)与常见缺陷分析

目标:熟悉牛仔成衣洗水后常见缺陷(色差、风痕、白斑、色泣、破洞、辅料损坏、尺寸超差),掌握按 AQL 标准进行抽样检验,并能准确判断缺陷等级和责任归属(洗水或前道)。

内容:准备一批包含多种洗水缺陷的成衣;学生按 AQL 标准抽样检验;识别各类缺陷,

测量尺寸差异;判断缺陷产生环节(洗水工艺问题? 手工操作不当? 坯布问题?)。

项目十三:洗水成本核算模拟与分析

目标:理解洗水成本的主要构成(水、电、蒸汽、化学品、人工、设备折旧),掌握核算单款或批次洗水成本的方法,分析不同工艺(石洗 VS 酵洗,手工复杂度)对成本的影响。

内容:给定模拟订单数据(数量、工艺描述、时间记录、化学品用量、能耗估算);计算单件洗水成本;对比不同复杂工艺的成本差异;探讨降本措施(如化学品减量、节能操作)。

项目十四:生产异常处理实训(色差、缸差、设备故障)

目标:模拟洗水过程中常见的异常情况(如整缸色差、缸与缸之间色差、设备突然停机),锻炼学生快速响应、分析原因、制定纠正措施和预防计划的能力。

内容:设定模拟情景(如发现洗后整缸颜色偏差过大,或某台洗水机故障停工);学生扮演主管角色;分析潜在原因(工艺、水质、设备、操作等),制定紧急处理方案(如调色补洗、移缸),并提出长期预防计划。

项目十五:牛仔洗水厂简易生产流程设计与优化

目标:综合运用洗水技术和生产管理知识,规划设计一个简化洗水厂的合理生产流程布局(待洗区、洗水区、手工区、烘干后整理、质检包装区),分析瓶颈工位并提出优化建议。

内容:提供简易厂房平面图;学生分组设计洗水厂内各功能区的布局;考虑物流路线(成衣、化学品)和人流路线;分析现有设计中可能存在的瓶颈(如手工区堵塞);提出改进方案(如增加工位、优化流程)。

三、产品理化性能与安全检测检测类

项目十六:牛仔面料断裂强力的测定(抓样法)测定

目标:掌握 GB/T 3923.1《纺织品 织物拉伸性能 第 1 部分:断裂强力和断裂伸长率的测定》标准方法;学会使用电子织物强力机,精准测定牛仔面料经向、纬向断裂强力(单位:牛顿);分析洗水工艺(如石磨、漂洗)对面料强力的损伤程度。

内容:裁剪符合标准的试样;设定拉伸速度,记录断裂强力值;对比原坯布与洗后面料的强力损失率,生成检测报告。

项目十七:牛仔面料撕破强力(冲击摆锤法)测定

目标:依据 GB/T 3917.2《纺织品 织物撕破性能 第 2 部分:冲击摆锤法撕破强力的测定》;理解撕破强力对牛仔裤接缝耐用性的意义;评估酵洗、漂白等工艺对织物抗撕裂性能的影响。

内容:使用摆锤式撕裂仪,制备梯形试样,测试经、纬向撕破强力;分析高锰酸钾、酵素处理处理后面料边缘脆化导致的撕破强力下降规律。

项目十八:牛仔面料耐磨性测定

目标:按 GBT21196.2《纺织品 马丁代尔法织物耐磨性的测定 第 2 部分试样破损》的测定;量化评估面料耐摩擦寿命(如裤裆、膝盖等易磨部位);对比不同后整理工艺(树脂定型、柔软处理)对耐磨性的提升效果。

内容:使用马丁代尔耐磨仪,设定压力与摩擦次数;观察面料表面变化(起毛、破洞),记录磨破转数;分析磨痕形态与洗水做旧工艺的相关性。

项目十九：牛仔面料耐皂洗色牢度测定

目标：执行 GBT3921《纺织品 色牢度试验 耐皂洗色牢度 C(3)》；检测牛仔面料经洗涤后的褪色程度及对贴衬织物的沾色情况；验证固色剂、防染剂在洗水工艺中的有效性。

内容：配制标准皂液，使用旋转式牢度测试仪；测试原样褪色（ΔE 值）及多纤维布沾色等级（按规定灰卡评级）；对比深色、浅色牛仔布的色牢度差异。

项目二十：牛仔面料耐摩擦色牢度测定

目标：执行 GB/T 3920《纺织品 色牢度试验 耐摩擦色牢度》；检测牛仔面料在干/湿摩擦作用下的褪色程度及对摩擦布的沾色情况；验证防染剂、固色剂对提升摩擦色牢度的有效性。

内容：使用摩擦色牢度测试仪，分别进行干摩擦和湿摩擦；按标准灰卡评级面料褪色程度（级）及标准摩擦布沾色等级（级）；对比深色牛仔（深蓝/蓝黑）与浅色牛仔的色牢度差异。

项目二十一：牛仔面料 pH 值测定

目标：依据 GB/T 7573《纺织品 水萃取液 pH 值的测定》；确保面料残留酸碱度符合生态安全标准（GB 18401 要求 pH 值为 4.0～8.5）；分析中和不彻底导致的皮肤过敏风险。

内容：粉碎面料，用去离子水萃取；使用 pH 计测量萃取液酸碱性；验证水洗流程中漂酸中和工艺的准确性。

项目二十二：牛仔面料甲醛（水萃取法）测定

目标：按 GB/T 2912.1《纺织品 甲醛的测定 第 1 部分：游离和水解甲醛》；检测面料游离甲醛含量，确保符合国标强制限值（≤75 mg/kg）；追溯树脂整理工艺中甲醛释放问题。

内容：水浴萃取甲醛，乙酰丙酮显色；用分光光度计测定 412 nm 波长吸光度，对照标准曲线计算浓度；分析低甲醛树脂与无甲醛整理剂的替代方案。

项目二十三：牛仔服装扭曲度试验

目标：掌握 FZ/T81006－2017《牛仔服装》牛仔服装扭曲度试验；量化评估裤子侧缝扭曲变形程度（消费者投诉高频问题）；优化面料定型及悬挂烘干工艺参数。

内容：模拟 5 次水洗（GB/T 8629 程序），悬挂晾干，测量前后裤脚缝线错位距离（单位：cm）；分析弹力面料内应力释放与扭曲度的关联性。

四、先进技术工艺实践类

项目二十四：牛仔面料激光雕刻技术应用实训

目标：掌握激光印花加工技术规范核心操作标准；实现设计图案在牛仔面料上的精准激光雕刻效果（做旧、花纹、LOGO）；验证激光参数（功率、速度、分辨率）对雕刻深度与面料强力的影响。

内容：使用 CO_2 激光雕刻机，调试参数组合（功率、速度、DPI 等）；在牛仔面料上雕刻预设图案（如猫须纹、几何切割、渐变效果）；对比不同参数组下的雕刻清晰度、炭化程度、背面透痕及面料断裂强力损失率（参照项目十六）。做好眼睛、手部安全防护和设备废气收集。

项目二十五:牛仔面料臭氧脱色技术应用实训

目标:执行臭氧脱色处理技术环保工艺标准;替代高锰酸钾漂白实现可控褪色(雪花、怀旧效果),减少重金属污染;分析臭氧浓度(ppm)、处理时间与脱色均匀性的量化关系。

内容:操作工业臭氧发生器,在密闭反应舱中处理牛仔成衣;设定梯度实验组;评估脱色均匀度(分光测色仪 ΔE 值)、纤维损伤度(显微镜观察)及废水 COD 值(对比高锰酸钾工艺下降比例)。做好设备安全防护和臭氧溢出安全保护。

参 考 文 献

1. 林丽霞.牛仔产品艺术加工[M].上海:东华大学出版社,2014.
2. 常芳.牛仔服装设计[M].上海:东华大学出版社,2019.
3. 李国锋.牛仔成衣洗水实用技术[M].北京:中国纺织出版社,2014.
4. 程晧,王琳,杨爱民.中国牛仔服装行业循环经济研究报告[M].北京:中国纺织出版社,2024.
5. 于伟东.纺织材料学(第2版)[M].北京:中国纺织出版社,2018.
6. 杨旭红.可持续纺织服装[M].北京:中国纺织出版社,2024.
7. 李方,徐晨烨,沈忱思,马春燕.纺织工业清洁生产与碳中和发展战略研究[M].北京:中国纺织出版社,2023
8. 杨勇.企业安全生产标准化建设指南[M].北京:中国劳动社会保障出版社,2018.
9. Muthu, Subramanian. Sustainability in Denim[M]. Cambridge: Woodhead Publishing, 2017.
10. 童逸阳.牛仔激光洗水工艺参数预测与应用研究[D].武汉纺织大学,2023.
11. 卢妍.牛仔服装的后整理技术简述[C]//"星火杯"第九届广东纺织助剂行业年会.香港中医学会、教育研究基金会,2017.
12. 房文杰,陶亚茹,李贝.喷雾洗水处理对数码印花牛仔效果成衣的影响[J].染整技术,2024,46(8):29-32.
13. 周心怡,邹汉涛,易长海.基于臭氧洗水下聚醚型氨纶的失弹机理研究[J].纺织导报,2018(3):6.
14. 任建华,黄俊,魏玉君,等.基于激光雕花技术的牛仔成衣水洗版型研究[J].纺织导报,2018(12):4.
15. 林丽霞.牛仔成衣后整理[J].印染,2009,35(18):29-34.
16. 胡帝,穆红.激光洗水与酶素洗对牛仔面料性能影响的对比研究[J].辽宁丝绸,2021,3:14-16.